全国专业技术人员新职业培训教程

物联网工程技术人员 中级

物联网应用开发

人力资源社会保障部专业技术人员管理司　组织编写

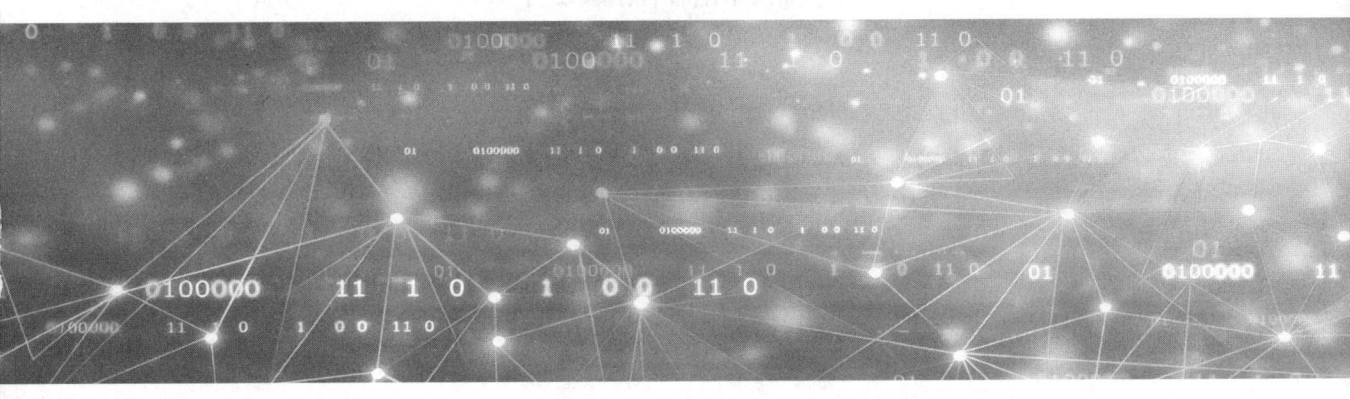

中国人事出版社

图书在版编目（CIP）数据

物联网工程技术人员：中级．物联网应用开发／人力资源社会保障部专业技术人员管理司组织编写．
北京：中国人事出版社，2025． -- ISBN 978-7-5129-2090-3

Ⅰ．TP393.4；TP18

中国国家版本馆 CIP 数据核字第 2024W44B56 号

中国人事出版社出版发行

（北京市惠新东街 1 号　邮政编码：100029）

*

北京瑞禾彩色印刷有限公司印刷装订　　新华书店经销

787 毫米 ×1092 毫米　16 开本　22 印张　330 千字

2025 年 4 月第 1 版　2025 年 4 月第 1 次印刷

定价：62.00 元

营销中心电话：400-606-6496

出版社网址：https://www.class.com.cn

版权专有　　侵权必究

如有印装差错，请与本社联系调换：（010）81211666

我社将与版权执法机关配合，大力打击盗印、销售和使用盗版图书活动，敬请广大读者协助举报，经查实将给予举报者奖励。

举报电话：（010）64954652

本书编委会

指导委员会

主　　任：梅　宏

副 主 任：刘明亮　于　琨

委　　员：谭志彬　郑　磊　丁恩杰　金　莹　张　晖　周治平

编审委员会

总 编 审：孙桂玲

副总编审：龚玉涵　王冲华

主　　编：郝志强

副 主 编：罗汉江　胡玉鹏

编写人员：刘昆宏　聂兰顺　左　欣　万　隆　彭　力　李　哲　傅怀梁
　　　　　向　毅　王开宇　孙　军

主审人员：邵　慧　宗　平

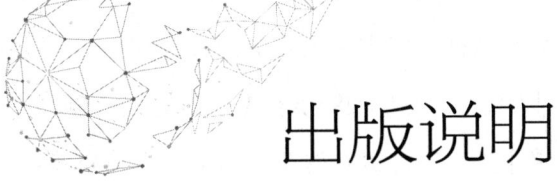

出版说明

当今世界正经历百年未有之大变局，我国正处于实现中华民族伟大复兴关键时期。在全球经济低迷，我国加快形成以国内大循环为主体、国内国际双循环相互促进的新发展格局背景下，数字经济发挥着提振经济的重要作用。党的十九届五中全会提出，要发展战略性新兴产业，推动互联网、大数据、人工智能等同各产业深度融合，推动先进制造业集群发展，构建一批各具特色、优势互补、结构合理的战略性新兴产业增长引擎。党的二十届三中全会强调，健全促进实体经济和数字经济深度融合制度，加快构建促进数字经济发展体制机制，完善促进数字产业化和产业数字化政策体系。数字技术、数字经济是世界科技革命和产业变革的先机。数字经济发展速度之快、辐射范围之广、影响程度之深前所未有，成为我国推动高质量发展的核心动力。

近年来，人工智能、物联网、大数据、云计算、数字化管理、智能制造、工业互联网、虚拟现实、区块链、集成电路、机器人、增材制造、数据安全、密码等数字技术领域新职业不断涌现，这些新职业从业人员通过不断学习与探索，将推动科技创新、释放巨大能量，推动人们生产生活方式智能化、智慧化、数字化，推动传统产业转型升级，为经济高质量发展注入强劲活力。我国在技术、消费与应用领域具备数字经济创新领先优势，但还存在数字技术人才供给缺口较大、关键核心技术领域自主创新能力不足、数字经济与实体经济融合的深度和广度不够等问题。发展数字经济，推进数字产业化和产业数字化，推动数字经济和实体经济深度融合，急需培育壮大数字技术工程师队伍。

人力资源社会保障部会同有关行业主管部门陆续制定颁布数字技术领域国家职业标准，坚持以职业活动为导向、以专业能力为核心，遵循人才成长规律，对从业人员的理论知识和专业能力提出综合性引导性培养标准，为加快培育数字技术人才提供基本依据。根据《人力资源社会保障部办公厅关于加强新职业培训工作的通知》（人社厅发〔2021〕28号）要求，为提高新职业培训的针对性、有效性，进一步发挥新职业培训促进更好就业的作用，人力资源社会保障部专业技术人员管理司组织相关领域的专家学者编写了全国专业技术人员新职业培训教程，供相关领域开展新职业培训使用。

本系列教程依据相应国家职业标准编写，划分初级、中级、高级三个等级，有的职业划分若干职业方向。教程紧贴数字技术人员职业活动特点，定位于全国平均水平，且是相关数字技术人员经过继续教育或岗位实践能够达到的水平，突出该职业领域的核心理论知识、主流技术及未来发展要求，为教学活动和培训考核提供规范和引导，将帮助广大有意或正在从事数字技术职业的人员改善知识结构、掌握数字技术、提升创新能力。

希望本系列教程的出版，能够在加强数字技术人才队伍建设、推动数字经济快速发展中发挥支持作用。

目 录

第一篇 物联网平台应用开发

第一章 物联网平台部署 ……………………………… 003
第一节 部署容器集群管理系统 ……………………… 005
第二节 部署基于分布式集群微服务架构的
　　　　物联网平台 ……………………………… 014
第三节 基于物联网平台实施项目示例 ……………… 024

第二章 规则链应用设计 ……………………………… 029
第一节 规则链应用 …………………………………… 031
第二节 规则链设计 …………………………………… 041
第三节 规则链设计与应用实例 ……………………… 062

第三章 可视化应用开发 ……………………………… 079
第一节 设备遥测与数据可视化 ……………………… 081
第二节 设备远程过程调用 …………………………… 093

第四章 物联网平台应用对接开发 …………………… 105
第一节 数据库管理与接入 …………………………… 107
第二节 企业级界面定制实战 ………………………… 138

第三节 项目示例验证……………………………… 146

第二篇 物联网边缘计算系统应用开发

第五章 物联网边缘计算系统部署……………………… 153
第一节 边缘计算系统分布式部署………………… 155
第二节 边缘计算系统中分布式数据库部署……… 161

第六章 物联网设备接入开发…………………………… 167
第一节 应用层报文传输协议设备接入…………… 169
第二节 开放通信平台统一架构协议设备接入…… 176
第三节 消息队列遥测传输协议接入设备………… 181

第七章 第三方平台接入开发…………………………… 185
第一节 第三方平台接入基础……………………… 187
第二节 连接第三方平台标准消息协议接口……… 194
第三节 基于边缘计算系统的项目开发…………… 201
第四节 自定义扩展开发…………………………… 209

第八章 智能服务模块开发……………………………… 217
第一节 结合场景的智能算法模块开发…………… 219
第二节 规则模块…………………………………… 234
第三节 调度模块…………………………………… 248

第三篇 物联网移动应用开发

第九章 移动应用项目开发……………………………… 263
第一节 项目简述…………………………………… 265
第二节 架构设计…………………………………… 267
第三节 页面设计与开发…………………………… 280

第四节 对接物联网云平台……………………………… 320
第五节 设备数据可视化检测……………………………… 327

参考文献……………………………………………………… 335

后记…………………………………………………………… 337

第一篇
物联网平台应用开发

当今社会,物联网影响着人们的生活和工作。作为一种连接和交互各种设备的网络,物联网平台提供了一个集中管理和监控物理设备的解决方案。

物联网平台的核心功能是实时采集和分析大量数据。通过传感器、设备和系统的连接,物联网平台能够收集各种设备产生的数据,然后通过云端进行处理和分析,这些分析结果能够帮助用户了解设备的运行状态、环境变化和潜在问题。另外,物联网平台具有设备管理的功能,用户可以通过平台对设备进行远程监控,如开关设备、调整设置、进行固件更新等,这种集中管理的方式大大简化了设备维护和管理工作,提高了工作效率和运营效果。除了数据采集和设备管理,物联网平台还支持数据可视化和报表生成,平台对采集到的数据进行可视化展示,用户可以通过图形界面直观了解设备和环境的情况,平台还能生成各种数据报表,帮助用户进行数据分析和决策。

第一章
物联网平台部署

随着信息技术的发展，各类实物逐渐加入互联网，物联网随之诞生。在物联网时代，我国相继推出了多项政策，各大运营商将物联网视为最优级发展战略，并朝万物互联的目标不断迈进。物联网技术涉及范围极其广泛，其巨大的影响力和发展潜力也在各类实际应用中展现出来。

除了物联网技术，随之兴起的还有物联网平台，使用平台可以更好地管理项目，而一个项目往往会产生海量数据，单一机器已经无法满足处理需求，因此需要对平台进行分布式部署，实现万物互联的同时也能高效稳定地对设备进行管理。本教程使用容器编排平台（Kubernetes）部署物联网平台，Kubernetes 是一个集成容器编排、集群管理等技术的分布式系统支撑平台，不仅在资源上易于扩展，而且为已有资源提供多层次的安全防护，当某个节点发生故障时，能快速发现故障，并将故障节点的任务调度到其他节点，保证集群稳定运行，基于 Kubernetes 的容器编排技术，部署时能减少资源消耗，在快速部署前提下，也能给用户提供每一步的反馈信息，Kubernetes 不仅能降低成本，而且能大幅提高效率。

本章主要介绍如何部署 Kubernetes 及如何使用 Kubernetes 进行物联网平台的部署。

- **职业功能：** 物联网平台应用开发。
- **工作内容：** 物联网平台部署；物联网平台应用对接开发；规则

链应用设计；可视化应用开发。
- **专业能力要求：** 能根据多服务实例技术进行微服务部署；能根据容器编排技术进行微服务集群部署。
- **相关知识要求：** 微服务架构知识；容器编排知识。

第一节　部署容器集群管理系统

考核知识点及能力要求：

- 掌握 Kubernetes 集群的基本概念。
- 能安装和卸载 Kubernetes 集群。
- 能解决使用过程中出现的问题。

一、安装分布式集群

使用 Kubernetes 集群让部署和管理应用变得极其简单，创建的集群也能相互通信，使开发者能够平滑扩展和更新应用。

Kubernetes 集群由主节点（Master）和工作节点（Node）组成，Kubernetes 集群架构如图 1-1 所示。

Master 节点负责管理和控制整个集群，所有命令都在 Master 节点执行，其上面运行着 kube-apiserver、kube-controller-manager、kube-scheduler、etcd 等组件。kube-apiserver 组件是集群的入口进程，提供了增删改查等操作接口；kube-controller-manager 组件控制了所有资源，自动维护和管理集群；kube-scheduler 组件负责资源调度，按照指定规则把 Pod 组件部署到对应的节点上；etcd 组件会存储集群中各个资源的状态。

Node 节点也称为子节点，大部分资源都运行在 Node 节点上，其信息可以在 Master 节点上查看，当某个 Node 节点停止工作时，Master 节点会自动转移该节点上的资源。

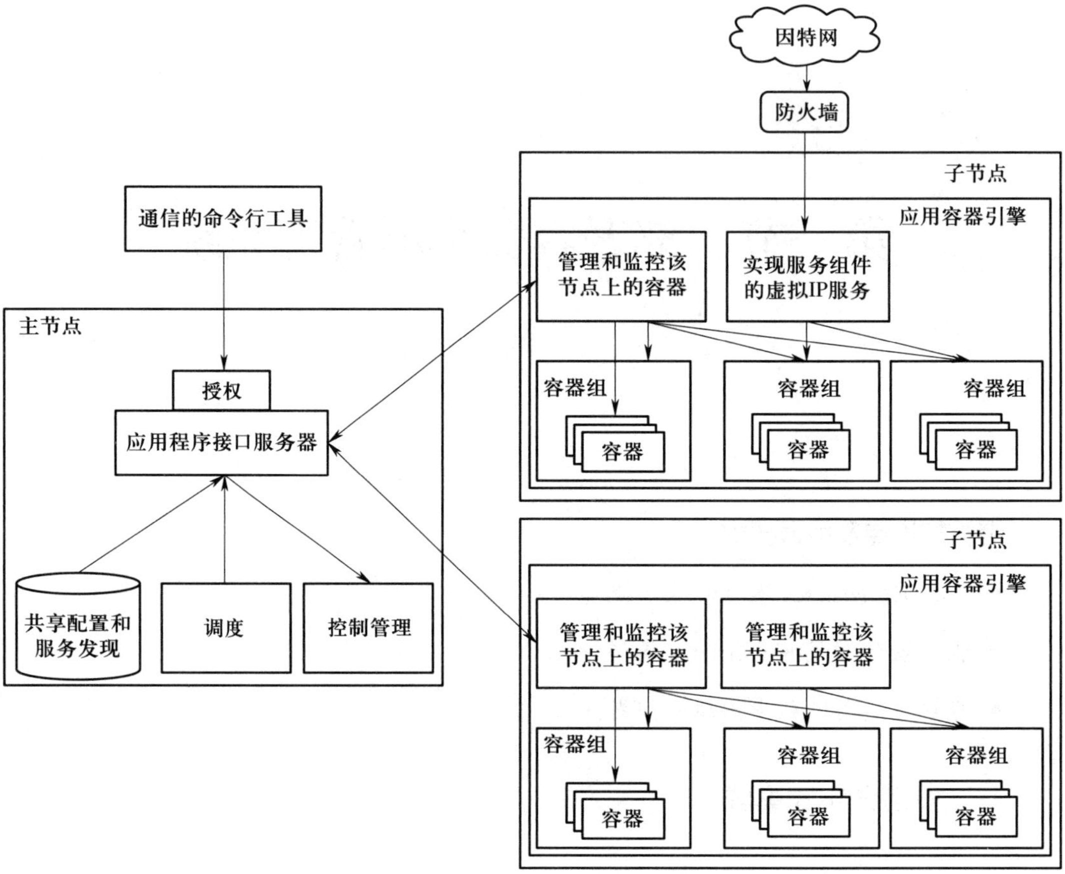

图 1-1 Kubernetes 集群架构

Node 节点上都运行着 Kubelet、kube-proxy、Docker 等组件，Kubelet 组件负责 Pod 组件的创建、更新、删除等工作，与 Master 节点相互协作，共同管理集群；kube-proxy 组件实现了 Pod 组件通信，也负责协调 Pod 组件的均衡；Docker 组件负责容器的创建。

安装单个 Master 节点的 Kubernetes 集群时，可以参考以下实施步骤。

第一步：系统环境准备。本教程以 3 台为例，操作系统为 CentOS7.9-x86_64，其中 Master 节点的配置为 2 核 4GB，Node 节点的配置为 4 核 8GB，因为每台虚拟机都需通过网络获取镜像资源，所以每台虚拟机要能够上网。

3 台虚拟机 IP 地址规划如图 1-2 所示。

在每台机器上执行以下命令，没有特殊标注的就是在每台主机上都要执行，命令中的 IP 地址需要修改，代码如下：

k8smaster	192.168.146.133	22	SSH	root
k8snode1	192.168.146.134	22	SSH	root
k8snode 2	192.168.146.135	22	SSH	root

图 1-2　3 台虚拟机 IP 地址规划

```
# 关闭防火墙
[root@localhost ~]#systemctl stop firewalld
[root@localhost ~]#systemctl disable firewalld
# 关闭 selinux
[root@localhost ~]#sed -i 's/enforcing/disabled/' /etc/selinux/config
[root@localhost ~]#setenforce 0
# 关闭 swap
[root@localhost ~]#swapoff -a
[root@localhost ~]#sed -ri 's/.*swap.*/#&/' /etc/fstab
# 在 master 节点上根据规划设置主机名
[root@localhost ~]#hostnamectl set-hostname k8smaster
# 在 node1 节点上根据规划设置主机名
[root@localhost ~]#hostnamectl set-hostname k8snode1
# 在 node2 节点操作上根据规划设置主机名
[root@localhost ~]#hostnamectl set-hostname k8snode2
# 添加 hosts( 修改成自己集群的 IP)
[root@localhost ~]#cat >> /etc/hosts << EOF
192.168.146.133 k8smaster
192.168.146.134 k8snode1
192.168.146.135 k8snode2
EOF
# 将桥接的 IPv4 流量传递到 iptables 链
```

```
[root@localhost ~]#cat > /etc/sysctl.d/k8s.conf << EOF
net.bridge.bridge-nf-call-ip6tables = 1
net.bridge.bridge-nf-call-iptables = 1
EOF
# 生效
[root@localhost ~]#sysctl --system
# 时间同步
[root@localhost ~]#yum install ntpdate -y
[root@localhost ~]#ntpdate time.windows.com
```

第二步：在所有节点上安装 Docker 组件、Kubeadm 组件和 Kubelet 组件。安装 Docker 组件，配置 Docker 组件的镜像源。

配置 Docker 镜像源：

```
[root@localhost ~]#sudo yum install -y yum-utils
[root@localhost ~]# sudo yum-config-manager \
--add-repo \
http://mirrors.**yun.com/docker-ce/linux/centos/docker-ce.repo
```

通过 yum 方式安装 Docker 组件，本书 Docker 组件的版本为 20.10.12，安装代码如下：

```
# yum 安装
[root@localhost ~]#yum install -y docker-ce-20.10.12 docker-ce-cli-20.10.12 containerd.io
# 查看 docker 版本
[root@localhost ~]#docker --version
# 启动 docker
[root@localhost ~]#systemctl enable docker
[root@localhost ~]#systemctl start docker
```

第一章 物联网平台部署

安装并启动 Docker 组件后，开始配置镜像源，代码如下：

```
[root@localhost~]# mkdir -p /etc/docker
[root@localhost~]# tee /etc/docker/daemon.json <<-'EOF'
{
"insecure-registries": ["0.0.0.0/0"],
"registry-mirrors": ["https://zbkz1bx2.mirror.**yuncs.com"]
}
EOF
```

镜像源配置成功后，需重启 Docker 组件方可生效，代码如下：

```
[root@localhost~]#systemctl daemon-reload
[root@localhost~]#systemctl restart docker
```

添加 Kubernetes 集群的软件源，代码如下：

```
[root@localhost ~]# cat > /etc/yum.repos.d/kubernetes.repo << EOF
[kubernetes]
name=Kubernetes
baseurl=https://mirrors.**yun.com/kubernetes/yum/repos/kubernetes-el7-x86_64
enabled=1
gpgcheck=0
repo_gpgcheck=0
gpgkey=https://mirrors.**yun.com/kubernetes/yum/doc/yum-key.gpg
https://mirrors.**yun.com/kubernetes/yum/doc/rpm-package-key.gpg
EOF
```

安装 Kubeadm 组件、Kubelet 组件和 Kubectl 组件。本书 Kubernetes 集群的版本为 1.20.0，安装代码如下：

```
# 安装 kubelet、kubeadm、kubectl，同时指定版本
[root@localhost ~]#yum install -y kubelet-1.20.0 kubeadm-1.20.0 kubectl-1.20.0
# 设置开机启动
[root@localhost ~]#systemctl enable kubelet
```

第三步：部署 Kubernetes Master 节点。在 Master 节点上执行初始化命令，命令中的 IP 地址需修改成自己的，该命令会生成 kubeadm join 命令，后续 Node 节点会使用 kubeadm join 命令加入集群。

初始化 Master 节点：

```
[root@k8smaster~]#kubeadm init --apiserver-advertise-address=192.168.146.133
--image-repository registry.**yuncs.com/google_containers --kubernetes-version v1.20.0
--service-cidr=10.96.0.0/12  --pod-network-cidr=10.244.0.0/16
```

执行上述指令后，出现如图 1-3 所示的情况时表示 Master 节点初始化成功。

```
Your Kubernetes control-plane has initialized successfully!
To start using your cluster, you need to run the following as a regular user:
    mkdir -p $HOME/.kube
    sudo cp -i /otc/kubernetes/admin.conf $HOME/.kube/config
    sudo chown $(id-u):$(id-g)$HOME/.kubo/config
You should now deploy a pod network to the cluster.
Run "kubectl apply -f [podnetwork].yaml" with one of the options listedat:
    https://kubernetes.io/docs/concepts/cluster-administration/addons/
Then you can join any number of worker nodes by running the following on each ot:
kubeadm join 192.168.146.133:6443--token h5kbpc.5vcj9lc3wcsalg6p
    --discovery-token-ca-certhashsha256:0044f7a31ba46620898296741b2f2e6fd12
    081a3f115acdf2ed39ca055
```

图 1-3　初始化成功

初始化完成后运行输出日志中的 Kubernetes 集群配置命令，在 Master 节点上操作，操作代码如下：

```
[root@k8smaster~]# mkdir -p $HOME/.kube
```

```
[root@k8smaster~]# sudo cp -i /etc/kubernetes/admin.conf $HOME/.kube/config
[root@k8smaster~]# sudo chown $(id -u):$(id -g) $HOME/.kube/config
```

执行完成后，使用以下命令，查看正在运行的节点，代码如下：

```
[root@k8smaster~]#kubectl get nodes
```

目前有一个 Master 节点已经运行，但当前状态为 NotReady（未准备状态），如图 1-4 所示。

```
[root@localhost ~]# kubectl get nodes
NAME        STATU       ROLES       AGE     VERSION
k8smaster   NotReady    master      20m     v1.18.0
```

图 1-4　Master 状态为 NotReady

第四步：添加 Node 节点。在 Node 节点执行初始化 Master 节点后生成的 kubeadm join 命令，将 Node 节点加入集群，新节点添加成功后，显示信息如图 1-5 所示。

```
This node has joined the cluster:
    *Certificate signing request was sent to apiserver and a response was received.
    *The Kubelet was informed of the new secure connection details.
Run 'kubectl get nodes'on the control-plane to see this node join the cluster.
```

图 1-5　显示 Node 节点加入成功信息

默认的 token 有效期为 24 小时，过期后 token 变为不可用状态，需要重新创建 token，代码如下：

```
[root@k8smaster~]#kubeadm token create --print-join-command
```

当两个节点都添加进集群后，就可以在 Master 节点执行命令查看节点状态，代码如下：

```
[root@k8smaster~]#kubectl get nodes
```

此时三个节点都处于 NotReady 状态，需要部署 CNI 网络插件，如图 1-6 所示。

```
[root@localhost ~]# kubectl get nodes
NAME         STATUS      ROLES     AGE     VERSION
k8smaster    NotReady    master    56m     v1.18.0
k8snode1     NotReady    <none>    9m53s   v1.18.0
k8snode2     NotReady    <none>    9m48s   v1.18.0
```

图 1-6　三个节点处于 NotReady 状态

第五步：在 Master 节点部署 CNI 网络插件。此时集群中的节点仍处于 NotReady 状态，需要部署 CNI 网络插件让各节点正常运行，本书使用的是 Flannel 网络插件，将部署包中的 kube-flannel.yml 文件导入 Master 节点部署。

部署网络插件：

```
[root@k8smaster~]#kubectl apply -f kube-flannel.yml
```

查看状态，代码如下：

```
[root@k8smaster~]#kubectl get pods -n kube-system
```

需要注意，因部署需要较长时间，故查看系统状态操作时可能还未部署好，所有 Pod 组件部署好后会显示 Running 状态，如图 1-7 所示。

```
[root@k8smaster-]# kubectl get pods -n kube-system
NAME                                     READY   STATUS
coredns-7ff77c879f-jsjvl                 1/1     Running
coredns-7ff77c879f-p2t2n                 1/1     Running
etcd-k8smaster                           1/1     Running
kube-apiserver-k8smaster                 1/1     Running
kube-apiserver-k8smaster                 1/1     Running
kube-controller-manager-k8smaster        1/1     Running
kube-flannel-ds-4jv69                    1/1     Running
kube-flannel-ds-6cz19                    1/1     Running
kube-flannel-ds-vd4d2                    1/1     Running
kube-proxy-hwjcd                         1/1     Running
kube-proxy-15f81                         1/1     Running
kube-proxy-zc5pS                         1/1     Running
kube-scheduler-k8smaster                 1/1     Running
```

图 1-7　所有 Pod 组件都是 Running 状态

部署完成后执行指令，可查看节点状态，指令如下：

```
[root@k8smaster~]#kubectl get nodes
```

执行上述指令后，每个节点状态修改为 Ready 状态，如图 1-8 所示。

```
[root@k8smaster    ~]# kubectl get nodes
NAME         STATUS    ROLES     AGE     VERSION
k8smaster    Ready     master    149m    v1.18.0
k8snode1     Ready     <none>    102m    v1.18.0
k8snode2     Ready     <none>    102m    v1.18.0
```

图 1-8　所有节点是 Ready 状态

如果上述操作完成后还存在某个节点处于 NotReady 状态，可以在 Master 节点上将未成功运行的节点删除，如要删除 k8snode1 节点的代码如下：

```
[root@k8smaster~]#kubectl delete node k8snode1
```

在 k8snode1 节点进行重置，重置完后再加入，代码如下：

```
[root@ k8snode1~]#kubeadm reset
[root@ k8snode1~]#kubeadm join( 添加节点时的代码 )
```

二、卸载分布式集群

卸载 Kubernetes 集群及相关配置信息，请遵循以下操作步骤。

第一步：使用 kubeadm reset 命令删除 Kubernetes 组件，该命令在所有节点执行。

重置节点：

```
[root@k8smaster ~]#kubeadm reset -f
```

第二步：使用 docker 命令删除其他容器和所有镜像。

删除容器和镜像：

```
[root@k8smaster ~]#docker kill $(docker ps -a -q)
[root@k8smaster ~]#docker rm $(docker ps -a -q)
[root@k8smaster ~]#docker rmi -f $(docker images -q)
```

第三步：使用 yum remove 命令卸载 Kubelet、Kubectl 组件。

卸载组件：

```
[root@k8smaster ~]#yum remove kubelet kubectl -y
```

第四步：删除集群相关的配置文件。

删除文件：

```
[root@k8smaster ~]#rm -rf $HOME/.kube/
[root@k8smaster ~]#rm -rf /etc/kubernetes/
[root@k8smaster ~]#rm -rf /etc/cni
[root@k8smaster ~]#rm -rf /var/lib/etcd
```

第二节　部署基于分布式集群微服务架构的物联网平台

考核知识点及能力要求：

- 熟练使用 Kubernetes 集群部署 ThingsBoard 物联网平台。
- 熟练使用并修改 ThingsBoard 物联网平台的 YAML 配置文件。

● 能部署第三方资源和卸载物联网平台。

一、部署前置环境

部署 NFS 文件系统，在每个机器执行以下命令，代码如下：

```
[root@thingsboard ~]#yum install -y nfs-utils
在 Master 节点上执行以下命令，代码如下：
[root@master~]# echo "/nfs/data/ *(insecure,rw,sync,no_root_squash)" > /etc/exports
```

启动 NFS 系统服务，创建共享目录，在 Master 节点上执行，代码如下：

```
[root@master ~]#mkdir -p /nfs/data
[root@master ~]#systemctl enable rpcbind
[root@master ~]#systemctl enable nfs-server
[root@master ~]#systemctl start rpcbind
[root@master ~]#systemctl start nfs-server
```

使配置生效，在 Master 节点上执行，代码如下：

```
[root@master ~]#exportfs -r
```

检查配置是否生效，在 Master 节点上执行，代码如下：

```
[root@master ~]#exportfs
```

配置后出现图 1-9 所示内容就代表配置成功。

```
[root@thingsboard ~]# exportfs
/nfs/data        <world>
```

图 1-9 配置生效

配置 nfs-client 组件，在 Node 节点上执行以下命令，注意修改成 Master 节点的内网 IP 地址，代码如下：

```
[root@node~]#showmount -e 192.168.153.137
[root@node~]#mkdir -p /nfs/data
[root@node~]#mount -t nfs 192.168.153.137:/nfs/data /nfs/data
```

在 Master 节点上配置动态供应的默认存储类，将提供的资源文件 sc.yaml 文件导入 Master 节点，导入前需要修改 YAML 文件中的 IP 地址，将其修改为 Master 节点的内网 IP 地址，导入命令如下：

```
scp .\sc.yaml root@192.168.153.137:~
```

导入后执行以下命令进行配置，代码如下：

```
[root@master ~]#kubectl apply -f sc.yaml
```

配置完成后，执行指令，查看 sc 组件信息，执行命令如下：

```
[root@master ~]#kubectl get sc -A
```

执行上述指令，出现图 1-10 所示内容时表示配置成功。

```
[root@thingsboard ~]# kubectl get sc
NAME                    PROVISIONER                                 RECLAIMPOLICY
OWVOLUMEEXPANSION   AGE
nfs-storage(default)    k8s-sigs.io/nfs-subdir-external-provisioner   Delete
Se                      17h
```

图 1-10　配置成功

在所有节点上安装 Python 组件，本书 Python 组件版本为 3.8.0，创建 Python 文件夹并移动到该文件夹下，代码如下：

```
[root@master ~]# mkdir /home/python
[root@master ~]# cd /home/python
```

下载 Python3.8.0 安装包并解压，代码如下：

```
[root@master ~]# wget https://www.python.org/ftp/python/3.8.0/Python-3.8.0.tgz
[root@master ~]# tar zxf Python-3.8.0.tgz
```

安装相关插件，代码如下：

```
[root@master ~]# yum update -y
[root@master ~]# yum groupinstall -y 'Development Tools'
[root@master ~]# yum install -y gcc openssl-devel bzip2-devel libffi-devel
```

进入指定文件夹并安装 Python3.8 组件，代码如下：

```
[root@master ~]# cd Python-3.8.0
[root@master ~]# ./configure prefix=/usr/local/python3 --enable-optimizations
[root@master ~]# make && make install
```

备份 Python2 链接，代码如下：

```
[root@master ~]# cd /usr/bin
[root@master ~]# mv python python2.bak
```

修改 yum 配置文件，代码如下：

```
[root@master ~]# vi yum
```

将 #!/usr/bin/python 改为 #!/usr/bin/python2，代码如下：

```
[root@master ~]# vi /usr/libexec/urlgrabber-ext-down
```

配置 Python3 软链接，代码如下：

```
[root@master ~]# ln -s /usr/local/python3/bin/python3.8 /usr/bin/python
[root@master ~]# ln -s /usr/local/python3/bin/pip3.8 /usr/bin/pip
```

然后更新 OpenSSL 插件，指令如下：

```
# gcc 库插件安装
[root@ master ~]#yum -y install gcc
# 下载 openssl-1.1.1k.tar.gz 文件
[root@ master ~]#wget https://www.openssl.org/source/openssl-1.1.1o.tar.gz
# 解压缩文件
[root@ master ~]#tar -xzvf openssl-1.1.1o.tar.gz
# 进入文件夹并设置安装路径
[root@ master ~]#cd openssl-1.1.1o
# 编译并安装
[root@ openssl-1.1.1o]#./config --prefix=/usr/local/openssl
[root@ openssl-1.1.1o]#make && make install
# 设置软连接
[root@ openssl-1.1.1o]#rm -rf /usr/bin/openssl
[root@ openssl-1.1.1o]#ln -s /usr/local/openssl/bin/openssl /usr/bin/openssl
# 设置动态链接库
[root@ openssl-1.1.1o]#echo  "/usr/local/openssl/lib" >> /etc/ld.so.conf
[root@ openssl-1.1.1o]#ln -s /usr/local/openssl/lib/libssl.so.1.1 /usr/lib64/libssl.so.1.1
```

```
[root@ openssl-1.1.1o]#ln -s /usr/local/openssl/lib/libcrypto.so.1.1 /usr/lib64/libcrypto.so.1.1
# 刷新配置信息
[root@ master ~]#ldconfig
# 查看 openssl 版本
[root@ master ~]#openssl version -a
# 配置环境变量信息
[root@ master ~]#export PKG_CONFIG_PATH=$PKG_CONFIG_PATH:/usr/local/openssl/lib/pkgconfig
# 查看环境变量是否配置成功 ( 成功展示版本 1.1.1o)
[root@ master ~]#pkg-config --modversion openssl
# 安装必要插件
[root@ master ~]#yum install autoconf automake libtool doxygen asciidoc libreadline-dev
```

在所有节点上安装相关插件，需要注意，某些命令中的链接作用使用的是国内源下载包，代码如下：

```
[root@master ~]#yum install -y python3-pip git
[root@master ~]#pip3 install --upgrade pip
[root@master ~]#pip3 install --upgrade protobuf
[root@master ~]#pip install paho-mqtt certif charset-normalizer decorator idna jsonpath-rw paho-mqtt pip ply PyYAML regex requests setuptools simplejson six urllib3 Thingsboard-Gateway -i http://pypi.douban.com/simple/ --trusted-host pypi.douban.com
```

在所有节点上安装 OpenJDK 组件，本书 OpenJDK 组件版本为 11，首先用 yum 命令安装 OpenJDK 11 组件，代码如下：

```
[root@master ~]# yum install -y java-11-openjdk
```

进入环境配置文件，代码如下：

```
[root@master ~]# vi /etc/profile
```

添加以下内容：

```
export JAVA_HOME= 自己的 jdk 位置
export PATH=$JAVA_HOME/bin:$PATH
export CLASSPATH=.:$JAVA_HOME/lib/dt.jar:$JAVA_HOME/lib/tools.jar
```

使配置文件生效，代码如下：

```
[root@master ~]# source /etc/profile
```

检查环境变量是否配置成功，代码如下：

```
[root@master ~]# java -version
```

二、部署物联网平台

将部署包里的 k8s 文件夹放入 Master 节点，为方便演示，本次部署将配置文件中的 replicas 副本值设为 1，YAML 文件的路径为 /k8s/common，修改的文件名为 thingsboard.yml 和 tb-node.yml。tb-js-executor 的 YAML 文件中的 replicas 的值如图 1-11 所示。

导入文件后，设置权限，进入 k8s 文件夹，代码如下：

```
[root@master ~]# chmod -R 777 k8s
[root@master ~]# cd k8s
```

```
apiVersion: apps/v1
kind: Deployment
metadata:
    name:tb-js-executor
    namespace: thingsboard
spec:
    replicas: 20
    selector:
        matchLabels:
            app:tb-js-executor
    template:
        metadata :
            labels :
                app:tb-js-executor
```

图 1–11　tb–js–executor 的 YAML 文件中 replicas 的值

初始安装前可以配置数据库类型。设置数据库类型，将 .env 文件中的 DATA-BASE 变量值更改为 postgres 参数或者 hybrid 参数，postgres 参数使用 PostgreSQL 数据库，hybrid 参数使用 PostgreSQL 数据库，以保存实体 Cassandra 时间序列数据。

除上述之外，还需配置部署类型。将 .env 文件中的 DEPLOYMENT_TYPE 变量值更改为 basic 参数或者 high–availability 参数，basic 参数使用 Zookeeper, Kafka 组件和 Redis 数据库是单个实例启动，high–availability 参数是在集群模式下启动，DATABASE 和 DE-PLOYMENT_TYPE 配置参数如图 1–12 所示。

```
# Can be either basic (with single instance of Zookeeper, Kafka and
# According to the deployment type corresponding kubernetes resource
DEPLOYMENT TYPE=basic

# Database used by ThingsBoard, can be either postgres (PostgreSQL)
# According to the database type corresponding kubernetes resources
DATABASE=postgres
```

图 1–12　DATABASE 和 DEPLOYMENT_TYPE 配置参数

配置好数据库类型和部署类型后开始下载镜像，代码如下：

```
[root@master k8s]# docker pull thingsboard/tb-js-executor:3.3.2
```

```
[root@master k8s]# docker pull thingsboard/tb-mqtt-transport:3.3.2
[root@master k8s]# docker pull thingsboard/tb-http-transport:3.3.2
[root@master k8s]# docker pull thingsboard/tb-coap-transport:3.3.2
[root@master k8s]# docker pull thingsboard/tb-web-ui:3.3.2
[root@master k8s]# docker pull thingsboard/tb-node:3.3.2
[root@master k8s]# docker pull postgres:12
[root@master k8s]# docker pull zookeeper:3.5
[root@master k8s]# docker pull wurstmeister/kafka:2.12-2.2.1
[root@master k8s]# docker pull redis:4.0
```

下载好后运行安装脚本进行部署，--loadDemo 参数表示加载演示数据，代码如下：

```
[root@master k8s]# ./k8s-install-tb.sh --loadDemo
```

该脚本会自动部署相关 YAML 文件，部署好后会显示安装成功。

查看 PVC 组件，发现已经创建并挂载成功，如图 1-13 所示。

```
[root@thingsboard ~]# kubectl get pvc
NAME               STATUS  VOLUME                                    CAPACITY
postgres-pv-claim  Bound   pvc-11374008-743f-4ea6-9f21-0f61cb86905b  5Gi
```

图 1-13　PVC 组件创建并挂载成功

安装好后部署第三方资源，代码如下：

```
[root@master k8s]# ./k8s-deploy-thirdparty.sh
[root@master k8s]# ./k8s-deploy-resources.sh
```

相关资源部署好后，可查看 Pod 组件运行情况，当所有 Pod 组件都处于 Running 状态时表示部署成功，如图 1-14 所示。此时查看 tb-node 服务生成的端口号为 30094，如图 1-15 所示，需要注意，该映射端口为随机端口，读者需自行查询，在虚拟机内置浏览器上输入 IP 地址加端口号，如 192.168.232.149：30094 访问物联网平台。使用账户"tenant@thingsboard.org"和密码"tenant"进行登录，登录成功后，物联网平台主页面如图 1-16 所示。

```
[root@thingsboard k8s]# kubectl get po
NAME                                READY   STATUS    RESTARTS   AGE
postgres-5755486d55-sf876           1/1     Running   0          104s
tb-coap-transport-57975d485b-w6d9c  1/1     Running   0          41s
tb-http-transport-645c5cf876-8plvg  1/1     Running   0          41s
tb-js-executor-758b69f449-2gtrl     1/1     Running   0          41s
tb-kafka-6cdc6cbc5f-2wzkn           1/1     Running   0          48s
tb-mqtt-transport-559b7c7b8c-fan2w  1/1     Running   0          41s
tb-node-5b54599f8f-2h4r9            1/1     Running   0          40s
tb-redis-956677bb7-dp4tp            1/1     Running   0          47s
tb-web-ui-6f59dbf65b-27576          1/1     Running   0          41s
zookeeper-6984c69c7-szn96           1/1     Running   0          48s
```

图 1-14　所有 Pod 组件都处于 Running 状态

```
[root@thingsboard k8s]# kubectl get svc
NAME                TYPE           CLUSTER-IP       EXTERNAL-IP     PORT(S)            AGE
tb-coap-transport   LoadBalancer   10.105.246.58    <pending>       5683:32470/UDP     9s
tb-database         ClusterIP      10.97.120.215    <none>          5432/TCP           72s
tb-http-transport   ClusterIP      10.100.189.95    <none>          8080/TCP           9s
tb-kafka            ClusterIP      10.96.206.191    <none>          9092/TCP           16s
tb-mqtt-transport   LoadBalancer   10.109.41.128    <pending>       1883:32559 /TCP    9s
tb-node             NodePort       10.105.40.22     <none>          8080:30094 /TCP    8s
tb-redis            ClusterIP      10.101.73.82     <none>          6379/TCP           15s
tb-web-ui           ClusterIP      10.111.177.251   <none>          8080/TCP           9s
zookeeper           ClusterIP      10.105.254.228   <none>          2181/TCP           16s
```

图 1-15　tb-node 服务生成的端口号

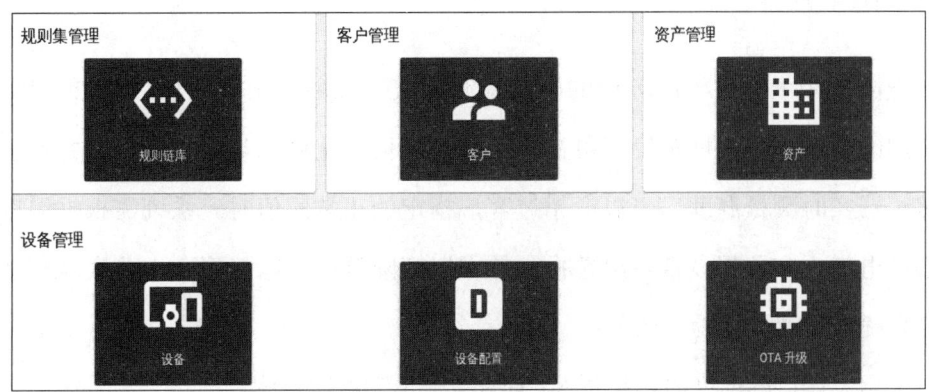

图 1-16　物联网平台主页面

023

当需要卸载物联网平台时，只需在 k8s 路径下运行脚本，代码如下：

```
[root@master k8s]# ./k8s-delete-resources.sh
[root@master k8s]# ./k8s-delete-thirdparty.sh
[root@master k8s]# ./k8s-delete-all.sh
```

第三节　基于物联网平台实施项目示例

考核知识点及能力要求：

- 了解智慧港口的功能需求。
- 了解智慧港口的技术实现方案。
- 能进行智慧港口方案设计。

一、需求分析

智慧港口用于港口生产环境的电量检测和安全保障，根据信息化、自动化原则，将采集到的所有电表数据转发至可视化平台进行可视化展示与电量预测，并且该系统通过传感器实时测量温度，当温度超过客户指定的正常阈值时，系统需根据温度自行决定启动电气火灾预警设备发出警报，并在温度降低后消除警报，由此实现智能的火灾预警系统，详细需求设计如下：

（1）预设港口的温度值在小于 50 ℃的一个正常温度范围。

(2)当温度正常时,电气火灾预警设备不工作。

(3)当温度异常时,电气火灾预警设备发出警告。

(4)能实时展示电表数据与电表设备状态。

二、技术实现方案

智慧港口分别以物联网平台和可视化平台为核心,采用成熟的物联网技术,按物联网的云端一体架构实现智慧港口方案。智慧港口的云端一体架构如图 1-17 所示。

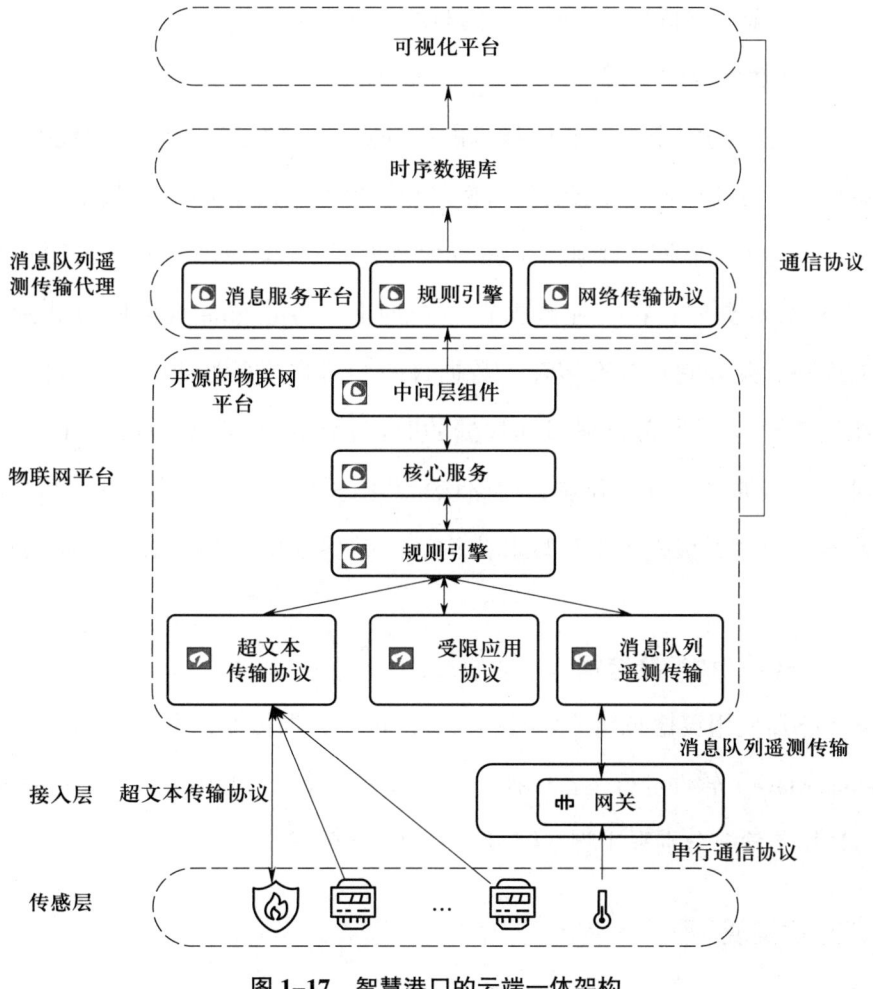

图 1-17 智慧港口的云端一体架构

(一)物联网平台开发

物联网平台是物联网技术的核心,物联网平台的核心模块分别是设备管理、数据接入和规则引擎，因此使用物联网平台可以很容易实现设备接入物联网并使用规则链处理数据。

（二）可视化平台开发

可视化平台是物联网技术的得力助手，Grafana 可视化平台是一款较流行的开源时间序列分析与可视化工具，采用 Go 语言编写而成，先天具备跨平台应用，灵活的 UI 设计使其具有功能更全面的可视化界面。其主要用于大规模指标的分析平台数据可视化展现，且完全支持系统和服务监控数据库（Prometheus）和时序数据库（TDengine），目前已支持绝大部分常用的时序数据库。

（三）设备数据转储实现

数据存储速度与安全是物联网技术的推动点，本项目将采集到的数据转发至消息队列遥测传输协议代理（EMQX）的客户端，再存储至 TDengine 数据库。TDengine 数据库是一个专为物联网、工业互联网等大数据平台设计和优化的开源时序数据库。相较于 MySQL 数据库，在工业数据存储查询上，TDengine 数据库可达到 10 倍以上的性能优势，此外它还具有缓存、数据订阅、流式计算等功能，最大限度减少研发和运维的工作量。为充分利用其数据的时序性和其他数据特点，TDengine 数据库要求对每个数据采集点单独建表存储该采集点采集的时序数据，这能大幅减少随机读取操作，成数量级地加快读取和查询速度，保证单个数据采集点插入和查询性能最优。

（四）传感器/执行器选择

温度传感器使用莫德布斯（Modbus）协议进行数据传输，本项目采用莫德布斯从机（Modbus Slave）软件进行设备模拟。电气火灾预警设备和电表设备使用超文本传输协议进行数据传输，分别采用脚本模拟和手动上传数据。

三、方案实现

（一）在物联网平台上的实现

智慧港口项目在物联网平台上的技术实现主要包含资产列表（见表 1-1）、设备列表（见表 1-2）、资产与设备的关联关系和规则链设计等。

表 1-1 资产列表

名称	资产类型	标签
smart_port	smart_port	智慧港口

表 1-2 设备列表

名称	配置文件	标签	是否网关	说明
tb_gateway	Default	网关	是	需手动创建
temp_sensor	Default	温度传感器	否	自动生成
fire_alarm	Default	电气火灾报警系统	否	需手动创建
electricity_meter	Default	电表	否	需手动创建

智慧港口的资产与设备、设备与设备间的关系如图 1-18 所示。

智慧港口的关联火灾系统规则链需要检测温度传感器上报的遥测数据，如果温度超过某个阈值，自动向电气火灾报警系统发送控制指令，实现火灾预警。智慧港口关联火灾系统规则链如图 1-19 所示。

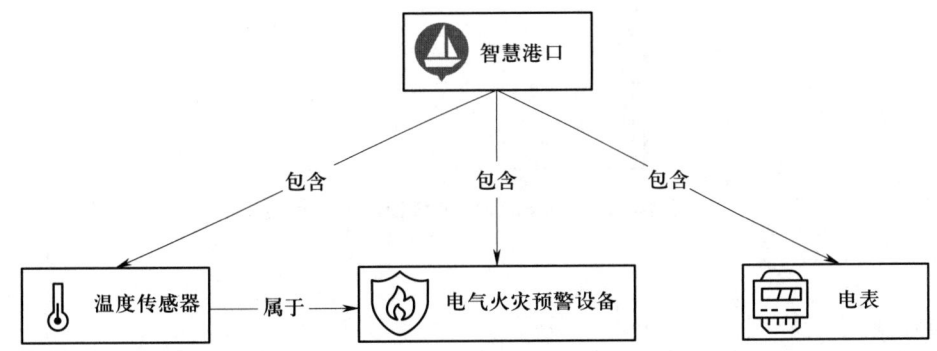

图 1-18 智慧港口的资产与设备、设备与设备间的关联关系

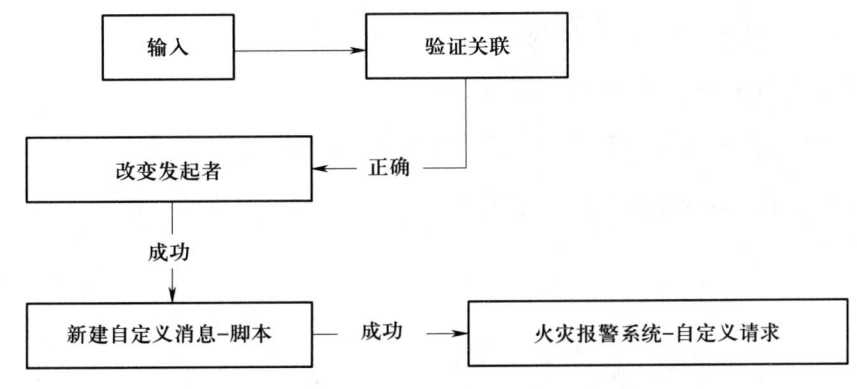

图 1-19 智慧港口关联火灾系统规则链

（二）设备模拟实现

关于设备接入模拟，读者可自行选择合适的仿真平台，如果没有合适的仿真平台，可以采用前文介绍的超文本传输协议的模拟设备，只需将遥测数据上传到云平台。这里采用 Modbus Slave 软件传感器，使用 Modbus 协议传输数据，Modbus Slave 模拟温度传感器如图 1-20 所示。电表数据通过 curl 工具进行手动上传，电气火灾预警设备使用脚本进行模拟。

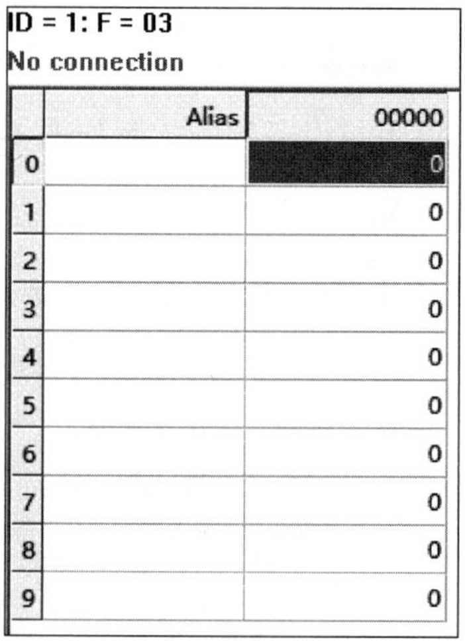

图 1-20　Modbus Slave 模拟温度传感器

思考题

1. 简述 Kubernetes 集群和 Docker 组件的关系。

2. 简述 Kubernetes 集群组成架构。

3. 简述 Kubernetes 集群如何实现集群管理。

4. 简述 Kubernetes 集群的优势、适应场景及其特点。

5. 简述 Kubernetes 集群当前的不足之处。

第二章
规则链应用设计

规则链可以对消息进行有效处理，根据不同的业务需求设计不同的规则链，初级教程介绍过创建和清除警报规则链，本章将介绍如何设计更复杂的规则链去处理多种场景需求。

本章主要介绍应用和设计复杂规则链，接收传入消息并设计消息路由处理不同的规则链，过滤和转换传入消息，执行操作或与外部系统进行通信，并且自定义规则节点，通过自定义规则节点解决定制化场景问题。

- **职业功能：** 物联网平台应用开发。
- **工作内容：** 规则链应用设计。
- **专业能力要求：** 能根据业务需求，接收传入消息并设计消息路由处理不同的规则链；能过滤和转换传入消息，执行操作或与外部系统进行通信；能根据业务需求，自定义规则节点。
- **相关知识要求：** 规则链开发知识；流式编程知识。

第一节　规则链应用

考核知识点及能力要求：

- 能实现链物对应。
- 能导入导出规则链。
- 能配置规则节点。

一、规则链使用

使用规则链时，多条规则链可以通过设备配置与设备进行一一对应，还可以自由导入和导出规则链。

（一）链物对应

不同设备所传输的数据不同，需要对数据进行不同处理，所以需要每个设备对应自己独有的规则链，即链物对应。

1. 创建设备配置

创建新的设备配置，并且选择设备需要使用的规则链，随后单击"添加"即可。

2. 关联设备配置

单击对应设备，切换编辑模式，选择设备配置一栏中新建的设备配置选项。

（二）轻量级应用层协议设备接入

初级教程介绍了如何使用 HTTP 协议接入设备，而 CoAP（constrained application protocol）是用于物联网设备通信的轻量级应用层协议，它是为满足物联网设备资源有限、网络带宽有限等特点设计的。相较传统的 HTTP 协议，CoAP 更适合在资源受限的环境中进行通信。

1. 轻量级应用层协议的身份认证

本平台的 CoAP 协议身份认证使用令牌凭证（即 Access token）访问设备。在 ThingsBoard 上选定好设备，并选定设备凭据类型为 Access token。若设备为新创建的，可在"下一步"中选择凭据类型为"Access token"；若为已有的设备，则需选择其设备凭据，通过单击选定的设备，在弹出的详情栏中单击"设备凭据"，选择类型为"Access token"。新设备设置设备凭据如图 2-1 所示，已有设备设置设备凭据如图 2-2 所示。

图 2-1　新设备设置设备凭据

图 2-2　已有设备设置设备凭据

2. 上传遥测数据

设备创建好后，可以使用客户端通过 CoAP 协议上传数据至设备，可以参考以下实验步骤。

第一步：在 CentOS 系统中创建 telemetry-data-as-array.json 文件。代码如下：

```
[root@localhost ym]# vim telemetry-data-as-array.json
# 在 json 文件中添加如下信息
[{"temperature":"30"}, {"humidity":"24"}]
```

第二步：安装客户端，需要提前安装 Node.js 组件。本书的 Node.js 版本指定为 12.22.9。代码如下：

```
# 安装 Node.js
[root@localhost ym]# cd /usr/local/src/
[root@localhost src]# wget https://nodejs.org/dist/v12.22.9/node-v12.22.9-linux-x64.tar.xz
[root@localhost src]# tar -xvf node-v12.22.9-linux-x64.tar.xz
# 验证 Node.js 版本
[root@localhost src]# mv node-v12.22.9-linux-x64 node
[root@localhost src]# ln -s /usr/local/src/node/bin/node /usr/bin/node
[root@localhost src]# ln -s /usr/local/src/node/bin/npm /usr/bin/npm
[root@localhost src]# npm -v
# 安装 CoAPcli
[root@localhost src]# npm install coap-cli -g
[root@localhost src]# ln -s /usr/local/src/node/bin/coap /usr/bin/coap
```

第三步：上传遥测数据。代码如下：

```
[root@localhost ym]# cat telemetry-data-as-array.json | coap post coap://$HOST:Port/api/v1/$ACCESS_TOKEN/telemetry
```

需要注意，ThingsBoard 中 CoAP 协议的默认端口为 5683，但是这里 5683 端口会被 Kubernetes 组件映射为其他端口，可使用命令查看。代码如下：

```
[root@localhost ym]# kubectl get svc
```

执行上述指令后，端口被映射的结果如图 2-3 所示。

```
[root@thingsboard k8s]# kubectl get svc
NAME                TYPE           CLUSTER-IP        EXTERNAL-IP
tb-coap-transport   LoadBalancer   10.99.61.4        <pending>
tb-database         ClusterIP      10.106.94.27      <none>
tb-http-transport   ClusterIP      10.108.194.126    <none>
tb-kafka            ClusterIP      10.109.160.146    <none>
tb-mgtt-transport   LoadBalancer   10.106.182.164    <pending>
tb-node             NodePort       10.104.89.248     <none>
tb-redis            ClusterIP      10.101.129.161    <none>
tb-web-ui           ClusterIP      10.102.16.20      <none>
zookeeper           ClusterIP      10.109.151.239    <none>
```

图 2-3　端口被映射的结果

3. 上传属性数据

平台属性接口能够将客户端设备属性上报到服务器，可以参考以下实验步骤。

第一步：在 Linux 操作系统中创建 new-attributes-values.json 文件。代码如下：

```
[root@localhost ym]# vim new-attributes-values.json
# 在 json 文件中添加如下信息
{
 "attribute1": "value1",
 "attribute2": true,
```

```
"attribute3": 42.0,
"attribute4": 73,
"attribute5": {
 "someNumber": 42,
 "someArray": [1,2,3],
 "someNestedObject": {"key": "value"}
 }
}
```

第二步：上传属性数据。代码如下：

```
[root@localhost ym]# cat new-attributes-values.json | coap post coap://$HOST:Port/api/v1/$ACCESS_TOKEN/ attributes
```

（三）边缘网关设备接入

ThingsBoard-Gateway 网关具有将连接到旧系统或第三方系统的设备与汇聚层组件连接的优势，通过标准协议将不同协议管理的设备工业数据流直接无缝地流式传输到上层平台，方便各类工业协议的设备快速接入，并可实现对网关及其所有子设备的控制和管理。在平台中，网关也作为设备进行管理，因此设备的基础使用方法对网关也适用，ThingsBoard-Gateway 网关架构如图 2-4 所示。

1. 创建网关设备

进入设备界面，添加新设备，设备名称为"tb-gateway"，勾选"是否网关"，其他信息采用默认，单击"添加"按钮创建网关设备，如图 2-5 所示。

回到设备页，在设备列表中单击网关设备 tb-gateway，复制访问令牌，如图 2-6 所示。

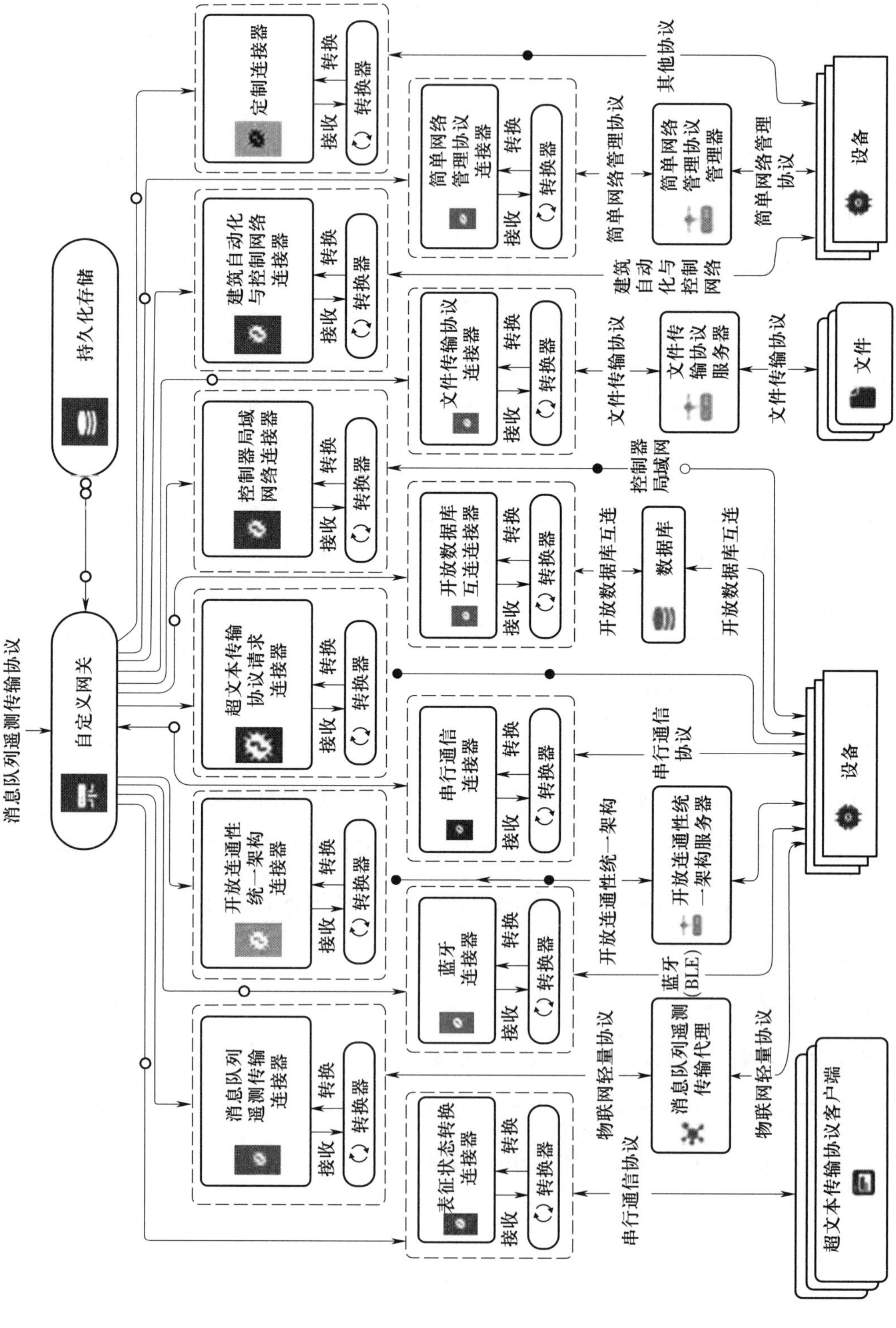

图 2-4 ThingsBoard-Gateway 网关架构

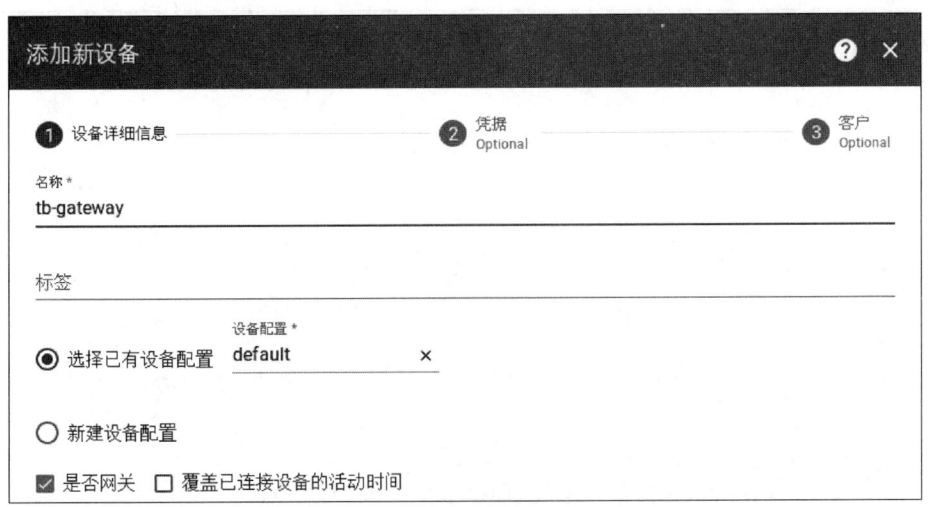

图 2-5 创建网关设备

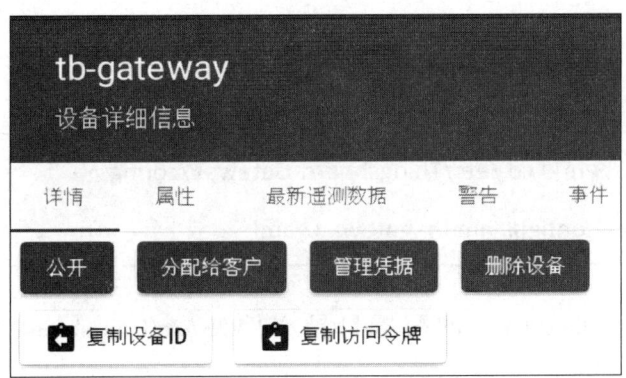

图 2-6 复制网关设备访问令牌

2. 常规配置连接平台

第一步：软件包安装。初级教程介绍过使用 Docker 部署 ThingsBoard-Gateway 网关设备，下面介绍使用软件包安装，代码如下：

```
[root@localhost ym]# wget https://github.com/thingsboard/Thingsboard-Gateway/releases/download/2.0/python3-Thingsboard-Gateway.rpm
[root@localhost ym]# yum install -y ./python3-Thingsboard-Gateway.rpm
```

安装完成后查看网关状态，代码如下：

```
[root@localhost ym]# systemctl status Thingsboard-Gateway
```

显示 active 为运行成功，网关状态如图 2-7 所示。

```
[root@localhost config]#systemctl status thingsboard-gateway
● thingsboard-gateway.service -ThingsBoard Gateway
    Loaded: loaded(/etc/systemd/system/thingsboard-gateway.service; enabled; vendor preset: disabled)
    Active: active(running) since 三 2023 -04 -2615:43:13 CST;5h4min ago
Main PID: 2617(python3)
    Tasks: 8
Memory:74.7M
CGroup:system.slice/thingsboard-gateway.service
        -2617 /usr/bin/python3 -c from thingsboard_gateway.tb_gateway imp...
```

图 2-7　网关状态

第二步：修改配置。配置网关文件 tb_gateway.yaml，代码如下：

```
[root@localhost ym]# cd /etc/Thingsboard-Gateway/config
[root@localhost config]# vim tb_gateway.yaml
```

进入网关设备 tb-gateway 的配置目录文件夹 /etc/Thingsboard-Gateway/config，对 tb_gateway.yaml 进行配置，配置 ThingsBoard 的地址端口及网关设备 tb-gateway 的 accessToken，并根据所用协议打开连接器，需要注意这里配置文件中 MQTT 端口同样会被 Kubernetes 组件映射为其他端口，可使用上文 CoAP 协议中提到的命令查看。物联网平台网关常规配置文件所在位置如图 2-8 所示，物联网平台网关常规配置文件如图 2-9 所示。

```
[root@localhost ym]# cd /etc/thingsboard- gateway/config
[root@localhost config]# ls
ble.json               logs.conf            mqtt.json
connected_devices.json modbus.json          opcua.json
custom_serial.json     modbus_serial.json   tb_gateway.yaml
```

图 2-8　物联网平台网关常规配置文件所在位置

```
thingsboard:
    host: localhost
    port:1883
    security:
    accessToken: siN4CIZd6JfuY93Xs
storage:
    type: memory
    read_records_count:100
    max_records_count:100000
```

图 2-9 物联网平台网关常规配置文件

第三步：编辑完成后，需要重新运行软网关。代码如下：

```
[root@localhost config]# systemctl restart Thingsboard-Gateway
```

第四步：查看网关是否连接成功，网关连接成功后，可以在设备“tb-gateway”“属性”选项卡中的“服务端属性”中查看状态，如果是“active”状态，则说明“tb-gateway”成功连接到平台，否则为“false”。查看物联网平台网关状态如图 2-10 所示。

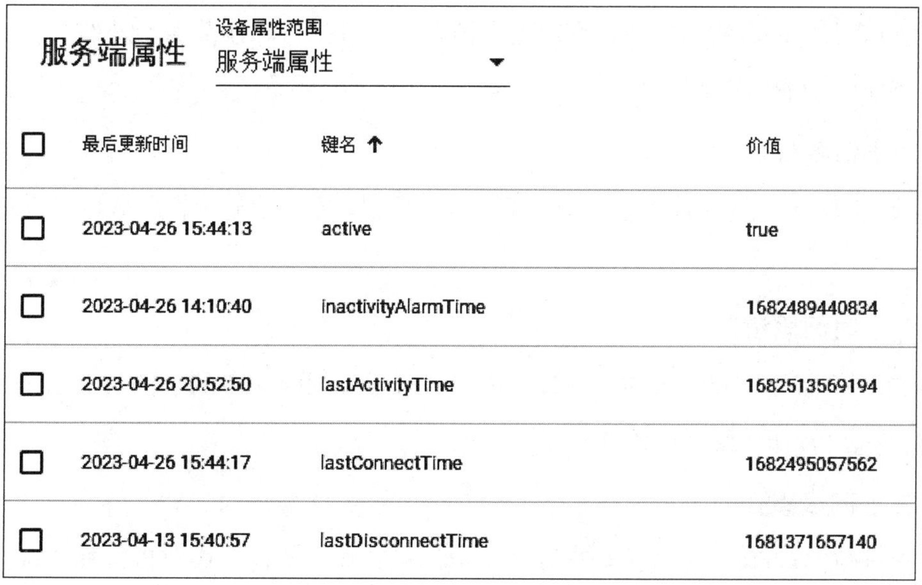
服务端属性

设备属性范围：服务端属性

最后更新时间	键名 ↑	价值
2023-04-26 15:44:13	active	true
2023-04-26 14:10:40	inactivityAlarmTime	1682489440834
2023-04-26 20:52:50	lastActivityTime	1682513569194
2023-04-26 15:44:17	lastConnectTime	1682495057562
2023-04-13 15:40:57	lastDisconnectTime	1681371657140

图 2-10 查看物联网平台网关状态

3. 规则链导入导出

将规则链导出为 JSON 格式，并将其导入到管理平台实例中。为导出规则链，首先单击左侧功能栏的"规则链库"，单击要导出的规则链，单击右侧的"导出规则链"，浏览器开始下载规则链的 JSON 文件。

接下来单击页面右上角"+"按钮，选择"导入规则链"，并拖动欲导入的规则链文件到虚线框中，导入规则链如图 2-11 所示。

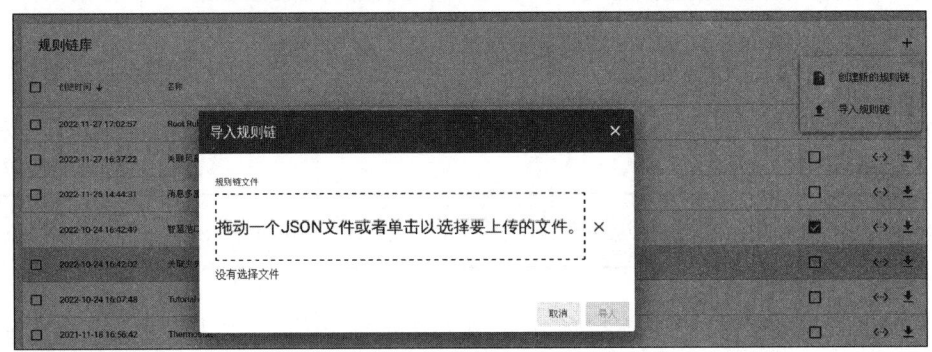

图 2-11　导入规则链

二、规则节点配置

规则节点可以过滤、更新、变换输入消息，或者执行动作节点与外部节点进行交互，以实现与外部系统的通信。

（一）命名规则

在设计复杂规则链时，经常会用到多个相同节点，对同一节点命名时，不可重复。

（二）时间段设置

双击任意规则节点，可在"事件"中设置查看不同时间段的事件与消息，以便检查消息是否按规律传输及传输是否完整。

（三）调试模式

每个规则节点可以设置为调试模式，启用后，在"事件"中可以选择"调试"查看到入站 - 出站消息。打开调试模式如图 2-12 所示，查看调试模式如图 2-13 所示。

图 2-12　打开调试模式

图 2-13　查看调试模式

第二节　规则链设计

考核知识点及能力要求：

- 掌握自定义节点的方法。
- 能设计复杂规则链。
- 能使用规则链定制化业务场景。

一、使用规则节点处理传入数据

初级教程介绍过的已有规则节点不再赘述，重点介绍如何使用自定义节点。

（一）已有节点

规则节点是规则引擎的基本组件，目前主要有六大已有节点，包括筛选器节点、属性集节点、变换节点、动作节点、外部节点及规则链节点。常见节点用法在初级教程中做过介绍，使用过程中，鼠标悬停在每个规则节点上时，会出现该规则节点具体用法的提示，需要了解更多规则节点用法的读者可以到官网中查阅文档进行学习。

（二）定义节点–定制化节点

对一般功能，可以使用现有节点完成。但如果有较复杂，或有特殊业务需求的，就需要进行自定义实现定制化节点。这里以资源形式提供示例源码。

1. 节点源码

使用以下指令查看节点源码，代码如下：

```
[root@localhost ym]# cd rule-node-examples/src/main/java/org/thingsboard/rule/engine/node/filter
```

一个节点需要两个 Java 文件，一个是对节点进行功能规定，另一个是节点配置文件。节点源码如图 2-14 所示。

```
[root@localhost ym]# cd rule-node-examples/src/main/java/org/thingsboard/rule/engine/node/filter
[root@localhost filter]#ls
TbKeyFilterNodeConfiguration.java  TbKeyFilterNode.java
```

图 2-14 节点源码

2. 自定义节点源码结构分析

示例中的自定义节点名称为"check key"，作为筛选节点，要检查消息中是否存在关键词，如果存在则通过 True 链传输，反之则通过 False 链。此节点包括 TbKeyFilterNode.java 和 TbKeyFilterNodeConfiguration.java 两个文件。

3. 将源码打包成执行文件

进入源码文件夹进行打包，打包前，需要安装 OpenJDK 11 组件和 Maven 3.8.6 组件，可以参考以下实验步骤。

第一步：卸载系统自带的 JDK 组件，使用如下命令查看安装的 JDK 版本，代码如下：

```
[root@localhost ym]# rpm -qa|grep java
```

JDK 示例版本如图 2-15 所示。

```
[root@k8smaster ym]#rpm-qa grep java
java-1.8.0-openjdk-1.8.0.262.b10-1.el7.x86_64
javapackages-tools-3.4.1-11.el7.noarch
python-javapackages-3.4.1-11.el7.noarch
tzdata-java-2020a-1.el7.noarch
java-1.8.0-openjdk-headless-1.8.0.262.b10-1.el7.x86_64
```

图 2-15　JDK 示例版本

第二步：根据输出结果卸载相应版本。代码如下：

```
[root@localhost ym]# yum -y remove java-1.7.0-openjdk-headless-1.7.0.261-2.6.22.2.el7_8.x86_64
[root@localhost ym]# yum -y remove java-1.8.0-openjdk-headless-1.8.0.345.b01-1.el7_9.x86_64
```

卸载完成后，再次使用第一步的命令，确认没有多余版本。

第三步：安装 OpenJDK 11 组件，并且查看版本。代码如下：

```
[root@localhost ym]# yum install java-11-openjdk-devel
# 查看版本
[root@localhost ym]#java -version
```

第四步：修改 /etc/profile 文件配置 JDK 环境。代码如下：

```
[root@localhost ym]# vim /etc/profile
```

```
# 在最后写入 JAVA_HOME 的信息（根据实际地址配置）
export JAVA_HOME=/usr/lib/jvm/java-11-openjdk-11.0.17.0.8-2.el7_9.x86_64
# 立即生效
[root@localhost ym]# source /etc/profile
# 验证，输出结果应与实际地址相同
[root@localhost ym]# echo $JAVA_HOME
```

通过 which java 和 ll 指令配合，可以找到实际的 JDK 地址。

第五步：安装 Maven 组件，该软件在配套资源中已提供，将其解压并上传到 /usr/local/maven 文件夹中，再次修改 /etc/profile 文件配置环境。代码如下：

```
[root@localhost ym]# mkdir /usr/local/maven/
[root@localhost ym]# tar -zxvf apache-maven-3.8.6-bin.tar.gz -C /usr/local/maven
[root@localhost ym]#vim /etc/profile
# 在最后写入 JAVA_HOME 的信息（根据实际地址配置）
[root@localhost ym]# export MAVEN_HOME=/usr/local/maven/apache-maven-3.8.6
[root@localhost ym]# export PATH=${MAVEN_HOME}/bin:${PATH}
# 立即生效
[root@localhost ym]# source /etc/profile
# 验证版本
[root@localhost ym]# mvn -v
```

第六步：进入源码文件夹进行打包。代码如下：

```
[root@localhost ym]# cd rule-node-examples
[root@localhost rule-node-examples]# mvn clean install
[root@localhost rule-node-examples]# cd target
[root@localhost target]# ls
```

打包好的 jar 包一般位于文件夹 target 中，名称为 rule-engine-1.0.0-custom-nodes.jar。jar 包位置如图 2-16 所示。

```
[root@localhost rule-node-examples]#cd target
[root@localhost target]#ls
archive·tmp              maven-archiver                    surefire-reports
classes                  maven-status                      test-classes
generated-sources        rule-engine-1.0.0-custom.nodes.jar
generated-test-sources   rule-engine-1.0.0.jar
```

图 2-16　jar 包位置

4. 将执行文件放入挂载文件夹

将 jar 包放入 Pod 组件挂载的本地路径（即 /root/test），并重启 Pod 组件，可以参考以下实验步骤。

第一步：将打包好的 jar 包放入 /root/test 文件夹。

第二步：使用如下指令重启"tb-node"Pod 组件，再次打开 ThingsBoard 规则链页面即可看到节点"check key"，注意重启 Pod 组件后，需要查看 ThingsBoard 页面对应端口号是否发生变化。指令如下：

```
[root@k8smaster ~]# kubectl rollout restart deploy tb-node
```

5. 结果展示

在规则链页面，在"筛选器"节点中看到自定义节点"check key"。

二、设计复杂规则链

生产环境的需求多种多样，根据不同的需求设计不同的规则链是必须掌握的，接下来介绍消息多重过滤、设备离线时创建警报、检查设备间的关系、消息推送到外部消息中间件或者第三方系统、自定义规则节点处理定制化业务场景等多种复杂规则链。

（一）消息多重过滤

在现实应用场景中，平台接收到的同类型消息也各有不同，当需要分类专门转发和存储这些数据时，会用到多个过滤脚本节点，要把握各类消息的特有部分，以此进行多重过滤。下面以三个生成器节点发送不同消息至同一节点进行多重过滤为例，多重过滤规则链如图 2-17 所示。

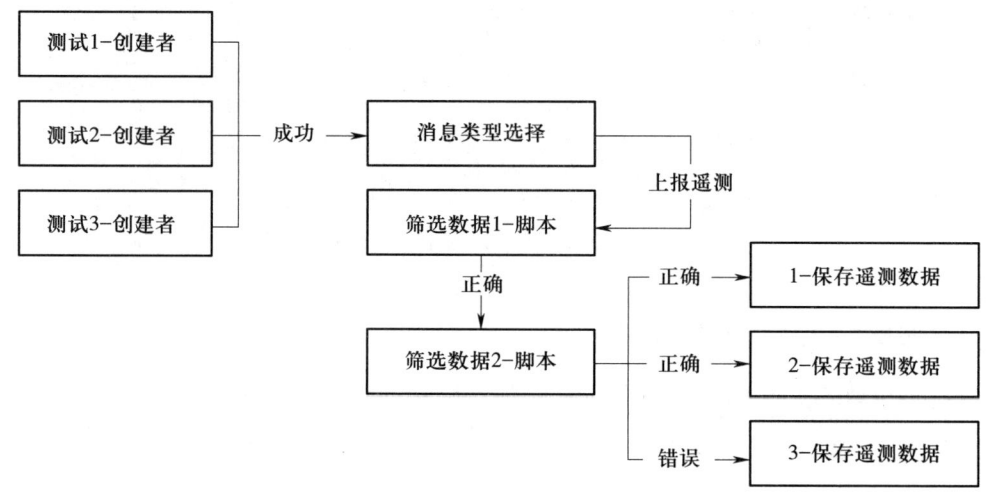

图 2-17　多重过滤规则链

针对主要添加的 3 个节点的说明如下。

1. 添加生成器节点

使用生成器（generator）节点生成模拟消息，以同样方式再添加两个生成器节点，分别赋予不同的 temp 值和 humidity 值，三个生成器节点赋值见表 2-1。

表 2-1　三个生成器节点赋值

节点名称	temp 值	humidity 值
Test1	35	77
Test2	18	77
Test3	18	33

2. 添加脚本筛选器节点

脚本筛选器节点将分别使用以下脚本验证，代码如下：

```
# 筛选数据 1
```

```
return msg.temp > 20;
# 筛选数据 2
return msg.humidity > 40;
```

如果 temp 值超过 20，脚本将返回 True，否则返回 False。humidity 也是如此。

3. 添加保存时间序列节点

添加保存时间序列节点，将入站消息的 payload 时间序列数据存储到数据库，打开调试模式后，查看消息是否过滤成功。

（二）设备离线时创建警报

在生产环境中，经常会使用传感器将探测到的数据上传至平台，一旦设备发生故障，传感器就会停止发送遥测数据。针对这种情况可以设计在设备停止活动一段时间后创建警报的规则链，即通过设置服务器端属性离线超时规定离线多久后创建警报。这里以一氧化碳含量传感器为例，当传感器超过规定时间都未发送消息时，便立刻产生报警。

1. 添加设备

在平台中添加新设备，输入设备名称为一氧化碳含量传感器，如图 2-18 所示。

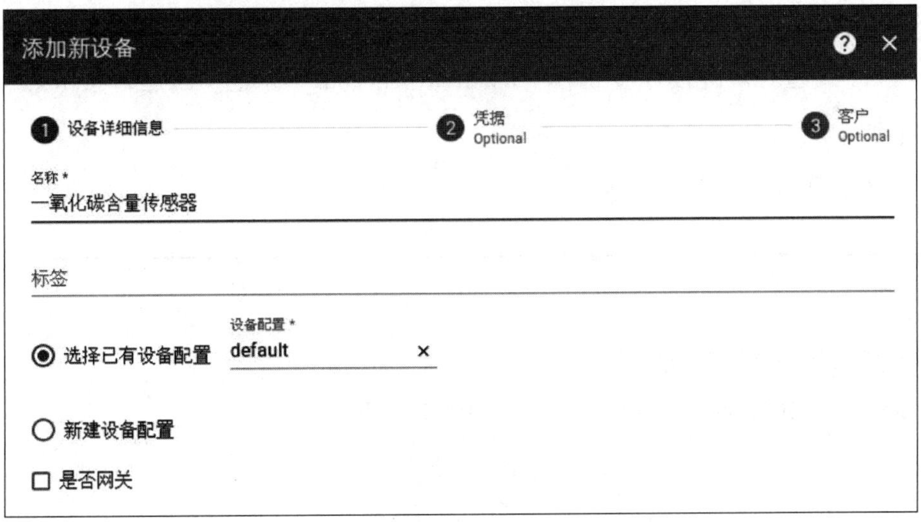

图 2-18　添加设备一氧化碳含量传感器

2. 添加设备服务属性

单击"一氧化碳含量传感器",接着单击属性—服务端属性,单击"+"按钮,将离线超时属性(inactivity Timeout)设置为 60 000 ms,如图 2-19 所示。

3. 配置规则链

配置设备离线告警规则链如图 2-20 所示。

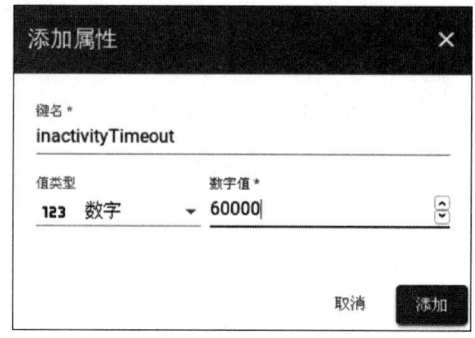

图 2-19 添加设备服务属性

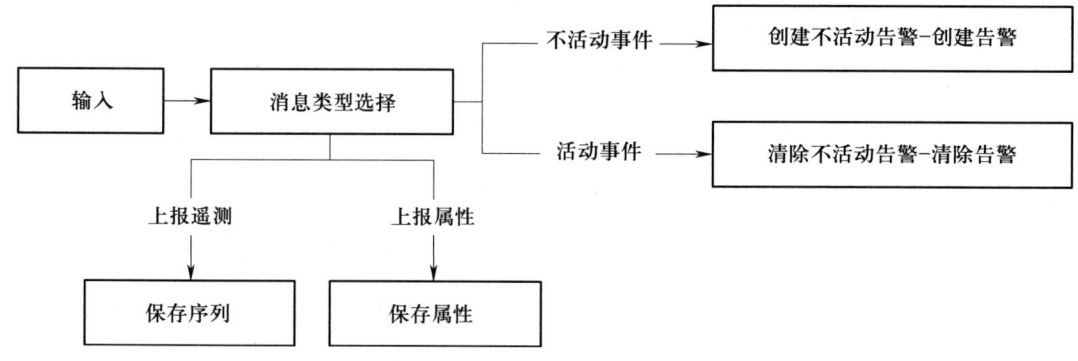

图 2-20 配置设备离线告警规则链

在默认根规则链中删除了两个不相关节点"Log Other"和"Log RPC from Device",并且添加以下两个节点修改默认规则链,可以参考以下实验步骤。

第一步:在根规则链中创建警报节点配置。输入名称创建离线警报并在警报类型中输入离线超时,链接标签选择"Inactivity Timeout"标签。创建警报节点配置如图 2-21 所示。

创建警报节点相关代码如下:

```
var details = {};
if (metadata.prevAlarmDetails) {
    details = JSON.parse(metadata.prevAlarmDetails);
}
return details;
```

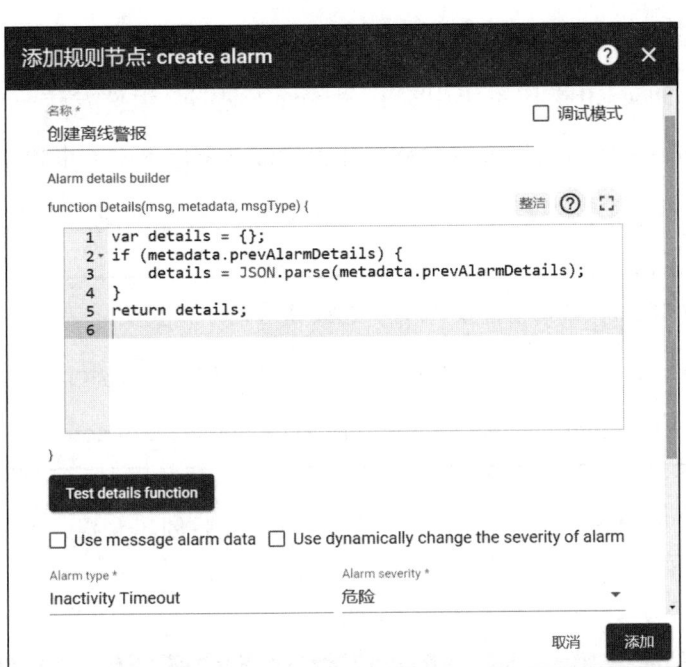

图 2-21　创建警报节点配置

第二步：清除警报节点配置。输入名称清除离线警报并在警报类型中输入离线超时，链接标签选择 Activity Timeout 标签，代码与上一个节点相同。清除警报节点配置如图 2-22 所示。

图 2-22　清除警报节点配置

4. 验证规则链

在 Linux/Windows10 操作系统中都有命令行工具 curl 组件发送 HTTP 协议传感数据，接下来使用 curl 工具对规则链进行验证，可以参考以下实验步骤。

第一步：在 Linux 操作系统中使用 curl 组件上传设备遥测数据。代码如下：

```
#需要将 $ACCESS_TOKEN 替换为实际的设备令牌，以及实际端口
[root@localhost ym]# curl -v -X POST -d '{"CO":20}' http://localhost:port/api/v1/$ACCESS_TOKEN/telemetry --header "Content-Type:application/json"
```

第二步：验证警告，在最新遥测数据发送 1 min 后创建警报，查看警告创建时间如图 2-23 所示。

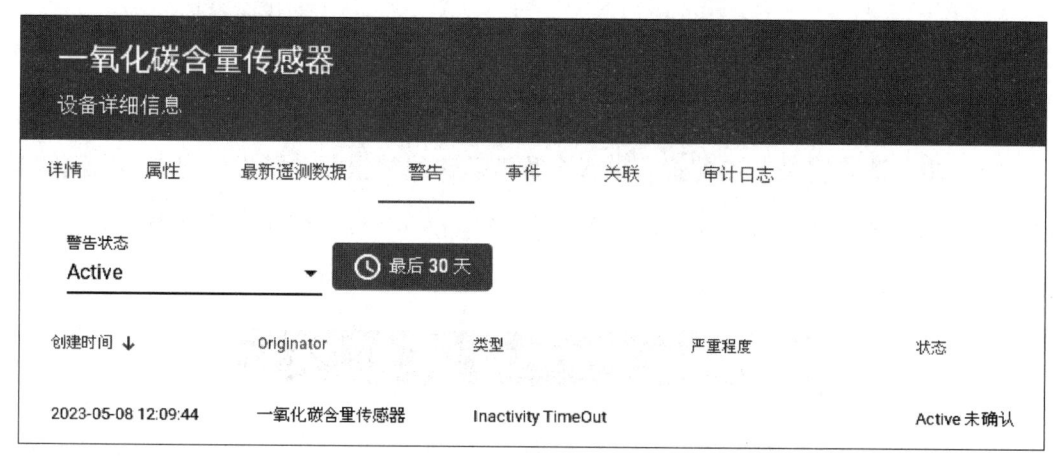

图 2-23　查看警告创建时间

（三）检查设备间的关系

在某些特定环境中，两个设备之间有不可分割的关系，当一个设备接收到特定消息时可以通知另一个设备，此时可以设计设备关联的规则链。本节假设有烟雾传感器设备探测到烟雾将数据发送到平台，即可触发火灾报警系统提供火灾警报。

1. 添加设备及设备间的关联

在平台中添加两个设备：烟雾探测器和火灾报警系统。

创建关系：单击"烟雾探测器"设备，单击"关联"，单击"+"按钮，从烟雾探测器到火灾报警系统如图 2-24 所示。

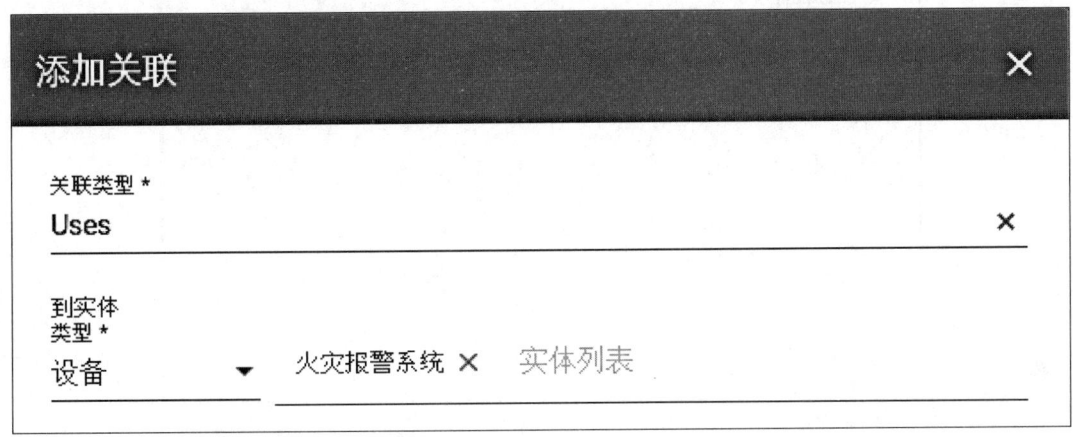

图 2-24　从烟雾探测器到火灾报警系统

2. 配置规则链

修改规则链并创建关联火灾报警系统规则链，可以参考以下实验流程。

创建新的关联火灾报警系统规则链，在此规则链中将创建 4 个节点，关联火灾报警系统规则链如图 2-25 所示。

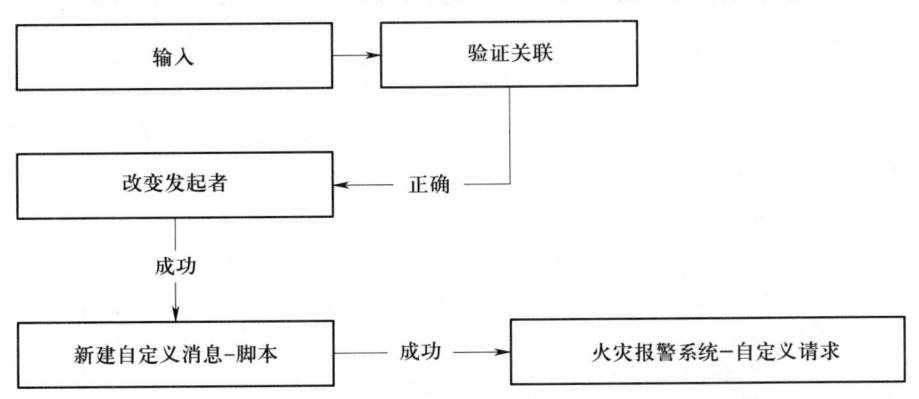

图 2-25　关联火灾报警系统规则链

创建检查关系节点。该节点将检查消息是否为烟雾探测器到火灾报警系统的方向，以及类型是否为 Uses 类型。如果存在该关系，则消息将通过 True 链发送。检查关系节点配置如图 2-26 所示。

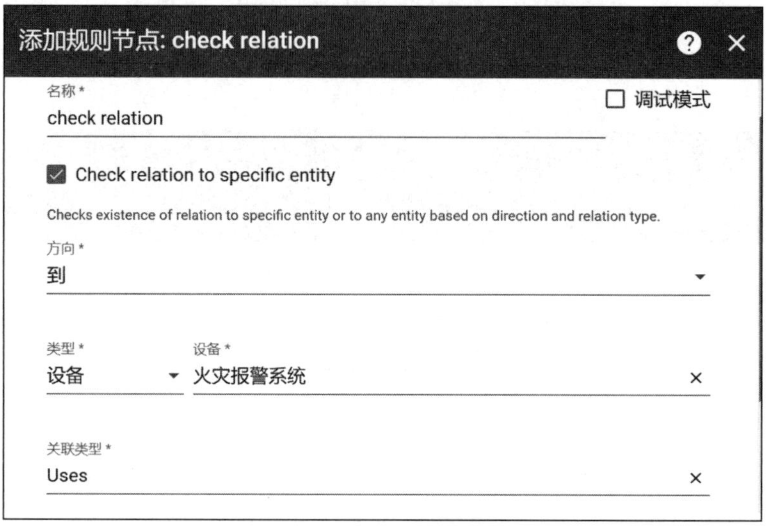

图 2-26 检查关系节点配置

创建转换发起者节点。该节点将发起方从烟雾探测器更改为火灾报警系统，并将烟雾探测器传来的消息当作火灾报警系统的消息处理。转换发起者节点配置如图 2-27 所示。

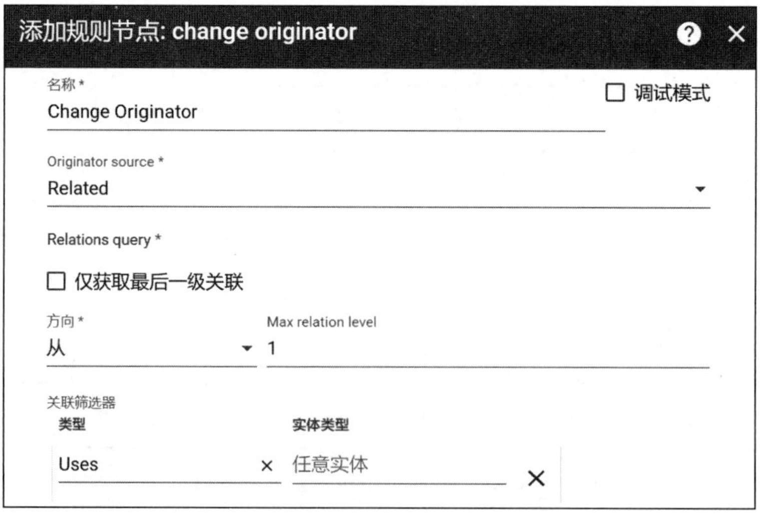

图 2-27 转换发起者节点配置

创建脚本节点。使用脚本将原始消息转换为 RPC 请求消息。脚本节点配置如图 2-28 所示。

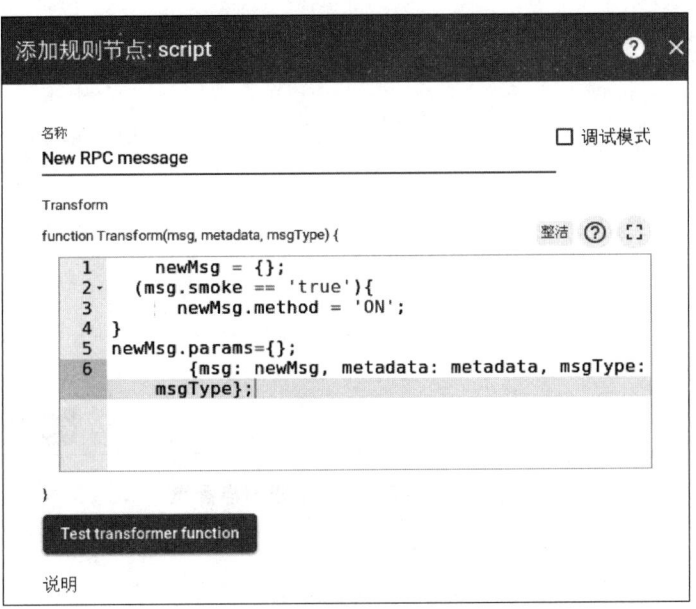

图 2-28　脚本节点配置

创建脚本节点相关代码如下：

```
var newMsg = {};
if(msg.smoke == 'true'){
 newMsg.method = 'ON';
}
newMsg.params={};
return {msg: newMsg, metadata: metadata, msgType: msgType};
```

创建 RPC 调用请求节点。该节点获取 payload 消息并将其发送到火灾报警系统。RPC 调用请求节点配置如图 2-29 所示。

修改规则链。初始规则链进行了一定调整，其中在 Post Telemetry 数据类型的 Save Timeseries 节点后添加了过滤脚本节点、清除警报节点、创建报警节点、规则链节点。修改规则链如图 2-30 所示。

图 2-29　RPC 调用请求节点配置

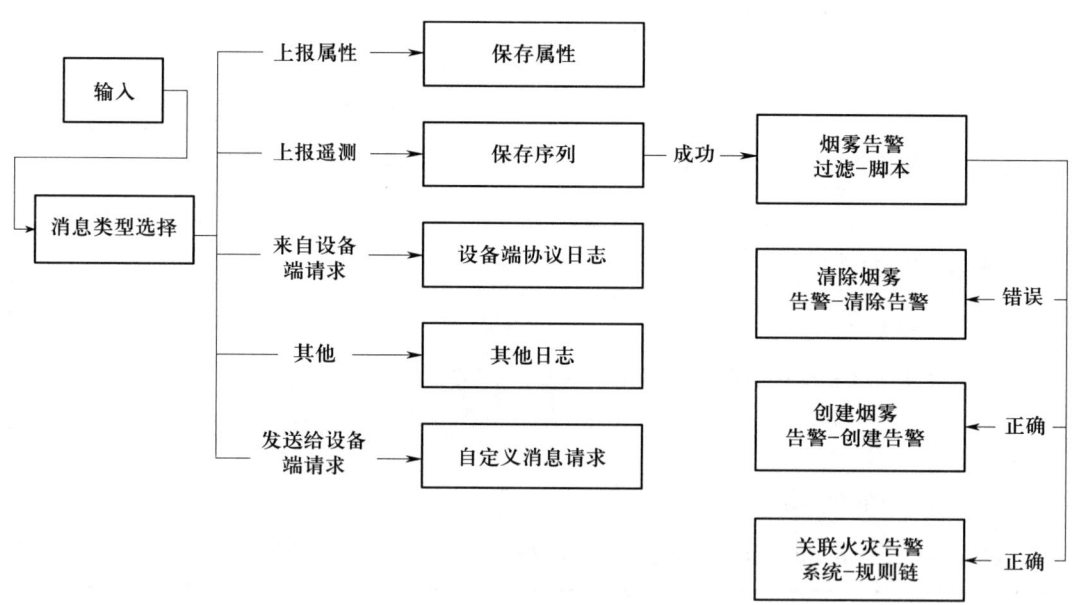

图 2-30　修改规则链

创建过滤脚本节点。使用脚本，检查传入的消息是否为"smoke"，代码如下：

```
return msg.smoke== 'true';
```

创建过滤脚本节点具体设置如图 2-31 所示。

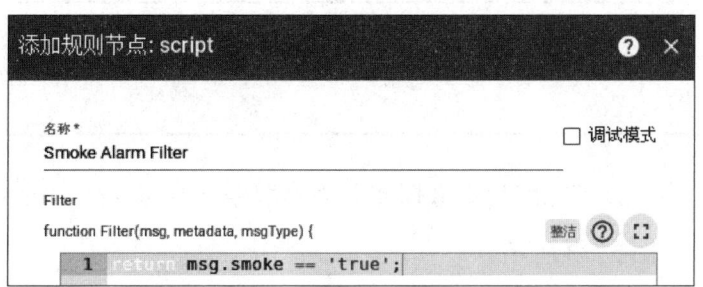

图 2-31　创建过滤脚本节点具体设置

创建清除警报节点。该节点将为烟雾探测器清除烟雾类型的警报。清除警报节点配置如图 2-32 所示。

图 2-32　清除警报节点配置

创建清除警报节点相关代码如下：

var details = {};
if (metadata.prevAlarmDetails) {
　details = JSON.parse(metadata.prevAlarmDetails);

```
}
return details;
```

创建报警节点。该节点将为烟雾探测器创建烟雾类型的警报,输入代码同上。创建警报节点配置如图 2-33 所示。

图 2-33 创建警报节点配置

创建规则链节点。该节点将传入消息转发到指定的关联火灾报警系统规则链。规则链节点配置如图 2-34 所示。

验证规则链。使用模拟设备对创建好的规则链进行验证,可以参考以下实验步骤。

第一步:使用代码模拟设备火灾报警系统,在 FireAlarmEmulator.js 文件中输入以资源形式提供的代码,复制设备火灾报警系统访问令牌,将其粘贴到脚本中,并且修改平台 IP 地址。代码如下:

第二章 规则链应用设计

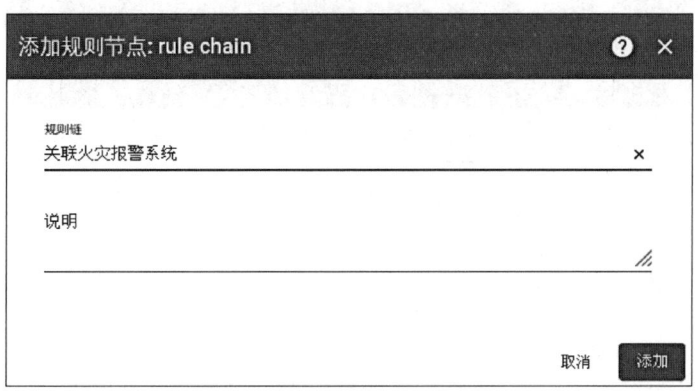

图 2-34 规则链节点配置

```
[root@localhost ym]#vim FireAlarmEmulator.js
```

第二步：运行模拟设备脚本。代码如下：

```
[root@localhost ym]# node FireAlarmEmulator.js
```

第三步：使用 curl 组件向设备烟雾探测器发送遥测数据。代码如下：

```
# 需要将 $ACCESS_TOKEN 替换为实际的设备令牌，以及实际端口
[root@localhost ym]# curl -v -X POST -d '{"smoke":"true"}' http://localhost:port/api/v1/$ACCESS_TOKEN/telemetry --header "Content-Type:application/json"
```

第四步：验证设备关系。查看设备烟雾探测器是否检测到烟雾如图 2-35 所示，查看两设备是否关联成功如图 2-36 所示。

（四）消息推送到外部消息中间件或者第三方系统

平台提供外部节点将消息及数据路由到外部中间件或第三方云平台，用于实现外部系统的交互，如 Kafka 消息中间件、外部 MQTT 代理等，供第三方订阅数据。以 MQTT 节点为例，使用 ThingsBoard 连接 EMQX 客户端（第三方 MQTT 云平台），将遥测数据发送至 EMQX 客户端，"originator field" 节点和 "script" 节点无须改动，所以不再介绍。消息转发至外部规则链如图 2-37 所示。

图 2-35 查看设备烟雾探测器是否检测到烟雾

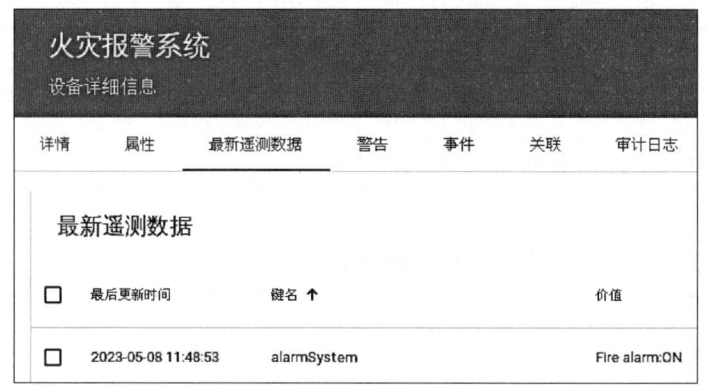

图 2-36 查看两设备是否关联成功

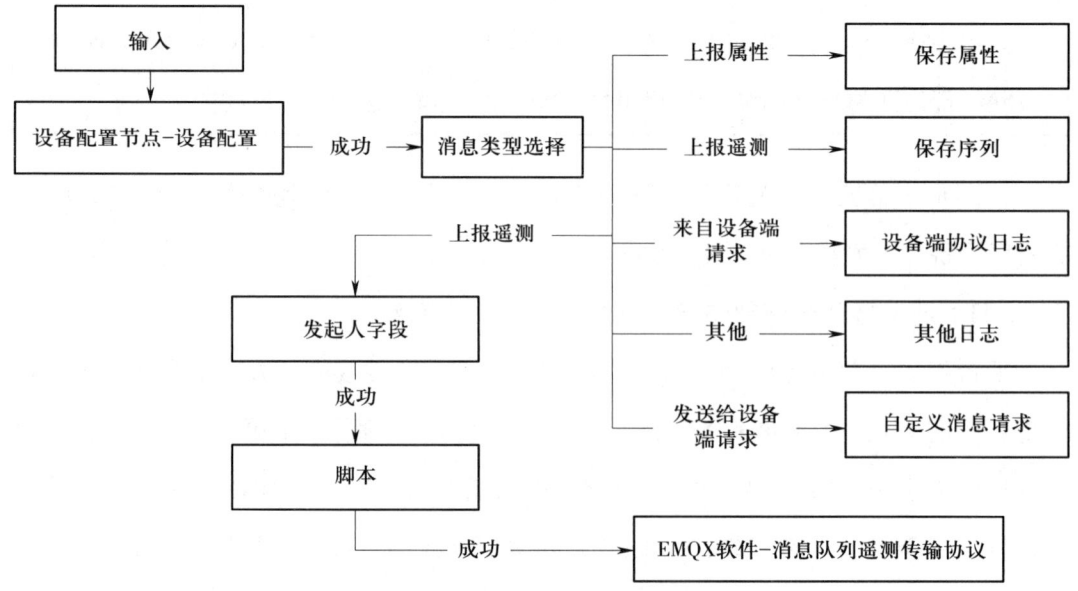

图 2-37 消息转发至外部规则链

1. 消息队列遥测传输协议节点配置

首先填入 MQTT 发送主题，注意要使用不同主题发送消息；其次填入 EMQX 客户端所在 IP 地址及对应的 MQTT 端口。MQTT 节点配置效果如图 2–38 所示。

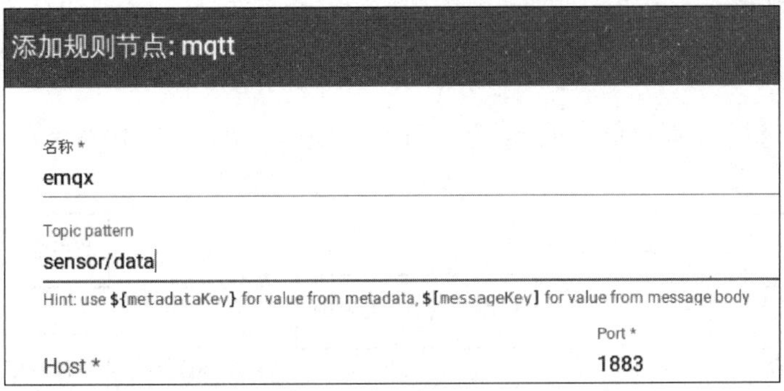

图 2–38　MQTT 节点配置效果

2. 验证连接消息队列遥测传输协议代理客户端是否成功

选择侧边栏中客户端，查看 EMQX 客户端界面是否存在新接入的客户端。

3. 验证消息传输

使用 Websocket 工具，订阅主题后，可看到由 ThingsBoard 发送至 EMQX 客户端的消息，可以参考以下实验步骤。

第一步：使用 Websocket 工具接入 EMQX 客户端。

第二步：连接成功后，在下方订阅 MQTT 节点中填入主题，如 "sensor/data"，即可收到通过此主题发送的消息。订阅主题如图 2–39 所示。

第三步：使用 curl 组件发送遥测数据至任意设备，这里以上文创建的一氧化碳含量传感器为例，代码如下：

图 2–39　订阅主题

```
# 需要将 $ACCESS_TOKEN 替换为实际的设备令牌，以及实际端口
[root@localhost ym]# curl -v -X POST -d '{"CO":24}' http://localhost:port/api/v1/$ACCESS_TOKEN/telemetry --header "Content-Type:application/json"
```

第四步：查看 Websocket 工具界面，可在订阅消息列表看到对应消息。

（五）自定义规则节点处理定制化业务场景

以第一节中已经给出的自定义节点为示例，检查消息中的关键词进行数据筛选。

1. 配置规则链

通过生成器（generator）节点模拟两个不同的设备——电表和温度计，使用节点"check key"筛选后分别存储。自定义规则节点规则链如图 2-40 所示。

图 2-40 自定义规则节点规则链

2. 生成器节点配置

两个生成器节点分别模拟电表和温度计。电表生成器节点配置如图 2-41 所示，温度计生成器节点配置如图 2-42 所示。

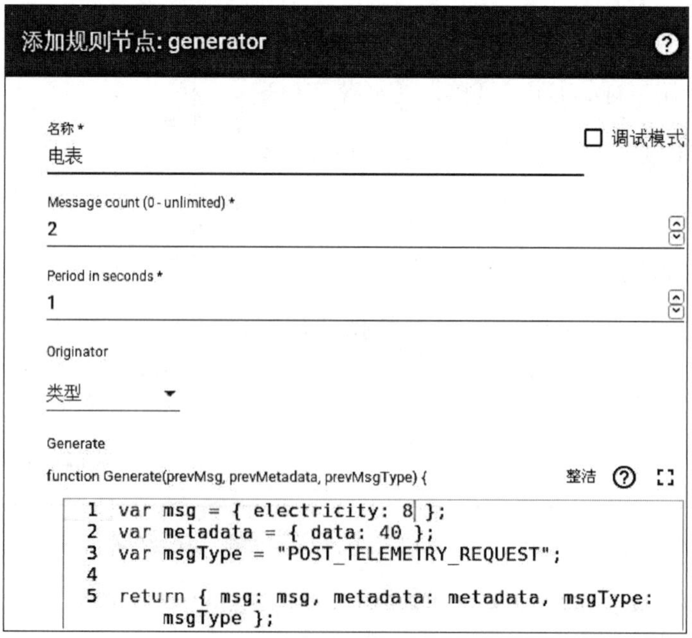

图 2-41 电表生成器节点配置

图 2-42　温度计生成器节点配置

3. 自定义节点配置内容

设置关键词"electricity"。自定义节点配置如图 2-43 所示。

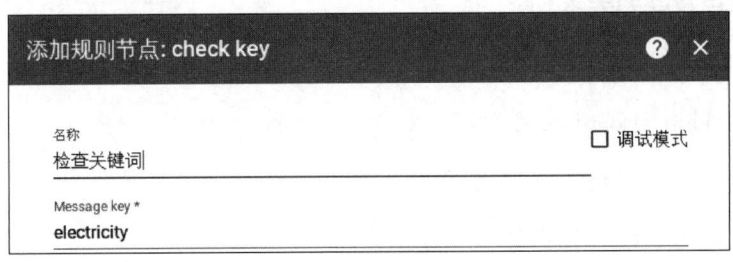

图 2-43　自定义节点配置

4. 打开存储节点调试模式查看数据

查看两个存储节点，判断数据是否筛选成功。查看存储电表数据如图 2-44 所示，查看存储温度数据如图 2-45 所示。

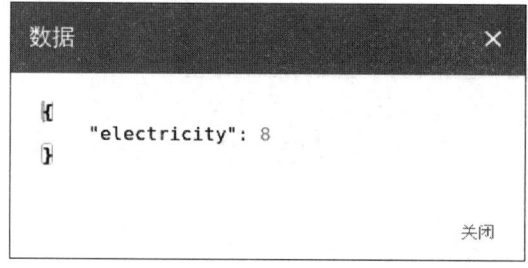

图 2-44 查看存储电表数据

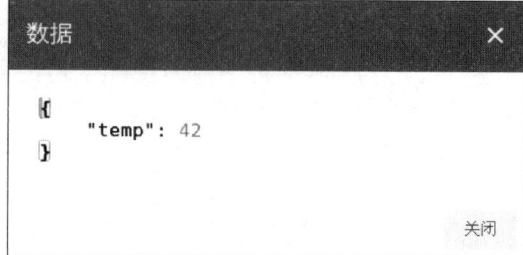

图 2-45 查看存储温度数据

第三节 规则链设计与应用实例

考核知识点及能力要求：

- 了解项目实施的总体流程。
- 能配置 ThingsBoard 软网关。
- 能根据项目应用场景设计规则链。
- 能对数据进行持久化存储。

一、物联网平台相关配置

完成智慧港口方案设计后，按照方案在 ThingsBoard 上创建资产、设备、网关等，并实现设备关联到资产。

（一）创建资产

在 ThingsBoard 上创建港口资产"smart_port"。

（二）创建设备并关联资产

1. 创建设备

创建网关、电气火灾报警系统和电表设备，需注意这里不用创建温度传感器设备。

2. 设备关联至资产中

完成相关实体创建后，将创建的设备添加到资产"smart_port"。添加关联操作方法如图 2-46 所示。

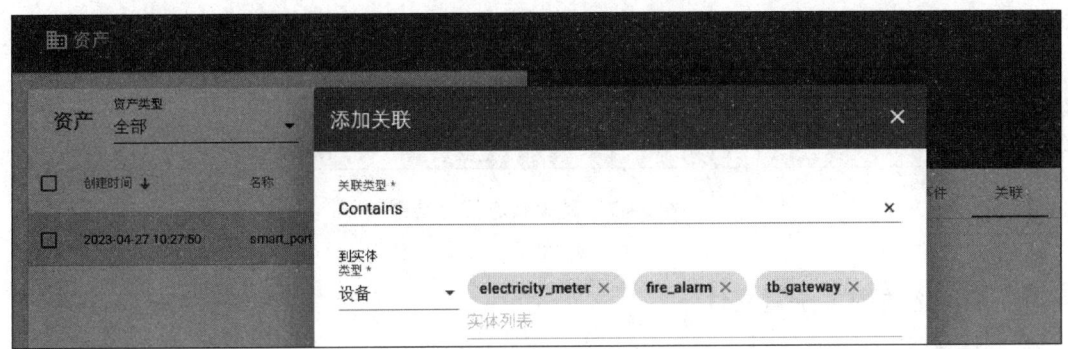

图 2-46　添加关联操作方法

二、配置网关设备

物联网平台软网关（ThingsBoard-Gateway）是一个开源的软网关解决方案，可使用 ThingsBoard 集成连接到旧系统和第三方系统的设备。

（一）运行物联网平台软网关

启动 ThingsBoard-Gateway 网关设备，指令如下：

```
[root@localhost thingsboard]# systemctl start Thingsboard-Gateway
```

查看 ThingsBoard-Gateway 网关设备状态，指令如下：

```
[root@localhost thingsboard]# systemctl status Thingsboard-Gateway -l
```

网关状态信息结果如图 2-47 所示，虽然 ThingsBoard-Gateway 网关设备正常运行，但是软网关并未与ThingsBoard上的网关设备连接，故需要对ThingsBoard-Gateway网关设备进行配置。

```
[root@localhost thingsboard ]#systemctl status thingsboard- gateway -l
    thingsboard-gateway.service-ThingsBoard Gateway
    Loaded:loaded(/etc/systemd/system/thingsboard-gateway.service;enabled;vendor
    Active:active(running)since 四 2022-11-24 21:55:44 PST;6min ago
Main PID:106259(python3)
    Tasks:5
    Memory: 20.6M
    CGroup:/system.slicethingsboard-gateway.service
        -106259 /usr/bin/python3 -c from thingsboard gateway.tb gateway import
```

图 2-47　网关状态信息结果

（二）修改网关配置文件

1. 复制访问令牌

在设备页面单击网关设备，复制网关设备的访问令牌。复制访问令牌如图 2-48 所示。

图 2-48　复制访问令牌

2. 查看系统的互联网协议地址

在虚拟机环境中查看互联网协议（IP）地址，输入以下指令：

```
[root@localhost thingsboard]# ifconfig
```

3. 修改网关配置文件

修改 tb_gateway.yaml，指令如下：

```
[root@localhost thingsboard]# vi /etc/Thingsboard-Gateway/config/tb_gateway.yaml
```

如图 2-49 所示，进入配置文件编辑页面后，修改主机的 IP 地址，将复制的网关设备访问令牌粘贴至 accessToken，并且按照方案使用 Modbus 连接器，取消 Modbus 连接器的注释标记，同时要将其他连接器配置都添加注释标记。完成配置修改后，保存文件并退出。

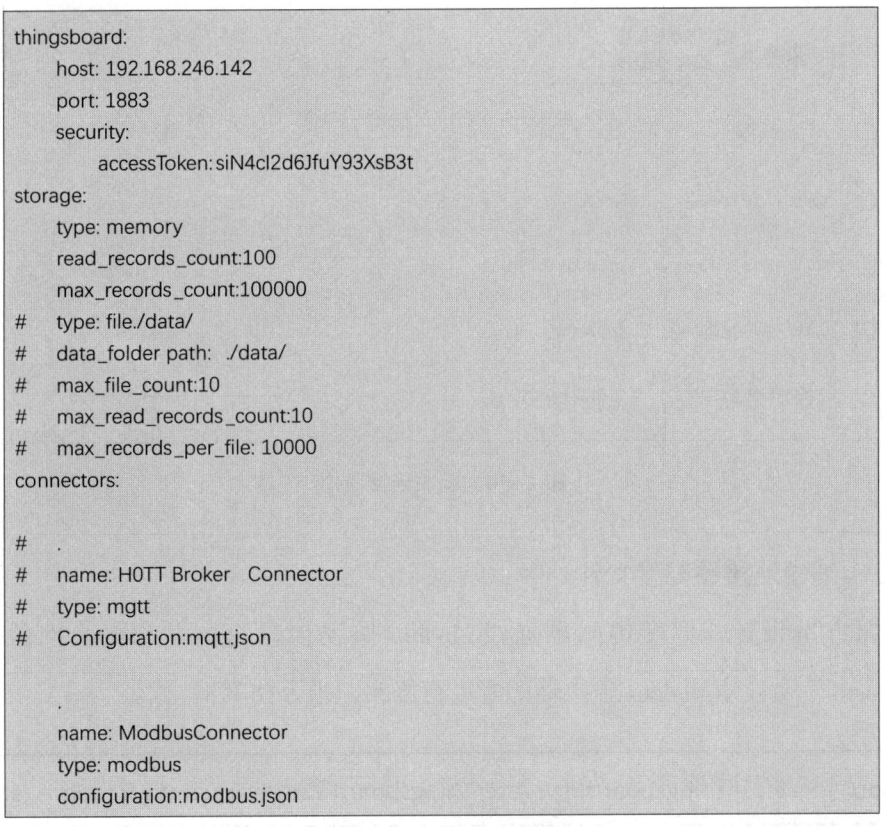

图 2-49　修改软网关配置

完成配置后，重启 ThingsBoard-Gateway 网关设备并查看状态，以验证网关是否成功连接，指令如下：

```
[root@localhost thingsboard]# systemctl restart Thingsboard-Gateway
[root@localhost thingsboard]# systemctl status Thingsboard-Gateway -l
```

网关连接状态如图 2-50 所示，表明 ThingsBoard-Gateway 网关设备已成功连接 ThingsBoard 中的网关设备。

图 2-50　网关连接状态

（三）编辑连接器配置文件

按照方案设计，温度传感器通过 Modbus 协议传输至网关，再由网关传输至 ThingsBoard，故需对 Modbus 连接器配置进行修改，指令如下：

```
[root@localhost thingsboard]# vi /etc/Thingsboard-Gateway/config/modbus.json
```

modbus.json 文件内容以资源形式提供，代码中"host"为模拟设备所在服务器的 IP，"unitId"为模拟设备 ID，"tag"为设备遥测属性名，"functionCode"为协议功能码。

保存修改后，重启网关就可以在 ThingsBoard 上看到自动生成的设备"temp_sensor"。自动生成设备"Temp Sensor"如图 2-51 所示。

名称	设备配置	标签
temp_sensor	default	
tb_gateway	default	网关
electricity_meter	default	电表
fire_alarm	default	电气火灾报警系统

图 2-51 自动生成设备"Temp Sensor"

（四）将温度传感器关联到电气火灾报警系统

根据项目设计方案，将自动生成的温度传感器关联到电气火灾报警系统，要注意关联类型 Uses。设备关联到电气火灾报警系统如图 2-52 所示。

图 2-52 设备关联到电气火灾报警系统

（五）模拟温度传感器

本节将采用 Modbus 仿真软件 Modbus Slave 模拟温度传感器向软网关发送温度数据，步骤如下。

1. 打开莫德布斯从机软件

在与软网关同一局域网内，在 Windows 系统解压资源提供的莫德布斯从机（Modbus Slave）软件压缩包，双击打开 mbSlave.exe。打开 Modbus Slave，如图 2-53 所示。

图 2-53 打开 Modbus Slave

2. 查看系统互联网协议地址

查看 Windows 系统互联网协议（IP）地址，打开 Windows 操作系统的命令行界面，输入以下指令：

```
C:\Users\admin>ipconfig
```

获取到系统 IP 地址，如图 2–54 所示。

```
C:\Windows\system32>ipconfig

Windows IP 配置


以太网适配器 vEthernet (Default Switch):

   连接特定的 DNS 后缀 . . . . . . . :
   本地链接 IPv6 地址. . . . . . . . : fe80::2743:c266:878a:ae8%32
   IPv4 地址 . . . . . . . . . . . . : 172.30.176.1
   子网掩码  . . . . . . . . . . . . : 255.255.240.0
   默认网关. . . . . . . . . . . . . :

以太网适配器 以太网:

   连接特定的 DNS 后缀 . . . . . . . :
   本地链接 IPv6 地址. . . . . . . . : fe80::979d:3262:26b4:4bae%10
   IPv4 地址 . . . . . . . . . . . . : 192.168.1.159
   子网掩码  . . . . . . . . . . . . : 255.255.255.0
   默认网关. . . . . . . . . . . . . : 192.168.1.1

以太网适配器 VMware Network Adapter VMnet1:

   连接特定的 DNS 后缀 . . . . . . . :
   本地链接 IPv6 地址. . . . . . . . : fe80::90fc:4001:f52:9040%16
   IPv4 地址 . . . . . . . . . . . . : 192.168.238.1
   子网掩码  . . . . . . . . . . . . : 255.255.255.0
   默认网关. . . . . . . . . . . . . :

以太网适配器 VMware Network Adapter VMnet8:

   连接特定的 DNS 后缀 . . . . . . . :
   本地链接 IPv6 地址. . . . . . . . : fe80::cc89:dd29:d462:c275%14
   IPv4 地址 . . . . . . . . . . . . : 192.168.246.1
   子网掩码  . . . . . . . . . . . . : 255.255.255.0
   默认网关. . . . . . . . . . . . . :
```

图 2–54　系统 IP 地址

3. 修改连接器配置文件

按照上文提及的步骤，在连接器配置文件 modbus.json 中将设备 IP 地址“host”修改为 Modbus Slave 软件所在的系统 IP 地址。

4. 修改莫德布斯从机软件配置

打开莫德布斯从机（Modbus Slave）软件，按下 F3 快捷键，设置连接方式与端口。连接设置如图 2–55 所示。

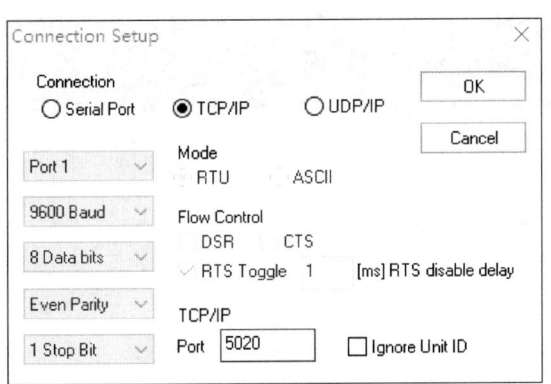

图 2-55　连接设置

按下 F8 快捷键，设置"Function"为 04，对应 modbus.json 文件中的"functionCode"，"Slave ID"对应 modbus.json 文件中的"unitId"。Slave 定义如图 2-56 所示。

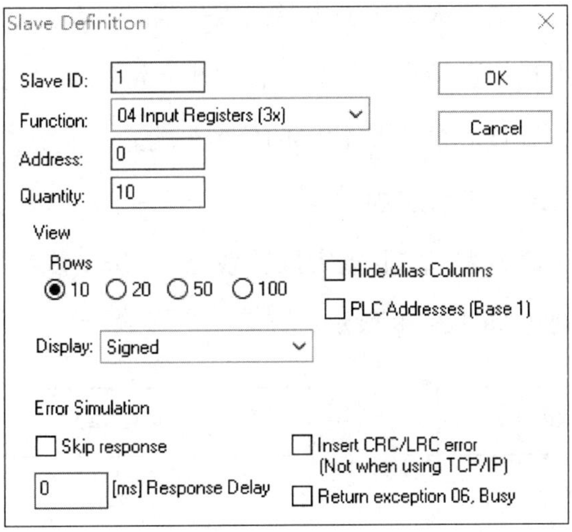

图 2-56　Slave 定义

5. 测试设备连接

在上文可以看到温度传感器的时序数据"Temperature"所在的寄存器地址为"0"，在地址为"0"一栏中随机输入数据。

输入数据后，查看 ThingsBoard 上设备"Temp Sensor"的最新遥测数据，如图 2-57 所示。

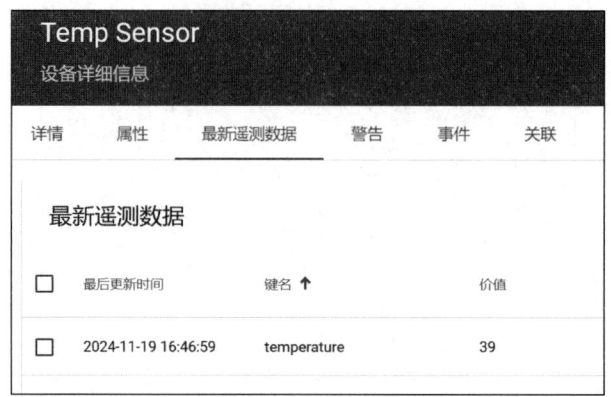

图 2-57 查看 ThingsBoard 上设备"Temp Sensor"的最新遥测数据

三、规则链设计实例

按照智慧港口设计方案设计智慧港口关联火灾报警系统规则链,要求根据温度控制电气火灾预警设备。从电气火灾预警设备角度出发,判断收到的温度值,根据温控需求,判断是否需要发送报警请求。另外,在根规则链中加入前文介绍的自定义节点"check key",进行数据筛选后再转发至 EMQX 客户端。

（一）创建关联火灾报警系统规则链

创建新的规则链,命名为"关联火灾报警系统",编辑该规则链,增加相关节点。关联火灾报警系统规则链如图 2-58 所示。

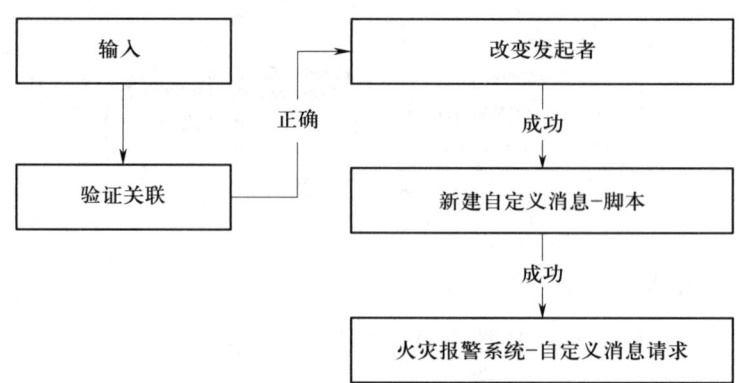

图 2-58 关联火灾报警系统规则链

各个节点的信息可按下述说明进行修改。

1. 添加筛选器 / 检查关系节点

添加筛选器 / 检查关系（check relation）节点，检查消息是否为温度传感器到火灾报警系统的方向，以及类型是否为 Uses。"check relation" 节点如图 2-59 所示。

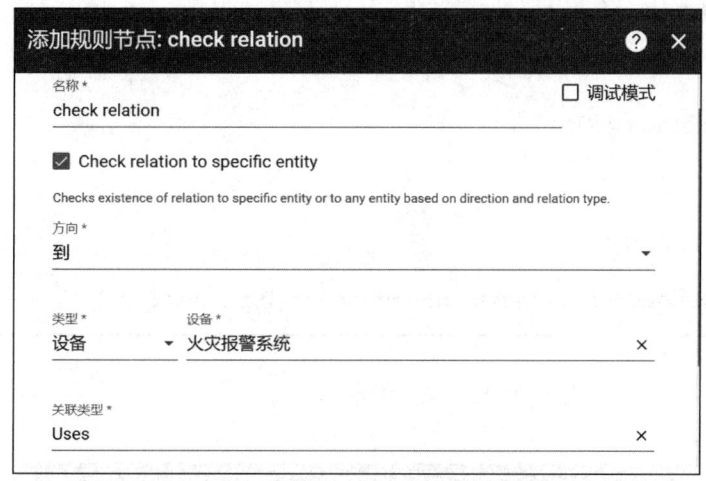

图 2-59　"check relation" 节点

2. 添加变换 / 更改发起者节点

添加变换 / 更改发起者（change originator）节点，将发起方从温度传感器更改为火灾报警系统，并将温度传感器传来的消息作为火灾报警系统消息处理。"change originator" 节点如图 2-60 所示。

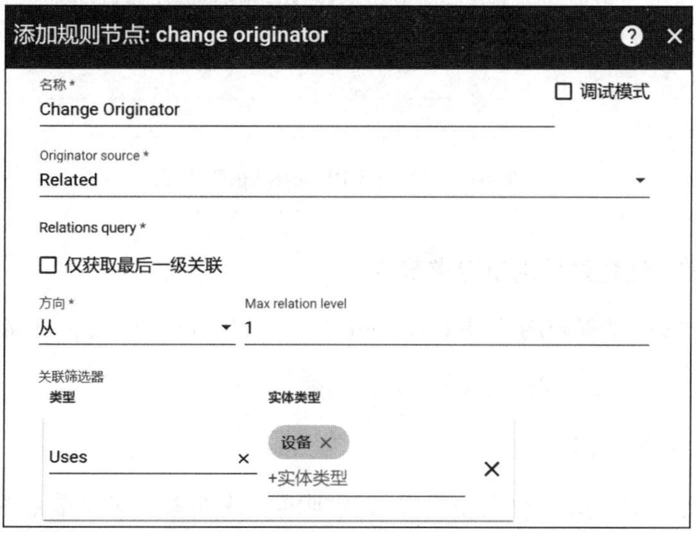

图 2-60　"change originator" 节点

3. 添加脚本节点

添加脚本（script）节点，使用脚本将原始消息转换为 RPC 请求消息，代码如下：

```
var newMsg = {};
if( msg.temperature > 50 ){
 newMsg.method = 'ON';
}
newMsg.params={};
return {msg: newMsg, metadata: metadata, msgType: msgType};
```

"New RPC message"节点如图 2-61 所示。

图 2-61　"New RPC message"节点

4. 添加动作 / 远程过程调用请求节点

添加动作 / 远程过程调用请求（rpc call request）节点，获取 payload 消息并将其发送到火灾报警系统。"rpc call request"节点如图 2-62 所示。

（二）修改根规则链

在根规则链中加入关联火灾报警系统规则链，并加入自定义节点筛选数据并转发至 EMQX 客户端。关联火灾报警系统规则链如图 2-63 所示。

图 2-62 "rpc call request" 节点

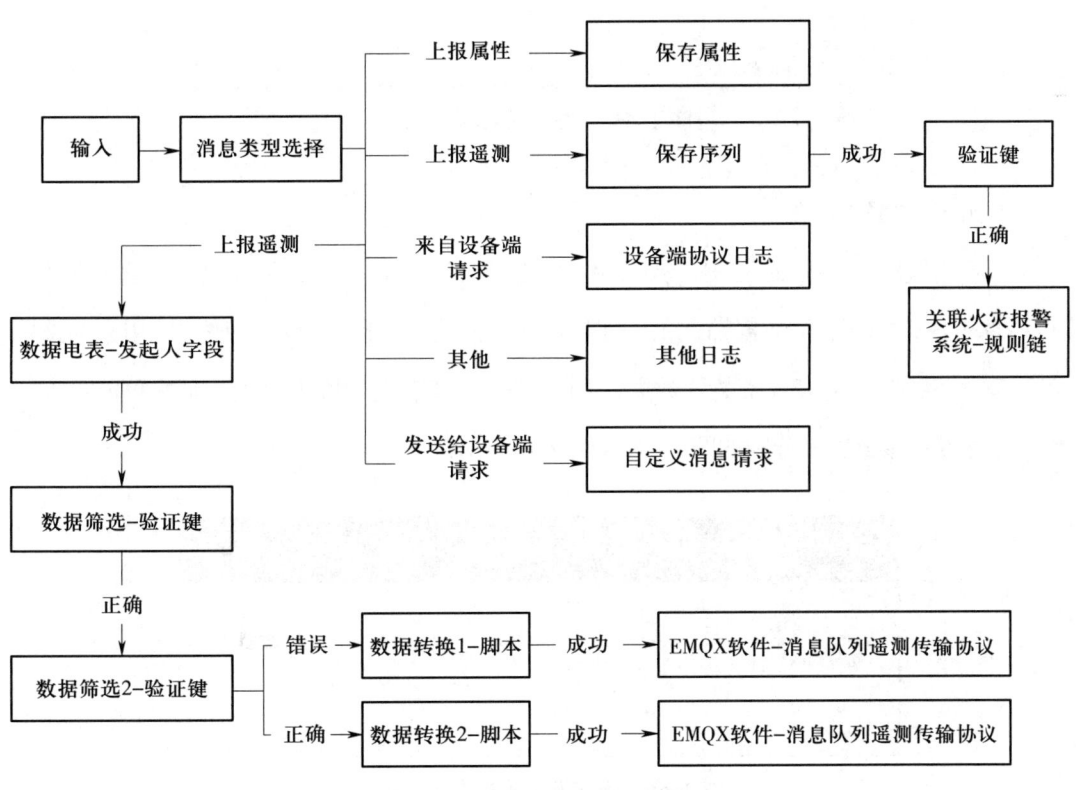

图 2-63 关联火灾报警系统规则链

1. 加入关联火灾报警系统规则链

添加"check key"节点,判断是否含有关键词"temperature"。"check key"节点如图 2-64 所示。

添加"rule chain"节点,选择"关联火灾报警系统"。"rule chain"节点如图 2-65 所示。

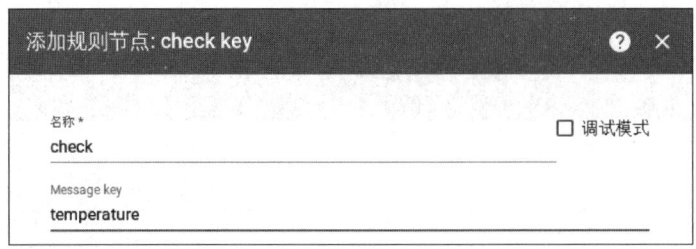

图 2-64　"check key"节点

图 2-65　"rule chain"节点

2. 筛选数据并转发

根规则链中"originator fields"节点和"script"节点只需命名，无须改动。这里介绍两个"check key"节点，"数据筛选1"用来筛选电表设备数据，"数据筛选2"用来筛选电表设备状态数据和电表设备数值数据，"check key"节点由于版本原因，页面可能不太一致。添加设备服务属性分别如图 2-66 和图 2-67 所示。

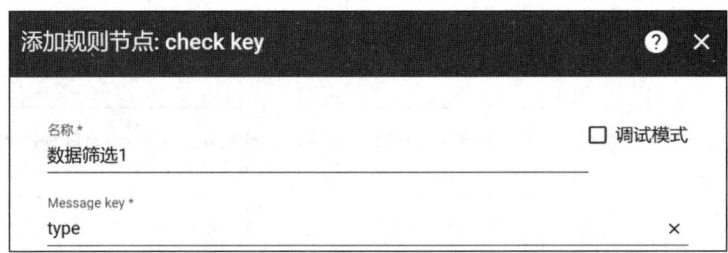

图 2-66　添加设备服务属性（一）

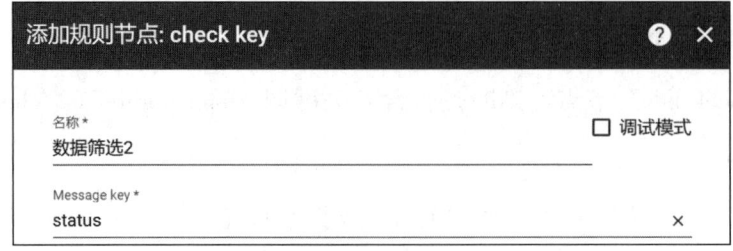

图 2-67　添加设备服务属性（二）

（三）验证规则链

确保 ThingsBoard-Gateway 网关设备正常运行后，开启设备的模拟实验。

1. 验证报警功能

修改 Modbus Slave 软件数值，查看当设备温度数值超过 50 时，系统是否报警。验证系统报警如图 2-68 所示。

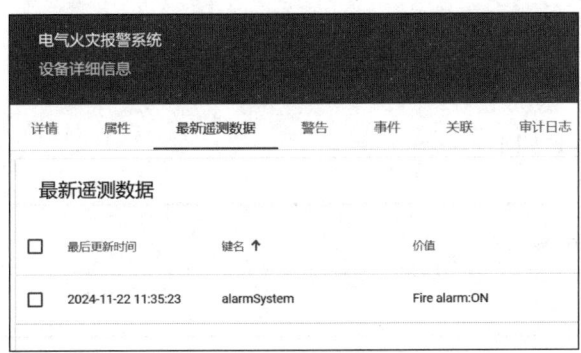

图 2-68　验证系统报警

2. 数据筛选并转发

验证数据是否筛选，并分主题转发发送成功，可以参考以下实验步骤。

第一步：根据实际 IP 地址、端口和设备令牌，使用 curl 工具向电表设备分别发送状态和数值数据，代码以资源形式提供。

第二步：使用 EMQX 客户端的 Websocket 工具验证消息分主题传入。验证消息筛选效果如图 2-69 所示。

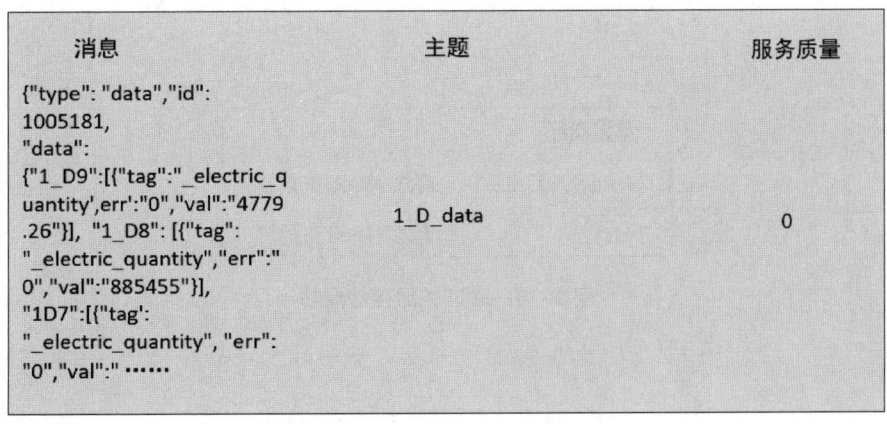

图 2-69　验证消息筛选效果

四、数据持久化

前文数据示例一共有 19 个电表数据，需要使用 EMQX 客户端规则引擎对数据进行持久化，可以选用时序数据库 TDengine 进行数据存储。

（一）创建数据库和数据表

创建数据库和数据表，可以参考以下实施步骤。

第一步：通过指令进入 TDengine 数据库的 taosd shell 命令行，创建数据库 newport 并进入此数据库，指令如下：

```
create database newport;
use newport;
```

第二步：创建数据表 td1tod19data 和 td1tod19status，指令以资源形式提供。

（二）创建规则存储状态数据和数值数据

具体操作在初级教程有过介绍，具体规则 SQL 语句和响应动作主体以资源形式提供。

（三）验证数据存储成功

可在 EMQX 客户端规则引擎的规则界面单击规则 ID 查看度量指标，显示成功与失败条数，也可自行查看 TDengine 数据库。验证数据存储成功如图 2-70 所示。

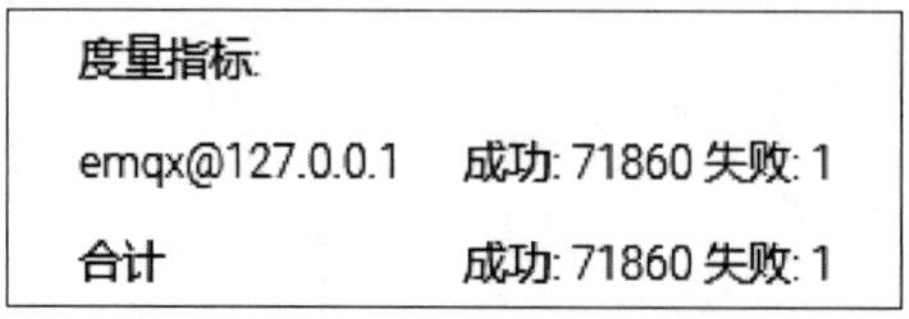

图 2-70 验证数据存储成功

思考题

1. 简述规则链如何导入导出。
2. 简述如何发送 CoAP 协议的数据。
3. 简述如何做到链物对应。
4. 简述如何使用外部 MQTT 节点。
5. 简述自定义节点的流程。
6. 简述设备离线告警规则链的设计流程。

第三章
可视化应用开发

物联网的发展使其用户端延伸到物与物之间，其间进行的信息交换和通信产生了种类繁多的大量数据，远远超出了人脑分析数据的能力。在物联网业务应用系统中，可视化技术作为解释大量数据最有效的手段，将数据转化为图形，大大提高了数据的可用性，充分发挥了数据价值。不同行业场景，如智慧工厂、智慧仓储、智慧港口等，都需要对物联网设备采集的数据进行直观的可视化展示，以便使用者进行数据分析或决策。

本章将首先以仪表板多层设计的开发过程为例，介绍设备接入物联网平台后利用仪表板库部件可视化遥测数据，其次简单介绍平台中 RPC 调用的相关功能与应用。

- **职业功能：** 物联网平台应用开发。
- **工作内容：** 可视化应用开发。
- **专业能力要求：** 能根据业务需求，进行各类场景下物联网项目的可视化多层级设计；能根据业务需求，实现自定义的可视化组件开发。
- **相关知识要求：** 自定义开发组件方法。

第一节　设备遥测与数据可视化

考核知识点及能力要求：

- 了解设备接入平台并传输数据的总体流程。
- 能通过 HTTP 协议传输终端设备数据。
- 能使用仪表板部件展示遥测数据。
- 能针对不同场景利用多层级仪表板展示特定设备数据。
- 能自定义开发仪表板部件。
- 能解决数据可视化开发过程中出现的问题。

一、设备接入

物联网平台的主要功能是将物理世界映射到数字世界，而对一台物联网设备而言，在完成数字化之前，必须能够通过某种方式直接或者间接接入云端。使用 HTTP 协议将设备接入平台时，需要云端也有一个设备与之对应，因此要先在云端创建设备并分配设备配置，再实现设备的接入。

（一）添加 / 导入设备配置

单击左侧功能栏的"设备配置"，单击右上角"+"按钮导入附件中的设备配置，其余配置（如传输配置、报警规则、设备预配置等）按照默认配置即可。此外，可以从其他账户导出已有的设备配置，增加配置时可选择导入设备配置。

（二）创建设备并分配设备配置

单击左侧功能栏的"设备"，单击右上角"+"按钮添加设备，并在已有设备配置一栏中选择已新建的设备配置选项。

（三）设备/网关接入物联网平台

本章模拟的设备将通过 HTTP 协议接入物联网平台。HTTP 协议是基于 TCP 协议的应用层传输协议，是典型的 CS 通信模式，由客户端主动发起连接，向服务器请求 XML 或 JSON 数据。

如图 3-1 所示，HTTP 请求通过一个实体被发出，实体即用户代理。每个发送到服务器的请求，都会被服务器处理并返回一个消息，即 Response。在这个请求与响应之间，有被称为 Proxy 的实体，其作用与表现各不相同，如网关、Caches 等。

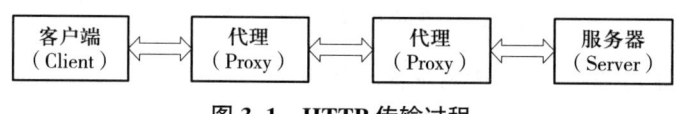

图 3-1　HTTP 传输过程

ThingsBoard 服务器节点充当支持 HTTP 协议的服务端，设备充当支持 HTTP 协议的客户端，本章示例基于 curl 指令进行设备终端仿真。通过访问令牌设备凭证，这些凭证称为 $ACCESS_TOKEN。应用程序需要在每个 HTTP 请求中携带 $ACCESS_TOKEN 作为路径参数。若该流程成功通信，则返回代码 200，若失败，可能的错误代码及其原因如下：

（1）400 – 无效的请求地址。

（2）401 – 无效的 $ACCESS_TOKEN。

（3）404 – 未找到。

（四）上传与查看遥测数据

利用设备令牌 $ACCESS_TOKEN，在设备终端通过 HTTP 协议模拟设备向 ThingsBoard 发送遥测数据。首先，单击已创建的设备，单击"复制设备访问令牌"按钮，实现对设备访问令牌的复制。其次，在电脑终端利用设备访问令牌向平台发送遥测数据。

为将设备遥测数据发布到平台服务器节点，可通过 POST 请求发送到物联网平台。

```
http(s)://host:port/api/v1/$ACCESS_TOKEN/telemetry
```

为将设备属性发布到平台服务器节点，可通过 POST 请求发送到物联网平台。

```
http(s)://host:port/api/v1/$ACCESS_TOKEN/attributes
```

平台支持最简单的数据格式如下：

```
# 对象参数格式
{"key1":"value1", "key2":"value2"}
# 数组参数格式
[{"key1":"value1"}, {"key2":"value2"}]
```

需要注意，在这种情况下，服务器端时间戳将分配给上传的数据，如果设备能够获取客户端的时间戳，则可以使用以下数据格式：

```
{"ts":1451649600512, "values":{"key1":"value1", "key2":"value2"}}
```

设备接入模块也支持以 JSON 格式的 key-value 字符串，值可以是 string、bool、float、long 或者二进制格式的序列化字符串，具体如下：

```
{
  "stringKey":"value1",
  "booleanKey":true,
  "doubleKey":42.0,
  "longKey":73,
  "jsonKey": {
    "someNumber": 42,
    "someArray": [1,2,3],
    "someNestedObject": {"key": "value"}
  }
}
```

例如，模拟设备直接向平台传输设备的温度与湿度指令如下：

```
[root@localhost ninenchoi]#curl -v -X POST -d '{"temperature":73, "humidity":42}' http://host:port/api/v1/$ACCESS_TOKEN/telemetry --header "Content-Type:application/json"
```

以 JSON 格式向平台传输设备数据指令如下（其中，telemetry-data.json 文件包含所要上传的数据信息）：

```
[root@localhost ninenchoi]#curl -v -X POST -d @telemetry-data.json http://host:port/api/v1/$ACCESS_TOKEN/telemetry --header "Content-Type:application/json"
```

以直接向平台发送数据为例，模拟向 ThingsBoard 发送设备数据，返回值为 200，表明传输成功。传输返回值如图 3-2 所示。

```
[root@k8smaster ym]#curl -v -X POST -d'{"temperature":73, "humidity":42}'http://192.168.246.145:30492/api/v1/pQAg2ZjpHrl6vxLsQ4wM/telemetry--header"content-Type: application/json"
*About to connect()to 192.168.246.145 port 30492(#0)
*Trying 192.168.246.145..
*Connected to 192.168.246.145(192.168.246.145)port 30492(#0)
>POST /api/vl/pQAg2ZjpHrl6vxLsQ4wM/telemetry HTTP/1 .1
>User-Agent:curl/7.29.0
>Host:192.168.246.145:30492
>Accept:*/*
>Content-Type: application/json
>Content-Length:33
>
*upload completely sent off:33 out of 33 bytes
<HTTP/1.1 200
<vary: origin
<Vary:Access-Control-Request-Method
<Vary:Access-Control-Request-Headers
<X-Content-Type-0ptions:nosniff
<X-XSS-Protection:1:mode-block
<Cache-Control: no- cache,no- store,max- age=0, must-revalidate
<Pragma:no-cache
<Expires:0
<Content-Length:0
```

图 3-2　传输返回值

完成数据传输后，可进一步在平台上查看数据，单击设备，并单击"最新遥测数据"，可查看设备发送的数据。查看遥测数据如图 3-3 所示。

图 3-3 查看遥测数据

同样可向 ThingsBoard 发送 test 的设备属性 attributes（如电量"power"），并在页面中的属性一栏查看。

二、开发与使用仪表板

平台中的仪表板由部件库中的部件组成，部件具有数据可视化、远程设备控制、告警管理及静态 HTML 内容展示等功能。

（一）基本部件设置

每个部件窗口定义代表特定的部件类型窗口，平台提供了 5 种类型的部件，每种部件类型都有特定的数据源配置和相应的部件 API，部件需要借助数据源才能进行数据可视化，可用数据源的类型取决于窗口部件类型，如设备、警报源、实体、函数等。5 种类型的部件如下：

（1）最新值部件。此类部件用于展示特定实体属性或时序数据的最新值。

（2）Timeseries 部件。此类部件用于展示时间段的历史值或特定时间窗口中的最新值，为指定显示值的时间范围，使用时间窗口设置，可以是实时动态的时间范围，也可以是历史时间范围。

（3）控件部件。此类部件用于将 RPC 指令发送到设备，处理或可视化来自设备的回复。

（4）警告部件。此类部件用于在特定时间窗口显示与指定实体相关的警报，通过指定警报源与相应警报字段以实现配置。

（5）静态部件。此类部件用于显示静态的可定制 HTML 内容，不需要任何数据源，通过指定静态 HTML 内容和 CSS 样式以实现配置。

根据部件定义及其用途分为不同的部件包组合，平台上有系统级别和租户级别的部件包。一般平台初始化时会自带 7 个基本系统级部件包，包含 30 多个小部件，系统管理员可以管理系统级部件包，系统内的所有租户都可以使用。租户管理员可以管理租户级部件包，租户下的所有客户都可以使用，同时也支持用户自定义开发部件。

（二）自定义开发部件

首先创建一个新的部件包，单击侧栏部件库进入部件库，单击右上角"+"添加部件包，命名为"自定义部件开发"，然后单击右下角确认添加。

添加部件包后，打开该部件包，可单击右下角或中间框以添加新的部件类型。

单击"添加"后将弹出"选择窗口部件类型"的窗口，提示选择所要开发的相应部件类型。部件类型如图 3-4 所示。

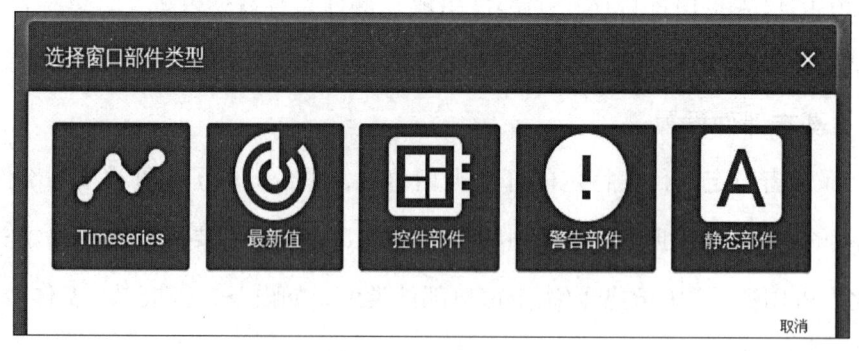

图 3-4　部件类型

根据先前选择的窗口部件类型，如单击"Timeseries"进入"窗口部件编辑器"页面，该页面预填充了启动器窗口部件模板，其中页面顶部为部件工具栏编辑，用于部件开发的编辑操作。

HTML 和 CSS 资源部分，资源选项用于指定窗口部件使用的外部 JavaScript/CSS 资源，HTML 和 CSS 选项分别用于编辑部件的 HTML 代码及 CSS 样式定义。

JavaScript 部分包含部件 API 所有与窗口部件相关的 JavaScript 代码，部件 API 接口可自行在网上查阅。

设置部分中，设置模式标签用于指定部件设置的 JSON 模式并使用 react-schema-form builder，在生成的 UI 表单上显示部件设置的高级选项卡，设置序列化对象存储部件，然后从部件 JavaScript 代码访问。数据键设置选项卡用于指定数据键为 JSON 模式并使用 react-schema-form builder。在生成的 UI 表单上显示部件设置的数据键配置选项卡。设置序列化对象存储部件数据源的特定数据键。这些设置可以通过部件 JavaScript 代码访问。

部件预览部分用于预览和测试窗口中的部件定义，以迷你仪表板的形式通过当前窗口显示部件。

下面以简单的小部件开发为例进行介绍。

在部件编辑页面，选择窗口部件类型为"最新值"，在 HTML 和 CSS 资源部分，打开资源选项，单击"添加"，插入以下链接：

```
https://bernii.github.io/gauge.js/dist/gauge.min.js
```

清除 CSS 选项中的内容，单击 HTML 选项，插入以下代码：

```
<canvas id="my-gauge"></canvas>
```

JavaScript 选项中，写入 js 相关代码，该代码具体内容以资源形式提供，该代码也可从 Gauge 官网拷贝，opts 为 gauge.js 的配置。

单击运行后，可在部件预览部分看到部件效果。完成自定义后保存部件，之后即可投入使用。自定义部件开发效果如图 3-5 所示。

ECharts 是一个资源丰富的可视化图表库，在开发中也可使用该网站提供的图标作为第三方资源，通过导入该资源，并增加必要的 HTML、CSS、JavaScript 代码，可实现自定义部件开发。

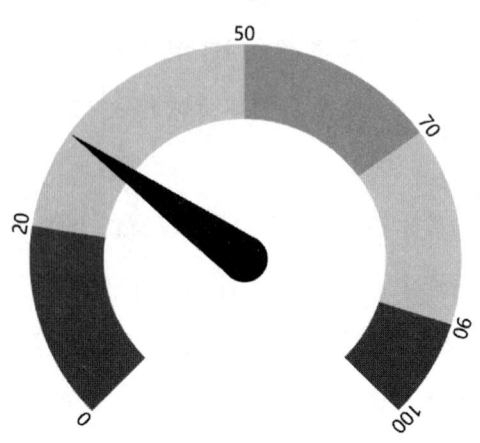

图 3-5 自定义部件开发效果

（三）使用部件展示遥测数据

以上一节模拟设备传输的遥测数据为例，简单介绍使用部件可视化设备数据的流程。

单击左栏仪表板库功能，单击右上角"+"键添加仪表板，输入仪表板标题，标题为 test，单击添加确认新增仪表板。

完成添加仪表板后，单击"新增的仪表板"，进入该仪表板库，单击中间或右下角所框内容添加新部件，进入选择部件包页面，选择所需部件包，如模拟仪表，进入页面后选择所需部件，如"radial gauge"。

选择部件后将弹出部件设置窗口，在数据页中，类型选择实体，并新建一个新的实体别名，选择其类型为单个实体，类型为设备，并选择所要展示数据的设备，而后确认添加。属性栏选择所要展示的属性，本例选用属性为"温度"，最后确认添加。

在该仪表板库中，可添加多个部件用于可视化多个效果，如按照以上步骤再在该仪表板中展示设备的"温度"属性，仪表板可视化效果如图 3-6 所示。

此外，还可将该仪表板的可视化内容作为平台首页，如图 3-7 所示，单击侧栏系统设置中的首页设置，选择之前配置的仪表板为首页仪表板，单击添加确认操作，则可实现该功能。

图 3-6　仪表板可视化效果

图 3-7　设置首页仪表板

（四）使用地图可视化设备

在实际应用中，一个账户通常有来自不同地方的设备接入平台，通过地图功能可以在一个地图页面上看到不同设备的位置，以及显示该设备的必要数据信息，甚至对一些运动设备，如汽车、无人机等，可通过实时获取位置信息等实现其运动轨迹可视化，以一个例子展开介绍。

在要展示的设备（本例使用设备 test、test2）属性中增加其经纬度信息。在设备中选择要展示的设备，单击属性，选择服务端属性，单击右侧"+"增加新属性，并增加设备的经纬度信息。

增加设备经纬度属性信息后，选择仪表板，单击右上角的实体别名，新增要展示的设备，如图 3-8 所示，单击右上角图标新增实体别名，弹出实体别名窗口后单击"添加别名"，在弹出的添加别名框中填写别名，选择筛选器类型为实体列表，从而可选择多个设备，也可在实体列表中选择一至多台要展示的设备。

图 3-8　增加多实体别名

按照上文流程选择地图部件，在该部件库中选择地图部件，如 Tencent Maps，在其数据页面实体选择上一步新增的实体别名，除了选择经纬度属性，还可选择其他要展示的数据信息，如温度值。增加部件数据信息如图 3-9 所示。

在数据栏中可填写部件标题，也可在设置栏中设置标题图标，平台也为用户提供了多种图标。

此外，可在高级页面选择经纬度的别名，可使用 CSS、JavaScript 等语言优化可视化效果、使用本地图片作为设备的图标等，具体可查阅相关信息。

（五）使用多层仪表板展示数据

在实际应用中，使用多层级仪表板可更直观、更富有逻辑地展示多个设备的多种数据，平台可通过设置仪表板库状态及部件间跳转以实现多层仪表板间的跳转。以模拟展示两个设备（test，test2）数据多层可视化为例介绍该功能。

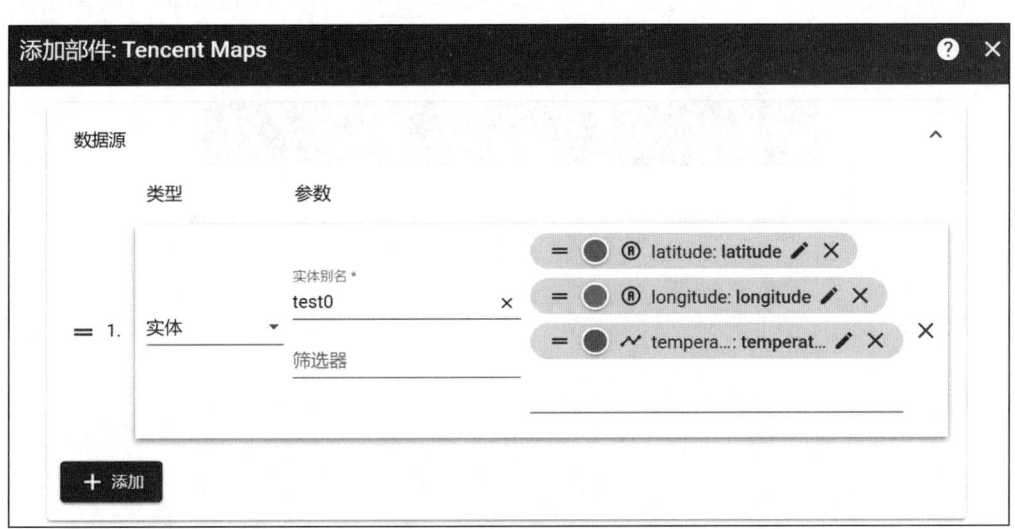

图 3-9 增加部件数据信息

通过使用仪表板，展示该两个设备信息，创建新的仪表板并打开，进入编辑模式，添加部件，选择 Entity 中的 admin widgets 实体管理部件库，进而选择 Device 中的 admin table 设备管理部件。添加部件可参考上文。

完成配置后，选择列表展示属性为设备电量，可视化效果如图 3-10 所示。

图 3-10 可视化效果

为实现仪表板间的跳转，首先要在部件上增加动作，使单击某个按钮后能够跳转到其他仪表板上。添加 Action 如图 3-11 所示，单击编辑部件，单击 Actions 进入动作页面，单击右上角的 "+" 添加动作，动作源选择动作单元格按钮，名称与其按钮图标可自定义，类型可根据需要选择，本例选择跳转到另一个仪表板中，目标仪表板状态通常选择默认状态,然后单击"添加"。需要注意,完成本次编辑后需单击两次保存。

图 3-11 添加 Action

完成后可通过单击列表单元中的按钮实现仪表板跳转,跳转的目标仪表板也要依照不同的实体设备显示不同信息。单击进入目标仪表板,本例中为"test"仪表板,进入编辑模式,单击右上角实体别名,编辑实体别名,修改实体别名中的筛选器类型对应的仪表板实体状态,然后单击"保存"。修改别名如图 3-12 所示。

完成后再次单击设备 test2 的详情即可跳转到其对应的可视化页面。

完成上述操作后,可自行实现如下操作:在设备详情页面的某一部件中编辑增加按钮实现跳转回上一层仪表板的设备列表,即可实现返回。

图 3-12 修改别名

第二节 设备远程过程调用

考核知识点及能力要求：

- 了解设备接入平台的 RPC 功能与类型。
- 了解 RPC 在平台中的传输流程。
- 能利用 RPC 调用请求节点处理 RPC 请求。
- 能利用 RPC 实现服务端指令下发。

一、远程过程调用概述

平台支持通过 HTTP、MQTT、CoAP 等协议从服务端应用程序向设备发送远程 RPC 调用及将命令发送到设备并接收命令执行的结果。此外，平台也可以执行来自设备的请求，在后端应用进行某些计算或服务端逻辑处理后将结果反馈到设备。

平台的 RPC 调用功能通常可分为两种类型，即设备发起的 RPC 调用和服务器端发起的 RPC 调用。

服务器端发起的 RPC 调用可分为单向和双向，其中，单向 RPC 请求由控制端向设备发送请求，并且不对设备响应做任何处理，在限定时间内若未能实现连接，则 RPC 调用失败。双向 RPC 请求由控制端发送到设备，在单向基础上增加了在限定时间内等待接收来自设备端的响应，若超出时间服务端没有收到请求目标的响应则强制断开连接。

以 HTTP RPC 接口为例，为从服务器订阅 RPC 命令，需将带有可选"超时"请求参数的 GET 请求发送到以下 URL，其中 host：port 为平台 IP 及端口，$ACCESS_TOKEN 为设备令牌，指令如下：

```
http(s)://host:port/api/v1/$ACCESS_TOKEN/rpc
```

订阅成功后，客户端可以接收来自平台的 RPC 请求或超时消息。RPC 请求内容示例如下：

```
{
 "id": "1",    // 请求 ID, 类型为 int;
 "method": "setXXX"//RPC 方法名称，类型为 String;
 "params": { //RPC 方法参数，类型为 json;
  "pin": "23",
  "value": 1
 }
}
```

可通过以下 HTTP POST 指令响应平台，其中 $id 为整数请求标识符。

```
http://host:port/api/v1/$ACCESS_TOKEN/rpc/$id
```

此外，客户端 RPC 可通过以下 HTTP POST 指令将 RPC 命令发送到服务器。

```
http://host:port/api/v1/$ACCESS_TOKEN/rpc
```

平台可以将 RPC 调用从服务端应用程序发送到设备。如果需要发送 RPC 请求可通过以下 POST 指令实现，其中 callType 表示 oneway 或者 twoway，deviceId 表示设备 ID。

```
http(s)://host:port/api/plugins/rpc/$callType/$deviceId
```

二、远程过程调用请求与回复

通常在使用平台进行数据业务流程中，可使用 RPC 调用请求节点和 RPC 调用回复节点处理 RPC 请求。

（一）远程过程调用请求节点

设备端作为 RPC 发起者向平台发送请求，经过该规则节点后将 RPC 请求响应发送到下一个规则节点。若入站消息丢失参数，或者节点在配置限定时间内没有收到响应，则该节点将返回 Failure。RPC 调用请求节点如图 3-13 所示。

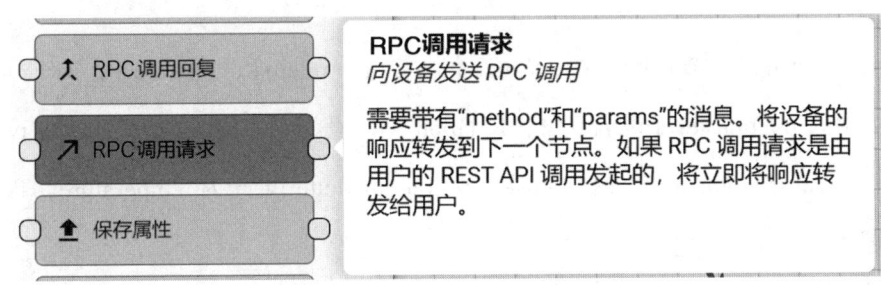

图 3-13　RPC 调用请求节点

（二）远程过程调用回复节点

在规则链中该节点负责从设备发送对 RPC 调用的回复。若消息元数据中不存在请求 ID，或者入站消息为空，则该节点将返回 Failure。RPC 调用回复节点如图 3-14 所示。

图 3-14　RPC 调用回复节点

（三）远程过程调用回复示例

下面介绍配置 RPC 调用回复规则的配置过程，假设 RPC 调用的 JSON 格式是 {method: getTemperature; params: empty array}。在某场景下有两个设备，一台负责测环境温度 testA，一台控制器 testB，从控制器 testB 发送 RPC 请求，以获取场景下 testA 所测的最新温度。已配置好的规则链如图 3-15 所示。

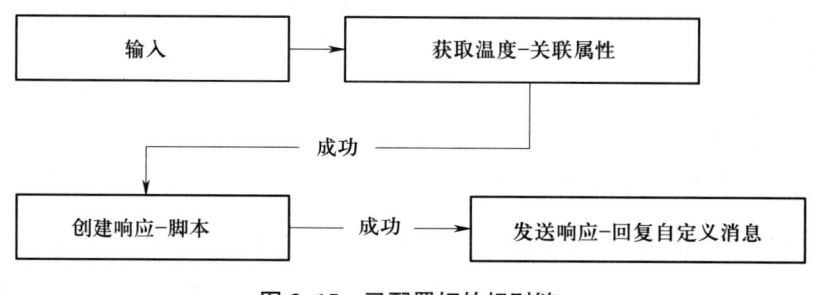

图 3-15　已配置好的规则链

Related Attributes 节点配置中，Name 设置为 get related temperature，Direction 设置为 From，Max relation level 设置为 1，Relation type 设置为 Thermostat，Entity type 设置为 Device，Latest telemetry 设置为 false，Source attribute 设置为 temperature，Target attribute 设置为 temp。

Transform Script 配置中，Name 设置为 build response。Script 中的 JavaScript 脚本内容如下：

```
#Script:
msg = {"temperature" : metadata.temp} return {msg: msg, msgType: msgType};
```

RPC Call Reply 节点配置中，Name 设置为 send response，Request ID 设置为 requestId，该节点负责从消息元数据中获取 RPC 请求 ID，并在获取 payload 中的信息后将其作为响应发送到 Originator。

完成上述规则链配置后，将其与根规则链连接在一起，并增加脚本节点将设备 testA 所获取的温度值赋予新规则链，保存修改后的根规则链。根规则链如图 3-16 所示。

Filter Script 节点接收来自 Message Type Switch 节点的 RPC Request 类关系，判断 method 的属性值是否为 getTemperature，过滤被允许的 RPC 请求（请求获取设备 testA 的温度）。其中，Name 设置为 filter getTemperature，Script 中的 JavaScript 脚本内容如下：

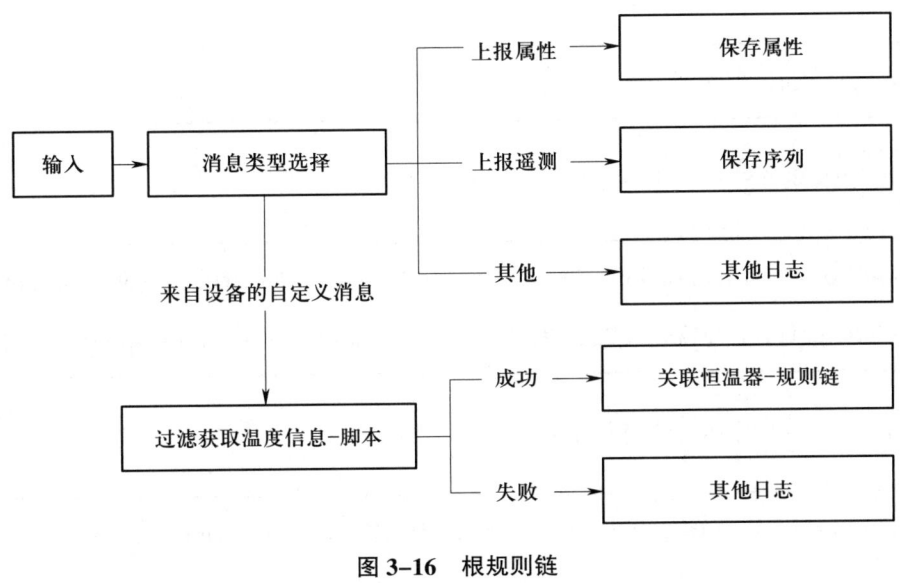

图 3-16　根规则链

```
# Script:
 return msg.method === 'getTemperature';
```

若 Filter Script 节点返回为 Failure，则使用 Log 节点记录所有其他未知的 RPC 请求，其中，Name 设置为 log others。Script 中的 JavaScript 脚本内容如下：

```
# Script:
 return 'Unexpected RPC call request message:\n' + JSON.stringify(msg) + '\metadata:\n' + JSON.stringify(metadata);
```

完成规则链配置后，可验证配置是否成功，复制设备 testA 的令牌，通过以下指令发送请求：

```
[root@localhost ninenchoi]#curl -X POST -d '{"method": "getTemperature", "params":{}}' http:// host:port /api/v1/$ACCESS_TOKEN /rpc --header "Content-Type:application/json"
```

可得到的响应如下：

{"temperature":"52"}

当使用未知方法提交 RPC 时的请求如下：

[root@localhost ninenchoi]#curl -X POST -d '{"method": "UNKNOWN", "params":{}}' http:// host:port /api/v1/$ACCESS_TOKEN/rpc --header "Content-Type:application/json"

在日志文件中看到的消息如下：

[pool-35-thread-3] INFO o.t.rule.engine.action.TbLogNode - Unexpected RPC call request message:
{"method":"UNKNOWN","params":{}}metadata: {"deviceType":"Controller","requestId":"0","deviceName":"Controller A"}

三、设备远程过程调用命令下发

除了通过规则链实现 RPC 调用与回复，在更多场景下也可通过服务器端 RPC 命令，利用控制部件实现对设备的控制，可通过简单示例实现在平台中利用仪表板部件实时控制设备温度。

（一）创建设备及部件

首先新增设备，如图 3-17 所示。

然后在仪表板中为该设备增加控制部件，使用已有仪表板或新增仪表板，进入仪表板后单击创建新部件，选择部件包，单击进入控制部件，本示例选用 Knob Control，添加控制部件如图 3-18 所示。

需要注意的是，在该部件的配置中，get 与 set 方法名称要与程序开发设计的方法一致。控件配置如图 3-19 所示。

图 3-17 新增设备

图 3-18 添加控制部件

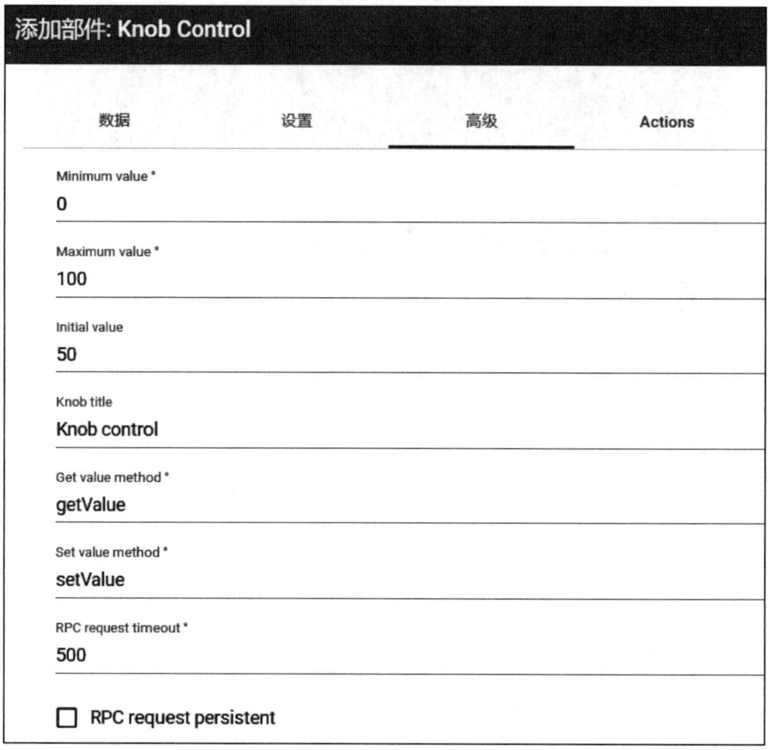

图 3-19 控件配置

(二)开发远程过程调用指令程序

创建设备及设备控制部件后,使用 Python 代码模拟设备,通过 MQTT RPC 接口实现服务端 RPC 指令下发,设备端在接收到 RPC 请求后做出响应。

可按照第二章配置软网关 tb-gateway 系统中运行该代码,查看该系统的 Python 环境,指令如下:

```
// 查看 python3 版本
[root@localhost ninenchoi]# python3 -V
// 查看 pip 版本
[root@localhost ninenchoi]# pip -V
// 查看环境中的依赖包
[root@localhost ninenchoi]# pip list
```

查看系统中 Python 环境的执行结果，如图 3-20 所示。

```
[root@localhost ninenchoi]# python3-V
Python 3.6.8
[root@localhost ninenchoi]#pip-V
pip 21.3.1 from /usr/local/lib/python3.6/site-packages/pip(python 3.6)
[root@localhost ninenchoi]#pip list
Package                Version
------------------------------------
Certify                2022.9.24
charset-normalizer     2.0.12
decorator              5.1.1
idna                   3.4
jsonpath-w             1.4.0
paho-mqtt              1.6.1
pip                    21.3.1
ply                    3.11
PyYAML                 6.0
regex                  2022.10.31
requests               2.27.1
setuptools             39.2.0
simplejson             3.18.0
six                    1.16.0
thingsboard-gateway    2.7
urllib3                1.26.13
```

图 3-20　查看系统中 Python 环境的执行结果

通过 git clone 方式下载 Python 脚本，指令如下：

```
[root@localhost ninenchoi]# git clone https://gitee.com/ninen_choi/thingsboard_rpc.git
```

下载成功后，进入该目录，运行 Python 脚本，指令如下：

```
[root@localhost ninenchoi]# cd thingsboard_rpc
// 运行脚本
[root@localhost thingsboard_rpc]# python3 mqtt_rpc.py
```

（三）验证远程过程调用效果

运行以上代码后，代码终端显示与平台连接成功，并且在平台中可正常使用仪表板中的控制部件，在任意操作控件后，可以在模拟的设备端看到温度值被成功地设置成对应值。使用控制部件效果如图 3-21 所示。

图 3-21 使用控制部件效果

```
[root@localhost thingsboard_rpc]# python3 mqtt rpc.py
ThreadStarted
连接成功
Topic: vl/devices/me/rpc/request/33
Message: b'{"method":"getValue"}'
Topic:vl/devices/me/rpc/request/34
Message: b'{"method":"setValue","params"47.02}'
Temperature set: 47.02 C
Topic:vl/devices/me/rpc/request/35
Message: b'{"method":"setValue","param":47.04}'
Temperature set: 47.04 C
Topic:wl/devices/me/rpc/request/36
Message: b'{"method":"setValue","params"47.41}'
Temperature set: 47.41 C
Topic:wl/devices/me/rpc/request/37
Message: b'{"method":"setValue","params":87.8}'
```

Temperatureset: 87.8 C

Topic:vl/devices/me/rpc/request/38

Message: b'{"method":"setValue","params":92.84}'

Temperature Set: 92.84 C

Topic:vl/devices/me/rpc/request/39

Message: b'{"method":"setValue","params":92.59}'

Temperature Set:92.59 C

Topic:vl/devices/me/rpc/request/40

Message: b'{"method":"setValue","params":61.49}'

Temperature set: 61.49 C

终端响应执行结果如图 3–22 所示。

```
[root@localhost thingsboard_rpc]#python3 mqtt rpc.py
ThreadStarted
连接成功
Topic: vl/devices/me/rpc/request/33
Message: b'{"method":"getValue"}'
Topic:vl/devices/me/rpc/request/34
Message: b'{"method":"setValue","params":47.02}'
Temperature set:47.02 C
Topic:vl/devices/me/rpc/request/35
Message: b'{"method":"setValue","params":47.04}'
Temperature set:47.04 C
Topic:wl/devices/me/rpc/request/36
Message: b'{"method":"setValue","params":47.41}'
Temperature set:47.41 C
Topic:wl/devices/me/rpc/request/37
Message:b'{"method":"setValue","params":87.8}'
Temperatureset:87.8 C
Topic:vl/devices/me/rpc/request/38
Message: b'{"method":"setValue","params":92.84}'
Temperature Set:92.84 C
Topic:vl/devices/me/rpc/request/39
Message: b'{"method":"setValue","params":92.59}'
Temperature Set:92.59 C
Topic:vl/devices/me/rpc/request/40
Message: b'{"method":"setValue","params":61.49}'
Temperature set:61.49 C
```

图 3–22　终端响应执行结果

思考题

1. 简述仪表板状态的用途。

2. 简述 RPC 有哪些类型。

3. 简述如何实现仪表板间的跳转。

4. 简述如何实现调用请求回复功能。

5. 请尝试使用 JavaScript、CSS 语言美化地图部件中的设备内容显示样式。

第四章
物联网平台应用对接开发

物联网平台是物联网生态系统的重要组成部分，作为设备集中接入管理、工业数据安全通信及提供多种应用服务的重要环节，物联网平台是实现万物互联、智能化管理的有效基础。其替代了通过组织员工多点定时监测现场情况的传统方式，使管理人员能够远程查看多个区域数据状态，通过可视化界面与现场设备交互，无须到达现场就可派发指令，监控设备运行状态，能有效降低企业用人成本，提高企业生产效率。

本章主要介绍时序数据库 TDengine 的基本使用及其扩展功能，通过实际案例讲解其使用方法和注意事项；介绍企业级可视化界面的构建方法及实际项目操作演示。

- **职业功能：** 物联网平台应用开发。
- **工作内容：** 物联网平台应用对接开发。
- **专业能力要求：** 能根据业务需求，完成与第三方应用系统进行对接开发；能规划、设计物联网平台的数据业务，与大数据平台进行对接开发。
- **相关知识要求：** 物联网应用平台对接方法；大数据平台对接知识。

第一节　数据库管理与接入

考核知识点及能力要求：

- 掌握 TDengine 数据库的基本连接方式。
- 掌握 TDengine 数据库的数据查询命令。
- 熟悉 TDengine 数据库的集群部署和节点管理。
- 了解 Broker 方式远程连接 TDengine 数据库。
- 学会 TDengine 数据库在 Grafana 平台上的基本应用。

一、接入开发环境

本节主要介绍各种常用的 TDengine 数据库远程连接方式、TDengine 数据库建模定义和常用查询方式、TDengine 数据库自带的流式计算及满足用户需求的自定义函数。

（一）建立连接

TDengine 数据库提供了丰富的应用程序开发接口，为方便用户能够快速开发自定义应用，TDengine 数据库还支持多种编程语言的连接器，包括支持 Java、Python、C/C++、Go、Node.js、PHP 等的连接器。这些连接器也支持使用原生接口（taosc）或 REST 接口（部分语言暂不支持）连接 TDengine 集群。

1. 环境准备

配置数据节点 node01 做服务端，使用版本为 TDengine-server-3.0.1.6-Linux-x64，

node02 做客户端，使用版本为 TDengine-client-3.0.1.6-Linux-x64，本节演示环境均在 CentOS7 下进行，需要读者自行设置数据节点的 IP 信息，部署节点参数见表 4-1。

表 4-1　　　　　　　　　　　部署节点参数

主机名	IP 地址	部署 TDengine 类型
node01	192.168.6.154	TDengine Server
node02	192.168.6.155	TDengine Client

需要注意，TDengine 数据库服务端版本和客户端版本要保持一致，且需要开启 6030-6042 的 TCP 和 UDP 端口，方便 REST API 接入和后续的集群部署。开启防火墙端口命令如下：

```
# 放行 6030-6042 TCP 协议端口的防火墙访问权限
firewall-cmd --zone=public --add-port=6030-6042/tcp --permanent
# 放行 6030-6042 UDP 协议端口的防火墙访问权限
firewall-cmd --zone=public --add-port=6030-6042/udp --permanent
# 重启防火墙，才能生效
firewall-cmd --reload
```

部署 TDengine 服务端安装包。在 node01 安装部署 TDengine-server-3.0.1.6-Linux-x64，安装命令如下：

```
# 解压 TDengine 服务端压缩包
[root@node01 ~]# tar -zxvf TDengine-server-3.0.1.6-Linux-x64.tar.gz
# 进入目录
[root@node01 ~]# cd TDengine-server-3.0.1.6
# 执行安装命令，在安装界面直接回车部署
[root@node01 TDengine-server-3.0.1.6] # ./install.sh
```

部署 TDengine 客户端安装包。在 node02 安装部署 TDengine-client-3.0.1.6-Linux-x64，安装命令如下：

```
# 解压 TDengine 客户端压缩包
[root@node02 ~]# tar -zxvf TDengine-client-3.0.1.6-Linux-x64.tar.gz
# 进入目录
[root@node02 ~]# cd TDengine-client-3.0.1.6
# 执行安装命令
[root@node02 TDengine-client-3.0.1.6] # ./install_client.sh
```

修改每个数据节点的 /etc/hosts 文件，将 IP 地址与主机名互相映射，node01 与 node02 节点网络配置如图 4-1 所示。

```
[root@node02 app]# cat /etc/hosts
127.0.0.1       localhost localhost.localdomain localhost4 localhost4.localdomain4
::1             localhost localhost.localdomain localhost6 localhost6.localdomain6
192.168.6.154 node01
192.168.6.155 node02
```

图 4-1　node01 与 node02 节点网络配置图

修改数据节点的 /etc/taos/taos.cfg 文件。配置 node01 与 node02 的 firstEp 和 FQDN，配置参数如下：

```
# firstEp 是每个数据节点首次启动后连接的第一个数据节点，这里将 node01 作为第一个启动的数据节点，node02 节点的 firstEp 配置项的值为 node01:6030
firstEp           node01:6030
# 必须配置为本数据节点的 FQDN，如果本机只有一个 hostname，可注释掉本项
# fqdn 设置为各个节点对应主机名即可
fqdn              ${hostname}
```

在 node01、node02 节点的 firstEp 属性后配置 "node01：6030"，并且在 node01 节点的 FQDN 属性后配置 node01，node02 节点的 FQDN 属性后配置 node02。配置完成后，双方节点只需通过主机名就能进行网络连通（ping）测试，且 TDengine 数据节点均

指向node01节点上的Server端，FQDN配置完成。

2. 连接器接入时序数据库

下面介绍三种与TDengine数据库建立远程连接的方法：首先，介绍REST连接。通过taosAdapter组件提供的REST API实现的REST连接，它允许通过HTTP请求与taosd执行程序交互；其次，介绍原生连接，这需要客户端驱动程序taosc直接与服务端程序taosd建立连接，并且要求客户端和服务端版本一致，同时FQDN配置成功；最后，介绍Python Connector连接。这些方法将帮助读者根据生产环境需求选择最合适的连接方式。为了给TDengine数据库提供RESTful服务和接收其他多种软件的写入请求，需要在服务端node01节点上开启taosAdapter，输入代码如下：

```
# 查看taosAdapter状态
[root@node01 ~]# systemctl status taosadapter
# 开启taosAdapter
[root@node01 ~]# systemctl start taosadapter
# 设置taosAdapter开机自启动
[root@node01 ~]# systemctl enable taosadapter
```

node01节点taosAdapter状态如图4-2所示。

```
[root@node01 app]#systemctl status taosadapter
● taosadapter.service-TDengine taosAdapter service
    Loaded: loaded(/etc/systemd/system/taosadapter.service;disabled;
    Active:inactive(dead)
[root@node01 app]#systemctl start taosadapter
[root@node01 app]#systemctl status taosadapter
● taosadapter.service-TDengine taosAdapter service
    Loaded: loaded(/etc/systemd/system/taosadapter.service;disabled;
    Active:active(running) since五2022-11-11 14:50:38CST;4s ago
Main PID:66891(taosadapter)
    Tasks:5
CGroup:/system.sliceftaosadapter.service
    -66891 /usr/bin/taosadapter &
```

图4-2　node01节点taosAdapter状态

（1）REST 连接。TDengine 数据库默认的管理员用户名为 root，密码为 taosdata。通过 RESTful 接口连接 TDengine 数据库，查询该数据库当前用户信息，输入代码如下：

```
echo 'curl -H 'Authorization: Basic cm9vdDp0YW9zZGF0YQ==' -d "show users;" node01:6041/rest/sql'
```

需要注意，TDengine 数据库的远程连接认证方式需要对连接用户和密码进行 Base64 加密，上述 curl 请求语句中的 "cm9vdDp0YW9zZGF0YQ==" 通过"用户名：密码"的形式进行 Base64 加密后得出，即 root：taosdata 进行 Base64 加密后得到。

上述 curl 请求可以使用以下两种通用方式编写：

```
#方式一（安全）
#通过 Base64 加密用户名和密码，指定服务端 IP 和远程连接端口，执行 SQL
curl -H 'Authorization: Basic cm9vdDp0YW9zZGF0YQ==' -d "your sql" <ip>:<port>/rest/sql/[db_name]
#方式二（不安全）
#通过显式指定用户名和密码，再指定服务端 IP 和远程连接端口，执行 SQL
curl -u username:password -d "your sql" <ip>:<port>/rest/sql/[db_name]
```

（2）原生连接。通过原生连接方式接入 TDengine 数据库。安装与 TDengine Server 端版本一致的 TDengine Client 端后，继续配置 Server 端和 Client 端的 FQDN。原生连接在 Linux shell 下执行 taos 命令连接到 TDengine 数据库，原生接入查询结果返回如图 4-3 所示。

需要注意，使用 taos 直接进入 TDengine 数据库，前提是 root 密码仍是默认密码 taosdata，要改变用户登录，需要按照命令 taos –u<username> –p<password> 形式登录，如 taos –uroot –ptaosdata。

（3）Python Connector 连接。通过 Python Connector 接口接入 TDengine 数据库。使用 TDengine 官方自带的 Python Connector（本章使用的是 TDengine–3.0.1.6 版本）。pip 安装 taospy 函数库命令如下：

```
[root@node02 app]# taos
Welcome to the TDengine Command Line Interface, Client Version:3.0.1.6
Copyright (c) 2022 by TDengine, all rights reserved.

 ************************ Tab Completion ************************
  *   The TDengine CLI supports tab completion for a variety of items,
  *   including database names, table names, function names and keywords.
  *   The full list of shortcut keys is as follows:
  *    [ TAB ]        ......  complete the current word
  *                   ......  if used on a blank line, display all valid comm
  *    [ Ctrl + A ]   ......  move cursor to the st[A]rt of the line
  *    [ Ctrl + E ]   ......  move cursor to the [E]nd of the line
  *    [ Ctrl + W ]   ......  move cursor to the middle of the line
  *    [ Ctrl + L ]   ......  clear the entire screen
  *    [ Ctrl + K ]   ......  clear the screen after the cursor
  *    [ Ctrl + U ]   ......  clear the screen before the cursor
 *****************************************************************

Server is Community Edition.

taos> show users;
            name            |  super  | enable | sysinfo |    create_time
 root                       |    1    |   1    |    1    | 2022-11-11 21:20:10.755
Query OK, 1 row(s) in set (0.001593s)
```

图 4-3　原生接入查询结果返回

```
# 使用 pip 命令安装连接 TDengine 所需的函数库
pip install taospy
```

通过已知的用户名和密码，编写 Python 脚本 python_connect.py，脚本内容如下：

```
# 使用 pip 命令安装连接 TDengine 数据库所需的函数库
import taos
def test_connection():
    conn = taos.connect(host="node01",
            port=6030,
            user="root",
            password="taosdata",
            database="")
    print('client info:', conn.client_info)
    print('server info:', conn.server_info)
```

```
conn.close()
if __name__ == "__main__":
test_connection()
```

运行 Python 脚本 python_connect.py，查看 Python Connector 接口接入 TDengine 数据库的情况。Python Connector 接入查询结果返回如图 4-4 所示。

```
[root@node02 app]# python python connect.py
client info: 3.0.1.6
server info:ver:3.0.1.6
build: Built at 2022-11-04 17:34
gitinfo:f09c7eed5d8296a5c50255041ff10e337e04839e
```

图 4-4　Python Connector 接入查询结果返回

（二）数据建模与查询

1. 数据建模

在典型的工业物联网场景下，不同的工厂、车间一般有多种不同类型的采集设备，采集多种物理量数据。TDengine 数据库采用类关系型数据模型，需要先建库再建表。因此，具体的工业应用场景需要考虑库、超级表和普通表的设计。

（1）创建数据库。TDengine 数据库为保证不同场景下都能以最大效率工作，提供可以修改数据库配置的存储策略，鼓励用户将不同数据特征的表创建在不同的库里。创建一个库时，除了 SQL 标准的选项，还可以指定保留时长、副本数、缓存大小、时间精度、文件块里最大最小记录条数、是否压缩、一个数据文件覆盖的天数等多种参数。创建库和切换库的命令如下：

```
# 创建库时可以指定参数, 控制数据库的生存时长, 副本大小等参数
create database warehousing keep 365 duration 10 buffer 16 wal_level 1;
# 上述命令会创建一个名为 warehousing 的数据库, 且这个库的数据将保留 365
天（超过 365 天将被自动删除），每 10 天一个数据文件, 每个 VNode 的写入内存池的
```

大小为 16 MB，对该数据库入会写 WAL 但不执行 FSYNC

\# 使用 use 命令，可以切换数据库

use warehousing;

（2）创建超级表。在工业互联网场景中，各类工业设备的数据采集点都可以看作是一张超级表，每类工业类别下的设备也可以看作是依附在超级表下的子表，可通过静态标签进行区分，而动态标签则存储实时工业设备数据。以仓储物流中的 AGV 小车为例，创建超级表的命令如下：

\# 指定设备 ID 和类别做静态标签，当前电流、当前电压作动态标签创建超级表

create stable agv (ts timestamp, current float, voltage float) tags (id binary(32), type binary(64));

需要注意，一张超级表最多容许 4 096 列，如果一个采集点采集的数据项个数超过 4 096，需要创建多张超级表处理。

（3）创建子表。TDengine 数据库对每个数据采集点都要独立建表，可以与标准的关系型数据库一样，通过指定每个数据字段建立普通表，也可以使用超级表做模板，同时指定静态标签的值以作区分。以超级表 agv 为模板，创建子表 agv_no001，创建子表的命令如下：

create table agv_no001 using agv tags ("001"," 电磁感应式 ");

将数据采集点的全局唯一 ID 作为表名，如常见的设备序列号。若特殊场景中没有唯一的 ID，可以将多个 ID 值组合成唯一的 ID，如"时间戳 + 设备编号"等。

2. 数据查询

TDengine 数据库为降低学习成本，使用 SQL 作为查询语言。用户可以通过 REST API 或连接器进行 SQL 查询，也可以通过 TDengine 数据库命令行工具 taos 手动进行 SQL 即时查询。

为演示数据查询，创建子表 agv_no002，对 agv_no001 与 agv_no002 两个子表各插入 3 条数据，语句如下：

```
# 以超级表 agv 为模块，创建普通表 agv_no002
create table agv_no002 using agv tags ("002", "RFID 感应式 ");
# 分别插入 3 条数据到两个子表
insert into agv_no001 values (now, 26.7, 43.9);
insert into agv_no001 values (now, 27.1, 44.7);
insert into agv_no001 values (now, 27.5, 46.1);
insert into agv_no002 values (now, 24.9, 41.4);
insert into agv_no002 values (now, 26.7, 44.2);
insert into agv_no002 values (now, 27.8, 45.1);
# 查询 agv_no001 表中，电压值大于 44V 的所有记录
select * from warehousing.agv_no001 where voltage > 44 order by ts desc limit 1;
```

查询 agv_no001 表中电压值大于 44 V 的所有记录，按照时间降序排列，且仅输出 1 条。子表 agv_no001 SQL 查询结果结构如图 4-5 所示。

图 4-5　子表 agv_no001 SQL 查询结果结构

在真实工业物联网场景中，同一类型的数据采集点往往有多个，此时用超级表描述实际生产中某个类型的数据采集点，而每个普通子表描述一个具体数据采集点的数据模型，可以通过指定标签的过滤条件进行更高效可靠的多表聚合查询，并且普通表

的聚合函数和其他大部分操作都适用于超级表，语法不需要变化。接下来举例演示多表聚合操作，查询 AGV 类别所有小车采集电压平均值，并按照小车类别分组，查询命令如下：

```
select avg(voltage), type from agv group by type;
```

执行上述查询语句后，AGV 小车各类别电压平均值查询结果如图 4-6 所示。

```
taos> select avg(voltage),type from agv group by type;
       avg(voltage)      |           type            |
              44.900000254 | 电磁感应式                 |
              43.566666921 | RFID感应式                |
Query OK, 2 row(s) in set (0.004993s)
```

图 4-6　AGV 小车各类别电压平均值查询结果

若需要查询 ID 为 002 的所有 AGV 小车的记录总条数、电流的最大值，查询命令如下：

```
select count(*), max(current) from agv where id == '002';
```

执行上述查询语句后，AGV 小车的记录总条数和电流最大值的查询结果如图 4-7 所示。

```
taos> select * from warehousing.agv_no002;
         ts          |        current        |        voltage        |
2022-11-12 20:09:00.488 |              24.90000 |              41.40000 |
2022-11-12 20:09:00.492 |              26.70000 |              44.20000 |
2022-11-12 20:09:00.505 |              27.80000 |              45.10000 |
Query OK, 3 row(s) in set (0.000936s)

taos> select count(*), max(current) from agv where id == '002';
       count(*)      |     max(current)      |
                   3 |              27.80000 |
Query OK, 1 row(s) in set (0.001704s)
```

图 4-7　AGV 小车的记录总条数和电流最大值的查询结果

（三）流式计算

1. 概念介绍

TDengine3.0 版本数据库的流式计算引擎使用 SQL 定义实时流变换，具有实时处理写入数据流的能力，工业数据被写入数据流的源表后，会被以定义的方式自动处理，并根据定义的触发模式向目的表推送结果。TDengine 数据库提供了替代复杂流处理系统的轻量级解决方案，并且在实际工业生产高吞吐的数据写入情况下，具备毫秒级的计算结果延迟。

2. 流式计算实例

以企业电表为例，实际各区域电表的数据总量经常达到成百上千亿条，处理这些分散、凌乱的数据，进行数据清洗或转换都需要很长的工作时间，难以做到实时高效。为此，通过流式计算可以清洗指定的数据条目，也可以将目标数据条目以窗口聚合方式输出。

（1）环境准备。提前创建数据库，在该数据库中创建一个超级表和多个子表。

```
# 创建 power 数据库，并使用该数据库
create database power;
use power;
# 创建超级表 meters 记录电表的当前电流和当前电压，静态标签为地区和所属组 ID
create stable meters (ts timestamp, current float, voltage float) tags (locate binary(64), id binary(64));
# 以超级表 meters 为模板创建四个子表
create table power001 using meters tags ('Shanghai', '2');
create table power002 using meters tags ('Shanghai', '3');
create table power003 using meters tags ('Shenzhen', '2');
create table power004 using meters tags ('Shenzhen', '3');
```

（2）创建流。将电表电压大于 220 V 的数据过滤掉，以 5 s 为窗口整合并计算每个窗口中电流的最大值，再将结果输出到指定的数据表，代码如下：

```
create stream current_stream into current_stream_output_stb as select _wstart as wstart, _wend as wend, max(current) as max_current from meters where voltage <= 220 interval (5s);
```

（3）写入数据。创建好数据流后，就可以实时计算进入 TDengine 数据库中符合数据流计算规则的工业数据，将计算结果根据规则写入指定数据表，写入代码内容如下：

```
insert into power001 values("2022-11-03 14:38:05.000", 10.3, 219.6);
insert into power001 values("2022-11-03 14:38:15.000", 12.7, 218.6);
insert into power002 values("2022-11-03 14:38:16.800", 12.3, 221.3);
insert into power002 values("2022-11-03 14:38:16.650", 10.3, 218.2);
insert into power003 values("2022-11-03 14:38:05.500", 11.8, 221.4);
insert into power003 values("2022-11-03 14:38:16.600", 13.4, 223.5);
insert into power004 values("2022-11-03 14:38:05.000", 10.8, 223.8);
insert into power004 values("2022-11-03 14:38:06.500", 11.5, 221.4);
# 查询流式计算输出
desc current_stream_output_stb;
# 流式计算输出结果
select wstart,wend,max_current from current_stream_output_stb;
```

观察数据写入后，流式计算输出表结构如图 4–8 所示。流式计算输出结果如图 4–9 所示。

```
taos> desc current_stream_output_stb;
            field              |         type         |   length    |  note  |
=============================================================================
 wstart                        | TIMESTAMP            |           8 |
 wend                          | TIMESTAMP            |           8 |
 max_current                   | FLOAT                |           4 |
 group_id                      | BIGINT UNSIGNED      |           8 | TAG
Query OK, 4 row(s) in set (0.001390s)
```

图 4–8 流式计算输出表结构

```
taos> select wstart,wend,max_current from current_stream_output_stb;
          wstart          |          wend           |      max_current     |
============================================================================
 2022-11-03 14:38:05.000 | 2022-11-03 14:38:10.000 |             10.30000 |
 2022-11-03 14:38:15.000 | 2022-11-03 14:38:20.000 |             12.70000 |
Query OK, 2 row(s) in set (0.002571s)
```

图 4–9 流式计算输出结果

二、数据库集群部署

在工业物联网场景下,需要处理不断上传的海量高并发的工业时序数据,通过集群部署方式可以实现数据服务的高并发访问,避免单点故障问题,面对复杂任务还可以通过集群计算资源调度实现负载均衡,使系统持续稳定高效运行。

TDengine 数据库不仅支持集群部署,而且具备水平扩展能力,能通过增加节点获得更强的处理能力。其采用虚拟节点技术,将一个节点虚拟化为多个虚拟节点,以实现负载均衡。同时,将多个节点上的虚拟节点组成虚拟节点组,通过多副本机制,确保系统的高可用性。

(一)部署前准备工作

1. 配置主机文件

规划集群中所有物理节点的 FQDN,找到需要加入集群所有物理节点的 /etc/hosts 文件,修改每个物理节点的 /etc/hosts 文件,将所有集群物理节点的 IP 与主机名对应添加好,保证每个主机两两之间可以通过主机名进行网络连通(ping)测试。

配置数据节点 node01、node03、node04 作为集群的三个物理节点,其中 node01、node03、node04 部署 TDengine Server 端,版本为 TDengine-server-3.0.1.6-Linux-x64;而 node02 部署 TDengine Client 端,用于测试集群连接,版本为 TDengine-client-3.0.1.6-Linux-x64。读者需要自行修改各数据节点的 IP 信息,集群部署节点参数见表 4-2。

表 4-2　　　　　　　　　　　集群部署节点参数

主机名	IP 地址	部署类型
node01	192.168.6.154	TDengine Server
node03	192.168.6.156	TDengine Server
node04	192.168.6.157	TDengine Server
node02	192.168.6.155	TDengine Client

需要注意的是，部署的 TDengine Server 端和 TDengine Client 端的版本一定要一致，且部署成功后，不要立即启动 taosd。

修改每个节点的 /etc/hosts 文件，将每个节点的 IP 地址与主机名一一映射，配置完成后，每个节点都可以通过主机名访问其他节点。node01 节点的 /etc/hosts 文件配置如图 4-10 所示。

```
[root@node02 app]# cat /etc/hosts
127.0.0.1       localhost localhost.localdomain localhost4 localhost4.localdomain4
::1             localhost localhost.localdomain localhost6 localhost6.localdomain6
192.168.6.154 node01
192.168.6.155 node02
192.168.6.156 node03
192.168.6.157 node04
```

图 4-10　node01 节点的 /etc/hosts 文件配置

需要注意，配置 /etc/hosts 文件后，需要执行 service network restart 重启网络。

2. 开启服务端口

集群部署内每个节点的通信，依赖于所有主机在 6030-6042 上的 TCP/UDP 协议都可以通信，开放防火墙端口访问权限的命令如下：

```
# 开放防火墙 6030-6042TCP 协议的端口访问权限
firewall-cmd --zone=public --add-port=6030-6042/tcp --permanent
# 开放防火墙 6030-6042UDP 协议的端口访问权限
firewall-cmd --zone=public --add-port=6030-6042/udp --permanent
# 查看当前防火墙已开放可访问的端口
firewall-cmd --list-port
# 重启防火墙,使修改配置生效
firewall-cmd --reload
```

3. 安装时序数据库的服务端和客户端

在数据节点 node01 安装部署第一个 TDengine Server 时，无须加入任何集群，直接回车部署成功即可。后续数据节点 node03、node04 安装部署 TDengine Server 时，需要在安装界面输入第一个 TDengine Server 的"主机名：6030"加入该节点的集群，完成集群节点加入的配置。数据节点 node02 安装部署 TDengine Client。

4. 配置完全限定域名

完全限定域名（FQDN）是一个完整的域名，可以唯一标识一个特定的主机或网络设备。修改每个节点上 TDengine 数据库的配置文件 /etc/taos/taos.cfg，以上述分配的 4 个节点的参数为例，配置文件中需要修改的参数如下：

```
# firstEp 是每个数据节点首次启动后连接的第一个数据节点，这里将 node01 作为
第一个启动的数据节点，后面 node02~node04 节点的 firstEp 配置项的值均为
node01:6030
firstEp           node01:6030
# 必须配置为本数据节点的 FQDN, 如果本机只有一个 hostname, 可注释掉本项
# fqdn 设置为各个节点的主机名即可
fqdn              ${各个节点的主机名}
```

（二）启动集群

1. 启动首个数据节点

在数据节点 node01 输入 systemctl 命令，启动 TDengine Server 的服务进程，命令如下：

```
# 启动 TDengine 数据库的 taosd 服务状态
[root@node01 ~]# systemctl start taosd
# 启动 TDengine 数据库的 taosadapter 服务
[root@node01 ~]# systemctl start taosadapter
# 开机自启动 taosd 和 taosadapter 服务
[root@node01 ~]# systemctl enable taosd
[root@node01 ~]# systemctl enable taosadapter
```

```
# 查看当前 TDengine 数据库的 taosd 服务状态
[root@node01 ~]# systemctl status taosd
# 查看当前 TDengine 数据库的 taosadapter 服务状态
[root@node01 ~]# systemctl status taosadapter
```

node01 节点 TDengine Server 的 taosd 服务状态如图 4-11 所示。node01 节点 TDengine Server 的 taosadapter 服务状态如图 4-12 所示。

```
[root@node01~]# systemctl status taosd
● taosd.service-Tengine server service
    Loaded:loaded(/etc/systemdsystem/taosd.service; enabled; vendor preset
    Active:active(running)since日2022-11-13 20:18:48 CST;9s ago
    Process:93358 ExecstartPre=/usr/local/taos/bin/startPre.sh(code=exited,
  Main PID:93364(taosd)
    Tasks:59
CGroup:/system.slice/taosd.service
        -93364fusribin/taosd
        -93381/usr/bin/udfd-c /etc/taos/
```

图 4-11　node01 节点 TDengine Server 的 taosd 服务状态

```
[root@node01~]# systemctl status taosadapter
● taosadapter.service-TDengine taosAdapter service
    Loaded:loaded(/etc/system/system/taosadapter.service;
    Active:active(running)since一2023-05-22 12:01:01 CST
    Process:93358 ExecstartPre=/usr/local/taos/bin/startPre.sh(code=exited,
  Main PID:18096(taosadapter)
    Tasks:9
CGroup:/system.slice/taosadapter.service
        -18096/usr/bin/taosadapter &
```

图 4-12　node01 节点 TDengine Server 的 taosadapter 服务状态

进入 node02 节点的 taos shell，连接服务端 node01 节点，在 shell 里执行如下命令：

```
# 连接服务端 node01 节点
[root@node02 ~]# taos -h node01
```

```
# 查看当前数据节点
show dnodes;
```

从图 4-11 可以看到，刚启动的数据节点 node01 为该集群的第一个数据节点，是 firstEp。

2. 启动后续数据节点

完成"启动首个数据节点"操作后，继续通过 systemctl 命令启动 node03 和 node04 节点上 TDengine Server 的服务进程，命令如下：

```
# 启动 TDengine 数据库的 taosd 服务状态
systemctl start taosd
# 启动 TDengine 数据库的 taosadapter 服务
systemctl start taosadapter
```

启动完毕后，进入 node01 节点上的 taos shell，需要创建 node03 和 node04 的数据节点，输入以下命令：

```
# 创建 node03 的数据节点
create dnode "node03:6030";
# 创建 node04 的数据节点
create dnode "node04:6030";
```

进入 node02 节点的 taos shell，在 shell 里执行如下命令：

```
# 查看当前数据节点
show dnodes;
```

执行上述查询语句，可查看到当前数据节点信息。TDengine 数据库集群添加数据节点展示如图 4-13 所示。

```
taos> show dnodes;
   id   |      endpoint      | vnodes | support_vnodes |  status  |
==================================================================
    1   | node01:6030        |    4   |       4        |  ready   |
    2   | node03:6030        |    0   |       4        |  ready   |
    3   | node04:6030        |    0   |       4        |  ready   |
Query OK, 3 row(s) in set (0.001365s)
```

图 4–13　TDengine 数据库集群添加数据节点展示

（三）数据集群管理

1. 查看数据节点

进入 node02 节点上的 TDengine CLI 程序 taos shell，执行查看数据节点命令会列出集群中所有存在的 dnode，也包括 dnode 的 ID 值，end_point（fqdn：port），状态（ready、offline 等）等信息。一般添加或删除一个数据节点，使用该命令。执行命令如下：

```
# 查看数据节点
show dnodes;
```

2. 查看虚拟节点组

为充分利用多核技术优化计算资源，数据需要进行分片处理。TDengine 数据库会将一个数据库中的数据切分成多份，存放在多个虚拟节点（vnode）里。这些 vnode 可能分布在多个数据节点（dnode）里，这样一个 vnode 仅属于一个数据库，但一个数据库可以有多个 vnode，具备水平扩展的能力。vnode 所在的数据节点是数据管理节点（mnode）根据当前系统资源情况自动进行分配的，无须人工干预。

进入 node02 节点上的 taos shell，执行如下命令，就可查看虚拟节点组的信息，执行命令如下：

```
# 使用数据库 power
use power;
```

```
# 查看虚拟节点组
show vgroup;
```

执行上述查询语句，可查看 power 数据库虚拟节点信息。

3. 删除数据节点

进入 node02 节点上的 taos shell，执行如下命令，删除指定数据节点。执行命令如下：

```
drop dnode 3;
```

执行旨在移除特定数据节点 ID 的指令，删除数据节点 node04 过程如图 4-14 所示。

```
taos> drop dnode 3;
Query OK, 0 row(s) affected in set (0.000829s)

taos> show dnodes;
     id  |        endpoint       | vnodes | support_vnodes | status
     ---------------------------------------------------------------
      1  |     node01:6030       |   4    |       4        | ready
      2  |     node03:6030       |   0    |       4        | ready
Query OK, 2 row(s) in set (0.001437s)
```

图 4-14 删除数据节点 node04 过程

需要注意，通过 dnode ID 来指定数据节点并删除，其中 dnode ID 可以通过 show dnodes 查看。

4. 创建数据节点

进入 node02 节点上的 taos shell，执行创建数据节点命令：

```
# 创建数据节点 node04:6030
create dnode "node04:6030";
```

执行创建节点操作后，添加数据节点 node04 效果如图 4-15 所示。

```
taos> show dnodes;
   id    |      endpoint      | vnodes | support_vnodes |
    1    | node01:6030        |   4    |       4        |
    2    | node03:6030        |   0    |       4        |
    3    | node04:6030        |   0    |       4        |
Query OK, 3 row(s) in set (0.001365s)
```

图 4-15　添加数据节点 node04 效果

可以看到新添加的 dnode 节点的状态为 offline，其原因在于加入集群之后，dnode 节点会被分配到一个唯一的 dnode ID，保证它在集群中的唯一性。从集群中删除这个 dnode 后，该 dnode ID 就会失效。此时再添加这个 dnode 节点到集群中仍会使用无效的 dnode ID，所以无法再加入集群，这样可以防止 dnode 误加入到其他集群。若确实需要恢复状态，要先执行如下命令，删除该 dnode 的所有数据，只有不存在 dnode ID 的新 dnode 节点，才可正常加入集群。执行命令如下：

```
# 进入存储 dnode 和 vnode 的数据目录
cd /var/lib/taos
# 删除 dnode 目录及其子目录
rm -rf dnode
# 重启 taosd 服务
systemctl restart taosd
```

执行上述操作后，数据节点 node04 状态恢复如图 4-16 所示。

```
taos> show dnodes;
   id    |      endpoint      | vnodes | support_vnodes | status |
    1    | node01:6030        |   4    |       4        | ready  |
    2    | node03:6030        |   0    |       4        | ready  |
    4    | node04:6030        |   0    |       4        | ready  |
Query OK, 3 row(s) in set (0.001506s)
```

图 4-16　数据节点 node04 状态恢复

这里推荐先创建 dnode 节点，再根据实际需求启动相应的 dnode 进程，配置 taos.cfg 文件，dnode 就能加入 firstEp 指向的集群，并被分配一个全局 ID。

5. 查看管理节点

管理节点（mnode）是负责所有数据节点运行状态监控和维护的虚拟逻辑单元，它也负责元数据（包括用户、数据表、静态标签等信息）的存储与管理。TDengine 数据库的集群至多配置 3 个 mnode，mnode 集群可以维持节点之间的负载均衡，且集群的配置会自动完成。

进入 node02 节点上的 taos shell，可以查看 node01 集群当前的 mnode，执行命令如下：

```
# 查看管理节点信息
show mnodes;
```

6. 创建管理节点

TDengine 数据库默认会在 firstEp 节点上创建一个 mnode 管理 dnode，创建管理节点命令，可以增加 mnode，提高系统可用性，但增加的个数不能超过三个，且每个 mnode 仅可以在一个 dnode 上创建。

进入 node02 节点上的 taos shell，基于 node03 的 dnode 创建新的 mnode，执行命令如下：

```
create mnode on dnode 2;
```

创建 node03 上的管理节点结果如图 4-17 所示。

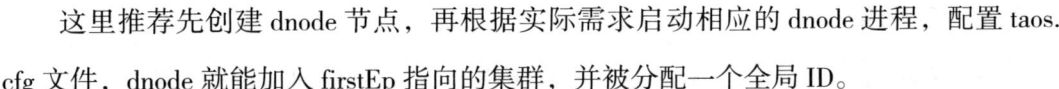

图 4-17　创建 node03 上的管理节点结果

需要注意的是，创建管理节点，要求各个集群内的物理节点必须开放防火墙 6030–6042 TCP/UDP 的端口访问权限。

7. 删除管理节点

进入 node02 节点上的 taos shell，删除新创建的 node03 的 mnode。其执行命令如下：

```
# 删除 dnode id 所指定的 dnode 上的 mnode
drop mnode on dnode 2;
```

删除新创建的 node03 上的管理节点结果如图 4–18 所示。

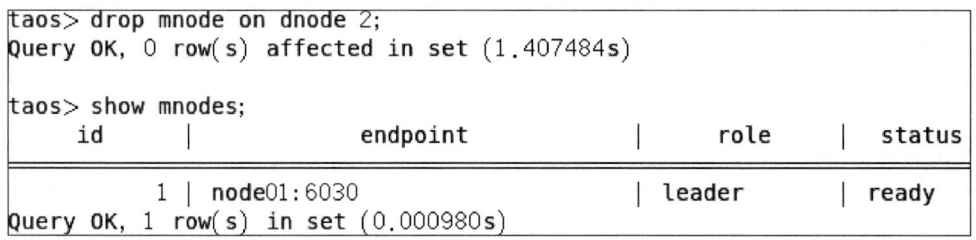

图 4–18　删除新创建的 node03 上的管理节点结果

三、第三方工具对接

TDengine 数据库作为出色的时序数据库，不仅具备完善的 SQL 标准查询语法，而且支持多种数据库连接器标准和其他常见时序数据库写入协议，对于可对接使用的第三方工具，TDengine 数据库只需要简单配置就可无缝集成。

（一）消息队列遥测传输协议代理服务器接入

1. 消息队列遥测传输协议

消息队列遥测传输协议（MQTT）采用订阅–发布机制，订阅者指定主题可以订阅后续该主题发布的消息，非订阅的其他主题如果有数据发送则不接收，避免处理无效数据导致计算资源的浪费。在实际企业生产环境中，通过指定不同设备创建的、用于数据传输的主题，订阅者可以根据需要针对性地获取该类型设备上传的数据，保证必要数据的传输，提高企业生产效率和数据传输效率。

2. 消息队列遥测传输协议代理服务器

消息队列遥测传输协议代理服务器（EMQX）也叫 MQTT 消息服务器，可以处理 MQTT 协议的数据流，也能够负责接收来自客户端的网络连接，接收客户端的消息发布、消息订阅及订阅取消等请求信息，同时也可将客户端发布的主题消息转发给其他订阅该主题的订阅者。EMQX 同样支持集群部署，给系统带来负载均衡和更强的计算能力。目前，EMQX 已广泛应用于新能源、智能家居、工业物联网、消费金融等领域。

对 TDengine 数据库而言，与 EMQX 消息服务器对接无须任何代码，只要在其仪表盘中做简单的规则配置，填入必要的 TDengine 数据库参数信息，通过 WebHook 组件的方式就可将符合要求且过滤好的工业数据保存到 TDengine 数据库，整体对接简单方便，学习成本低。EMQX 消息服务器对接 TDengine 数据库的操作步骤分为以下几步。

（1）部署 EMQX 消息服务器。在 node02 节点上部署 EMQX 消息服务器，其版本为 emqx-centos7-4.3.5-amd64，部署命令如下：

```
# 解压资源提供的 emqx 压缩包
[root@node02 ~]# unzip emqx-centos7-4.3.5-amd64.zip
# 进入目录,执行安装命令
[root@node02 ~]# cd emqx
[root@node02 emqx]# ./bin/emqx start
# 开放防火墙 18083 端口,允许其他节点查看 EMQ X 管理网页
[root@node02 emqx]# firewall-cmd --zone=public --add-port=18083/tcp --permanent
# 重启防火墙,使配置生效
[root@node02 emqx]# firewall-cmd --reload
```

打开网页 http：//192.168.6.155：18083，输入默认用户名 admin，默认密码 public，进入 EMQX 后台。

（2）创建数据库及数据表。在 node02 节点上进入 taos shell，在 TDengine 数据库上新建数据库 robot，并依据表 4-3 给出的数据结构在 robot 数据库里新建 robotic_arm 普通表。

表 4-3 robotic_arm 数据结构表

中文字段名	英文字段名	数据类型
时间戳	ts	timestamp
机械臂关节旋转角度	joint_speed_j	float
机械臂关节转矩值	torque_j	float
机械臂轴加速度	acceleration_j	float

创建 robot 数据库及其普通表 robotic_arm 的命令如下：

```
# 创建 robot 数据库
create database robot;
# 进入 robot 数据库
use robot;
# 创建 robotic_arm 普通表
create table robotic_arm (ts timestamp, joint_speed_j float, torque_j float, acceleration_j float);
```

（3）配置 EMQX 的规则引擎，遵循以下操作步骤。

第一步：修改语言设置。进入 EMQX 的 Web 后台管理界面，修改界面显示语言，方便后续配置规则引擎。

第二步：添加新的规则并修改规则的 SQL 内容。

修改规则 SQL 内容如下：

```
# 获取 robotic/arm 主题下的所有数据
select
```

```
payload as robot_data
from
"robotic/arm"
```

在 TDengine 数据库中创建用来接收 EMQX 传输工业数据的 robotic_arm 普通表，在 EMQX 的规则 SQL 里需要将 robotic_arm 转化为 robotic/arm，方便区分其他主题。另外，payload 默认是从工业设备传输后根据 MQTT 协议解析后的原始数据，并以 JSON 格式表示。

第三步：配置响应动作。规定 EMQX 收到该 robotic/arm 主题下的工业数据后将执行的动作。在与 TDengine 数据库对接时应选择 Web 服务，通过 TDengine 数据库的 RESTful API 接收工业数据，响应动作选择界面如图 4-19 所示。

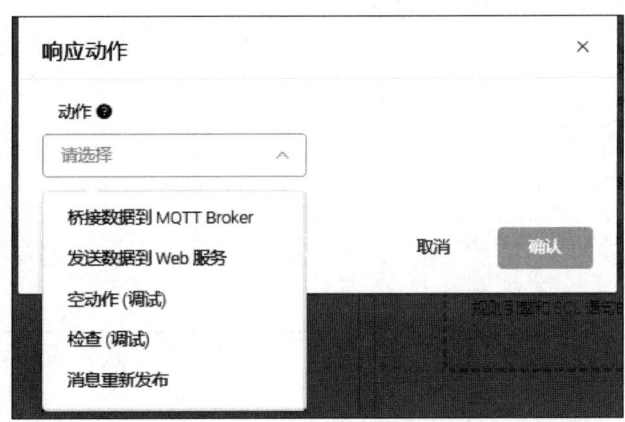

图 4-19 响应动作选择界面

第四步：配置关联资源。选择 WebHook 资源类型，填写 TDengine 数据库的连接信息。

连接信息包括 TDengine 数据库的请求地址、请求超时时间、SSL 证书信息等，这里输入必填的 TDengine 数据库参数：

```
#描述
node01 节点 TDengine 数据源
```

```
# 请求 URL
http://192.168.6.154:6041/rest/sql
```

配置完成后，需要在响应动作界面继续配置 TDengine 数据库的连接用户及 SQL 语言，其配置内容如下：

```
# Headers 键
Authorization
# Headers 值
Basic cm9vdDp0YW9zZGF0YQ==
# Body 中的 SQL 语句
insert into robot.robotic_arm values(
now,
${robot_data.joint_speed_j},
${robot_data.torque_j},
${robot_data.acceleration_j}
);
```

完整响应动作配置界面如图 4-20 所示。

保存该规则后，在后台管理界面可以看到新建成功的规则。

第五步：模拟工业数据。MQTT.fx 是一款使用 Java 语言编写，基于 Eclipse Paho 的 MQTT 客户端工具，可以通过模拟 MQTT 协议中定义的 topic，进行主题订阅和消息发布，对使用 MQTT 协议的物联网平台应用，具备简单易上手的调试功能和相对稳定的网络连接。

在运行 Windows10 操作系统的 node02 节点物理机中部署 1.7.1 版本 MQTT.fx 应用。为了让 MQTT.fx 与 EMQX 实现数据交互，需对 MQTT.fx 的参数进行配置，如图 4-21 所示。

图 4-20　完整响应动作配置界面

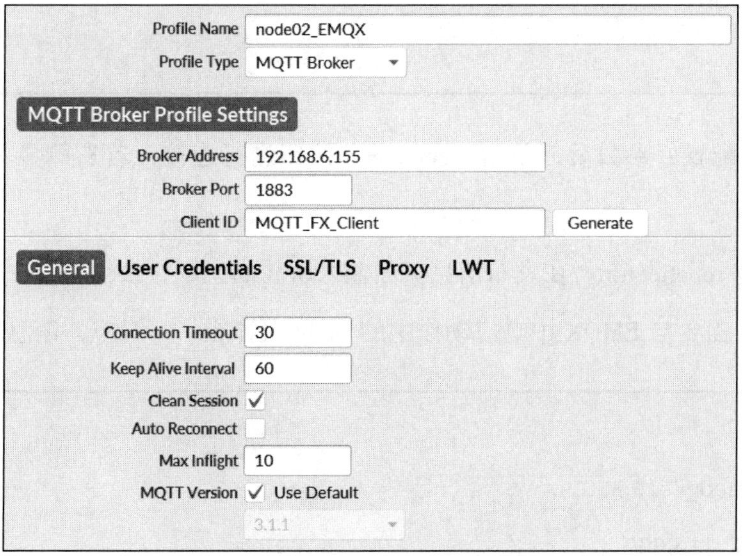

图 4-21　MQTT.fx 的参数配置界面

开启 node02 节点防火墙的 1883 端口，命令如下：

```
# 开放防火墙端口 1883 的 TCP 协议访问权限
[root@node02 emqx]# firewall-cmd --zone=public --add-port=1883/tcp --permanent
# 查看当前防火墙已开放可访问的端口
[root@node02 emqx]# firewall-cmd --list-port
# 重启防火墙，使修改配置生效
[root@node02 emqx]# firewall-cmd --reload
```

配置 EMQ X 的核心参数如下：

```
# Profile Name
node02 的 EMQX
# Profile Type
MQTT Broker
# Broker Address
192.168.6.155
# Broker Port
1883
```

MQTT.fx 配置好参数后，单击"connect"按钮进行连接，若右侧显示绿灯，则表示配置成功。

订阅主题 robotic/arm。在发布消息页面输入所属的主题，按照 JSON 格式输入模拟的工业数据，需要与 EMQX 中响应动作中的 Body 内容——对应，消息示例如下：

```
{
"joint_speed_j":19.3101,
"torque_j":11.8600,
```

```
"acceleration_j":0.0045
}
```

主题消息发布界面如图 4-22 所示。

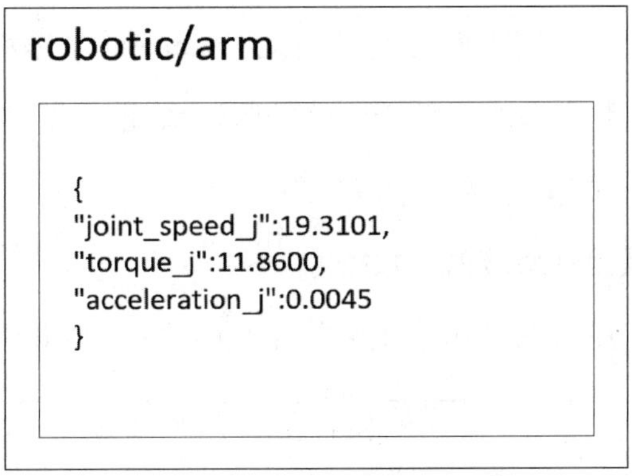

```
robotic/arm

{
"joint_speed_j":19.3101,
"torque_j":11.8600,
"acceleration_j":0.0045
}
```

图 4-22　主题消息发布界面

进入 EMQX 的 Web 后台管理界面，发现收到 MQTT.fx 传输的测试数据成功命中规则，命中规则后 EMQX 将执行配置的响应动作，将这些测试数据插入 TDengine 数据库。

进入 node02 节点上的 taos shell，查看测试数据是否插入到 TDengine 数据库。存储测试数据结果如图 4-23 所示。

joint_speed_j	torque_j	acceleration_j
19.31010	11.86000	0.00450

图 4-23　存储测试数据结果

至此，EMQX 组件与 TDengine 数据库对接成功，修改 EMQX 中的规则 SQL，可以对传输过来的原始工业数据做数据过滤或者数据聚合筛选需要插入的关键数据，配置响应动作可以将关键数据转发给对应的 TDengine 数据库，进行持久化处理。编写 TDengine 数据库的 SQL 语句，可远程操作 TDengine 数据库，学习成本低且数据操作更灵活。

（二）数据可视化工具组件对接

1. 数据可视化工具组件介绍

数据可视化工具组件（Grafana）支持多种常用的数据源作为可视化展示的数据基础，每个数据源都需要导入其数据源插件并且都有一个特定查询编辑器，每个面板在展示前，绑定一个数据源并使用该数据源的 SQL 语言查询出时序数据后，才可对其进行可视化处理。TDengine 官网不断更新其适配 Grafana 的数据源插件，可以无缝与其快速集成搭建集数据监测和系统报警于一体的监视系统，并且整个过程只要求插件导入和环境配置，无须任何代码开发。

2. 数据可视化工具组件对接时序数据库

（1）部署 Grafana。在 node02 节点安装并部署 Grafana-8.2.0 版本，其安装命令如下：

```
# 解压 Grafana 压缩包
[root@node02 ~]# tar -zxvf Grafana-8.2.0.linux-amd64.tar.gz
# 进入目录，执行安装命令
[root@node02 ~]# cd grafana-8.2.0
[root@node02 grafana-8.2.0] #./bin/grafana-server
# 开放防火墙 3000 端口，方便查看 Grafana 可视化 Web 界面
[root@node02 grafana-8.2.0] firewall-cmd --zone=public --add-port=3000/tcp --permanent
# 重启防火墙，让配置生效
[root@node02 grafana-8.2.0] firewall-cmd --reload
```

打开网页 http://192.168.6.155：3000，输入默认用户名 admin，默认密码 admin，进入主界面。

（2）导入 TDengine 数据源。在 Grafana 管理界面，通过 Configurations 选择 Plugins，找到插件页面，输入 TDengine 直接搜索并按照提示安装 TDengine。

（3）TDengine 数据源配置。在 Grafana 管理界面，通过 Configurations 选择 Data sources，进入数据源选择界面；通过选择 TDengine 类型的数据源插件，进入插件配置界面。

配置 TDengine 数据源的关键参数。输入数据源名称"TDengine"、数据源主机名"http://192.168.6.154:6041"、用户名"root"、密码"taosdata"。单击"Save & Test",TDengine Data source 插件配置成功界面如图 4-24 所示。

图 4-24　TDengine Data source 插件配置成功界面

(4) TDengine 数据源使用。新建仪表盘并添加空面板。切换 Data source 为新创建的 TDengine 数据源,展示 TDengine 中 robotic_arm 表的数据,选择 Table 插件展示机械臂数据。选择新创建的 TDengine 数据源,并输入 TDengine SQL 查询语言"select joint_speed_j, torque_j, acceleration_j from robot.robotic_arm"。

至此,Grafana 与 TDengine 对接成功,替换 Grafana 中的各类面板,并根据实际生产需求对从 TDengine 数据源获取的工业数据进行可视化展示,同时 Grafana 具备插件扩展能力,也提供了面板插件的编码规范文档,满足企业自定义面板需求,具有高扩展性。配置 TDengine 数据源并在面板使用时指定它,整体对接简单且代码编写量低,能满足多数企业工业数据的可视化需求。

第二节　企业级界面定制实战

考核知识点及能力要求：

- 掌握仪表盘的使用规则。
- 能够配置 Grafana 数据源。
- 选择合适的插件并进行部署。
- 合理运用工具进行图表制作。
- 掌握告警通知并熟练使用。
- 掌握用户管理和组织管理。

一、知识储备

Grafana 通过各式仪表盘、插件、告警对多种数据源进行直观、明了的展示，并实时界面可视化、触发阈值后多方式告警，所以应对仪表盘的配置操作、配置各种变量、插件的选择、告警规则有清晰认知。

（一）搭建仪表盘

在浏览器中访问 http://Grafana 服务器 IP：3000 进入初始登录页面，Grafana 服务器 IP 为部署 Grafana 的节点地址，端口 3000 是默认占用端口。初始用户名是 admin，密码也是 admin。输入后会提示修改密码，修改密码后进入 Grafana 管理页面。

仪表盘可以视为一个或多个面板组成的一个集合，用来展示各种面板。

行是 Grafana 仪表盘界面中的逻辑分区器，用于将多个面板连接在一起。

面板是 Grafana 最基本的展示单位。每个面板提供一个查询编辑器（依赖于面板中选择的数据源），利用查询编辑器可以编辑出完美的展示图像。

面板提供各种各样的样式和格式选项，支持拖拽在仪表盘上重排，并且可以调整大小。目前面板有四种类型：图像类型、状态类型、面板列表类型、表格类型，也支持文本类型。

（二）数据源选择

Grafana 组件支持多种不同的时序数据库数据源，Grafana 组件对每种数据源提供不同的查询方法，而且能很好地支持每种数据源的特性。支持的数据源有 Prometheus、TDengine、Graphite、InfluxDB 等，可以将多个数据源的数据合并到一个单独的仪表盘上，但每个面板都要绑定到特定数据源。

（三）常用插件选择

Grafana 支持三种插件，分别为面板插件、数据源插件和应用插件。面板插件支持添加可视化图表，支持图表参数的配置，常用的面板插件有 Alert list、EChars、Bar chart、Text 等；数据源插件支持配置数据源，支持添加数据源配置，支持使用数据源配置，支持后台数据源，常用的数据源插件有 Prometheus、MySQL、TDengine、InfluxDB 等；应用插件支持创建应用，支持创建自定义页面，常用的应用插件有 Node export、Bosun、Percona 等。

二、项目实战

随着 TDengine 时序数据库在各个领域应用得越来越广泛，很多企业用户选择将 Grafana 组件与 TDengine 数据库配合使用，以可视化方式监控项目各项指标的运行状态。下面对 TDengine+Grafana 的项目实施进行介绍。

（一）问题与需求

数据量的爆炸带来了一个现实问题——如何有效管理、监控这些数据。传统数据监控工具的兼容性有限，难以整合整个 IT 系统数据。Grafana 组件打破数据边界，把散落在各个角落的数据汇聚到一个统一的平台进行监控和分析。Grafana 还让枯燥的数据变得"可视化"，改变了人和数据的交互方式。

(二)技术架构设计

与 Grafana 组件常用的搭配组件有 NodeExporter、AlertManager、TDengine、PushGateway。技术架构设计如图 4-25 所示。

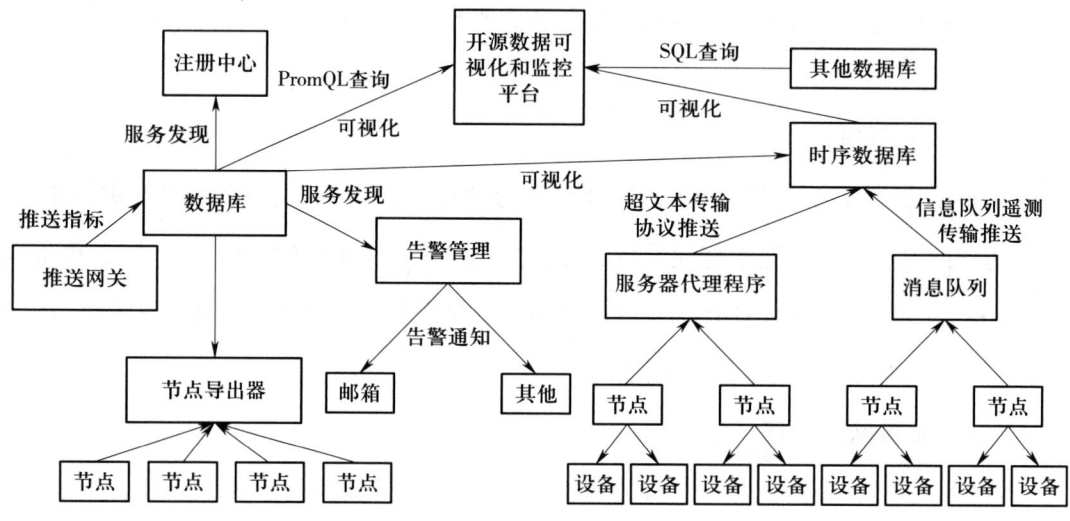

图 4-25 技术架构设计

(1) NodeExporter 组件。NodeExporter 将数据采集端的数据通过 HTTP 服务的形式暴露给 Prometheus,将其转化为 Prometheus 支持的格式,Prometheus 服务器通过访问该 Exporter 提供的 Endpoint,即可获取到需要采集的监控数据。Prometheus 服务器负责从 NodeExporter 拉取数据,实现对监控数据的获取、存储及查询。

(2) AlertManager 组件。AlertManager 在 Prometheus Server 中支持基于 PromQL 创建告警规则,如果满足 PromQL 定义的规则,则会产生一条告警信息。AlertManager 从 Prometheus server 端接收到 alerts 后,会去除重复数据、分组,并路由到对的接收方,发出告警。

(3) TDengine 组件。TDengine 是一个高效存储、查询、分析时序大数据的平台,专为物联网、工业互联网、运维监测等优化而设计。Grafana 可以通过 SQL 查询获取并可视化保存在 TDengine 的数据。

(4) PushGateway 组件。PushGateway 推送网关主要用于短期任务。这类任务存在时间较短,可能在 Prometheus 进行拉取(pull)之前就消失了,因此,这类 jobs 可以直接向 Prometheus 中间网关推送它们的指标(metrics)。

（三）插件选用与部署

以搭建"监控 AGV 小车电池电量"为例，插件选择 TDengine。组件需要部署 TDengine。

1. 插件配置

在 Grafana 中添加 TDengine 插件。

2. 组件部署

在服务器上部署 TDengine 数据库。

（四）图表定制与分享

1. 编辑面板页

面板页主要分为四部分：图表预览区、图表参数设置区、面板类型选择区和数据设置区。

2. 设置仪表盘参数

以创建仪表盘"查看 AGV 小车电量"为例，新建仪表盘后，选择配置成功的 TDengine 数据源，展示 TDengine 数据库里的表 inform.lightfourwayshuttlecar。

添加 TDengine SQL 查询语句，指令如下：

```
# 查询指定时间 AGV 小车的电量
select ts,currentElectricity from inform.lightfourwayshuttlecar where deviceid = 1 and ts >= $from and ts < $to;
```

选择 Graph 类型的面板，选择添加 panel 标题：AGV 小车电池电量图。调整数据的展示时间区间，可在仪表盘中预览 AGV 小车电池的电量图。

（1）Display 配置。将 Display 的参数 Line width、Area fill、Fill gradient 分别设置为 2、1、5。

（2）Legend 配置。配置 Legend 样式，以展示 AGV 小车电池电量的最大值、最小值、当前值，配置 Legend 样式如图 4-26 所示。

（3）Standard options。因为"AGV 小车电池电量"面板计算的是百分比数据，所以将单位设置为"%"。在右侧 Standard options 下的 Unit 中选择 Misc，接下来选择 Percent（0-100），配置图表的 Standard options 界面如图 4-27 所示。

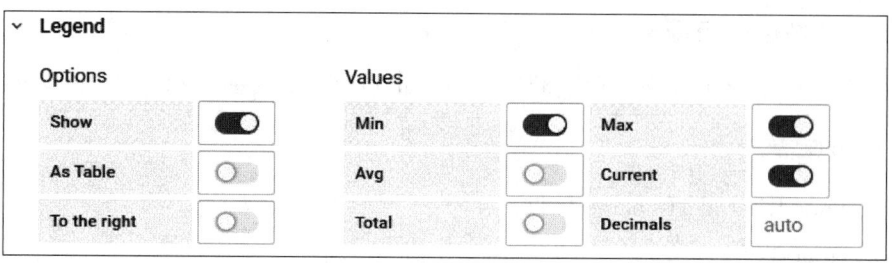

图 4-26　配置 Legend 样式

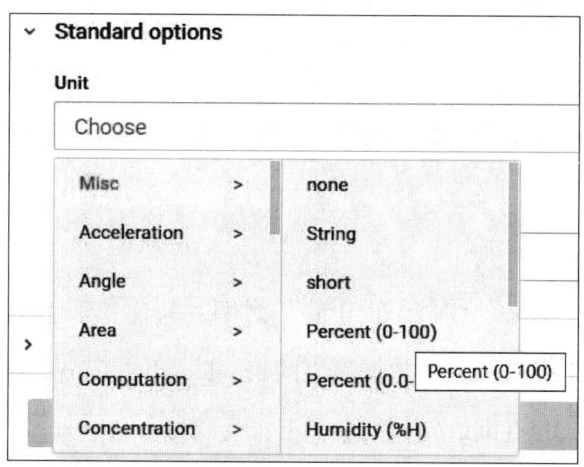

图 4-27　配置图表的 Standard options 界面

（4）添加参数变量。为方便管理数量庞大的 AGV 小车信息，将 AGV 小车的 ID 当成参数（通过该参数添加到 TDengine SQL，实现对参数的过滤）。单击 Dashboard 页面右上方的"Dashboard settings"按钮，进入仪表盘配置页面，仪表盘设置界面如图 4-28 所示。

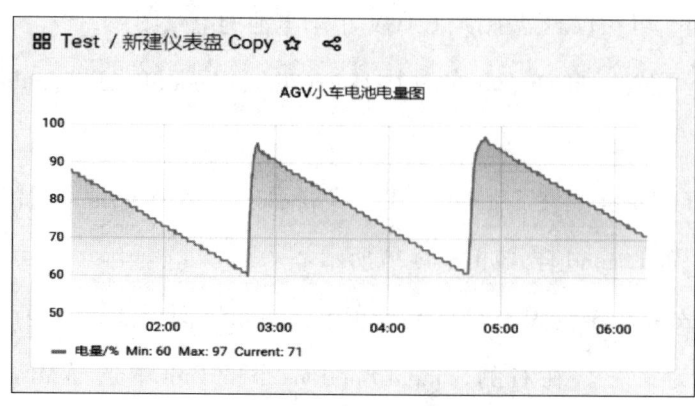

图 4-28　仪表盘设置界面

该设置页面可以对整个面板进行配置,如名称、标签、变量等。单击"添加变量"。

在"变量编辑"页面,填写相应的名称"lightDeviceId"、标签"轻型四向车 ID",选择配置成功的"TDengine"数据源,添加 TDengine SQL 查询语句"select distinct deviceid from inform.lightfourwayshuttlecar;"。

单击"更新"按钮,修改面板页面的 TDengine 查询语句,指令如下:

```
# 查询指定时间 AGV 小车的电量
select ts,currentElectricity from inform.lightfourwayshuttlecar where deviceid = ${lightDeviceId} and ts >= $from and ts < $to;
```

回到仪表盘页面,可以看到选择节点的下拉框。

3. 展示仪表盘数据

单击"保存",返回页面就可以看到仪表盘主页。对仪表盘页面优化再加工,打造 AGV 小车状态监控平台,该页面需要读者自行添加创建。

4. 分享仪表盘

进入分享面板页面,面板可以通过链接、嵌入(iframe 代码)、快照三种模式进行,分享面板界面如图 4-29 所示。

图 4-29 分享面板界面

在链接中可以通过参数设置一些属性,如时间范围、主题(Dark、Light)等。将链接网址、快照链接粘贴到浏览器中,即可展示分享的页面。

（五）告警使用与展示

Grafana 中只有 Graph 支持告警通知。Grafana 的告警通知渠道有很多种，如 Email、Teams 等。Grafana 的告警功能以仪表盘为基础，即每个仪表盘单独配置告警信息，包括告警规则、触发条件、告警通知通道及内容。需要注意，告警页面不能含有变量参数，否则不能实现告警功能。

以"AGV 小车电池电量过低告警"为例，在编辑面板的告警页面，可以根据需求定义触发告警条件、触发告警时间、告警通知方式和告警通知内容。另外，还可以结合右侧的设置图表区进行图表定制操作。

设置 AGV 电池电量图的告警规则：每分钟计算一次 AGV 小车电池电量，当 AGV 小车电池电量低于 15% 且持续 5 min 时，触发告警条件。

（六）用户管理和组织管理

1. 用户管理

用户可以属于一个或多个组织，并且可以通过角色分配不同级别的权限。

在日常 Grafana 使用中需要针对不同用户开放不同的 Dashboard 权限，根据不同角色进行权限管理。

Grafana 角色大致分为以下三类：

（1）管理员角色。管理员角色可以对组织进行一切操作，如添加和编辑数据源、管理组织用户和团队、配置 App 插件等。

（2）编辑角色。编辑角色可以创建和修改仪表板及警报规则，可以在特定文件夹和仪表板上禁用此功能，无法创建或编辑数据源，也无法邀请新用户。

（3）查看角色。查看角色可以查看任何仪表板，可以在特定文件夹和仪表板上禁用此功能，无法创建或编辑仪表板和数据源。

Grafana 增加新用户的方式分为以下两种：

（1）通过管理员账户邀请新用户，新用户可以通过邮箱或者复制邀请链接粘贴到浏览器修改其账户信息。

选择用户，单击"邀请"，进入配置用户界面，添加新用户信息，关闭"Send invite email"，不发送电子邮件，添加新用户页面效果如图 4-30 所示。

图 4-30 添加新用户页面效果

管理员返回用户界面，单击"Pending Invites"可以看到等待邀请用户的信息，复制邀请链接。

管理员添加邀请后，复制邀请链接到浏览器打开，可查看到邀请的相关信息。

需要注意的是，在邀请链接中默认使用 http://localhost:3000，复制链接时需要手动修改为 grafana-server 主机地址，这里是 http://192.168.6.155:3000。

（2）通过管理员账户手动创建账户。单击左侧边栏的"管理员"按钮，选择"新用户"按钮。编辑用户选项，单击"创建用户"，输入用户选项创建用户信息。

2. 组织管理

Grafana 支持多个组织，以支持多种部署模型，包括使用单个 Grafana 实例向多个可能不受信任的组织提供服务，默认组织为 Main Org。每个组织可以有一个或多个数据源。所有仪表板均归属于特定组织。单击左侧边栏的"管理员"按钮，选择"新建组织"按钮。编辑"组织名称"等选项，填写完成后，单击"创建"按钮即可创建新的组织。

在新建的组织内所有内容都是新的；组织之间相互独立，不同组织间可以拥有相同的功能。用户的组织成员资格与其在该组织中执行的操作关联。

第三节 项目示例验证

考核知识点及能力要求：
- 根据项目应用场景合理布局。
- 掌握相关组件并熟练使用。
- 可以针对项目做可视化开发。

智慧港口通过实时采集温度传感器和智能电表数据，结合温度要求，实现电气火灾预警，智能控制现场设备，将电表数据转发至可视化平台并进行具体分析，达到节约生产成本、降低生产能耗、保障生产环境安全的目的。

本节基于云端一体的 AIoT 平台进行智慧港口项目的综合应用开发，实现设备接入物联网平台并上报传感数据，在可视化平台上进行数据可视化与数据分析，并能通过规则链进行设备控制。

一、项目示例的可视化开发

完成 EMQX 处理数据并存储至 TDengine 后，就可以通过 TDengine 组件对智慧港口的设备数据进行可视化展示。

（一）创建智慧港口项目的可视化开发

在浏览器中访问 http：//${localhost}：3000 进入 Grafana 页面，根据 Grafana 仪表盘搭建步骤，首先配置 TDengine 数据源，确保 TDengine 数据源是在工作，然后新建仪表板。

（二）使用时序组件显示港口电表数据

1. 添加仪表盘变量

进入数据库 newport，创建数据表 rel_table_name，创建指令如下：

```
CREATE TABLE 'rel_table_name' ('ts' TIMESTAMP,'elec_table_sign' BINARY(30),'real_name' BINARY(255),'magnification' SMALLINT);
INSERT INTO rel_table_name FILE 'rel_table_name.csv';
```

将提供的数据文件 rel_table_name.csv 插入表 rel_table_name，注意数据文件地址，插入指令如下：

```
INSERT INTO rel_table_name FILE 'rel_table_name.csv';
```

新建仪表盘后，为仪表盘添加 dtable、elec_table_name、d1tod10cur、d1tod19cur 四个变量，根据定义内容 dtable（电表 ID）、elec_table_name（电表名）、d1tod10cur（d1-d10 电表总值）、d1tod19cur（d1-d19 电表总值）填写相应部分。

其中 elec_table_name、d1tod10cur、d1tod19cur 三个变量的 TDengine 查询语句如下：

```
# elec_table_name 的 TDengine 数据源查询语句
select real_name from newport.rel_table_name where elec_table_sign = '$dtable';
# d1tod10cur 的 TDengine 数据源查询语句
select (d1_elec_quantity_val+d2_elec_quantity_val+d3_elec_quantity_val+d4_elec_
```

```
quantity_val+d5_elec_quantity_val+d6_elec_quantity_val+d7_elec_quantity_val+d8_
elec_quantity_val+d9_elec_quantity_val+d10_elec_quantity_val)/1000 from newport.
td1tod19data where ts >= now - 20m limit 1;
    # d1tod19cur 的 TDengine 数据源查询语句
    select (d11_elec_quantity_val+d12_elec_quantity_val+d13_elec_quantity_val+d14_
elec_quantity_val+d15_elec_quantity_val+d16_elec_quantity_val+d17_elec_quantity_
val+d18_elec_quantity_val+d19_elec_quantity_val)/1000+$d1tod10cur from newport.
td1tod19data where ts >= now - 20m limit 1;
```

添加四个变量后,更新保存变量,返回变量界面查看到四个变量已添加完成,然后返回仪表盘主页面查看电表 dtable 的下拉框选项。

2. 设置仪表盘

在仪表盘主页面,新建一个 Time series 插件类型的面板,该组件可以展示时序数据,添加面板标题"$elec_table_name 电表数据",设置数据的单位为 KWh,用户需要自行通过 EMQX 处理测试数据,插入不同时间段的测试数据到 TDengine 数据库。

选择上述配置成功的 TDengine 数据源,并为该 Time series 面板新建 TDengine 查询语句,添加如下 TDengine 数据源查询语句:

```
select ts,$dtable_elec_quantity_val/1000 from newport.td1tod19data where ts >=
$from and ts < $to;
```

(三)创建告警提示并显示告警情况

参考 Grafana 告警使用教程,编辑面板的告警页面,根据需求定义触发告警条件、触发告警时间、告警通知方式和告警通知内容。设置告警规则:从现在开始前 5 min 内绝对差值大于 10 这个阈值,设置每隔 1 min 评估报警规则,触发告警条件持续 5 min 才会真正触发报警。

（四）使用图表组件显示港口用电趋势与耗电分布情况

1. 显示和预测港口用电趋势

新建仪表盘，添加配置成功的 TDengine 数据源，然后安装 ECharts 插件，选用 ECharts 插件展示港口的耗电分布情况。添加面板标题"港口用电趋势"，输入 TDengine 查询语句，在 ECharts 代码输入框输入对应"港口用电趋势和预测耗电情况"的 ECharts 代码。相关 TDengine 查询语句和 ECharts 代码见文件"关于港口用电趋势和预测耗电情况的 TDengine 查询语句 .txt""港口用电趋势和预测耗电情况的 ECharts 代码 .js"。

港口耗电预测功能通过 EMQX 处理港口用电数据并存储至 TDengine，由 AI 组件根据港口耗电情况生成预测数据，并通过 Grafana 可视化展现出来。

2. 港口耗电分布情况

新建仪表盘，添加配置成功的 TDengine 数据源后，选用 ECharts 插件展示港口的耗电分布情况。添加面板标题"各区域今日电耗占比"，输入如下 TDengine 查询语句：

```
# 各区域今日电耗占比的 TDengine 数据源查询语句
select last(d1_elec_quantity_val,d2_elec_quantity_val,d3_elec_quantity_val,d4_elec_quantity_val,d5_elec_quantity_val,d6_elec_quantity_val,d7_elec_quantity_val,d8_elec_quantity_val,d9_elec_quantity_val,d10_elec_quantity_val,d11_elec_quantity_val,d12_elec_quantity_val,d13_elec_quantity_val,d14_elec_quantity_val,d15_elec_quantity_val,d16_elec_quantity_val,d17_elec_quantity_val,d18_elec_quantity_val,d19_elec_quantity_val) from newport.td1tod19data;
```

在 ECharts 代码输入框输入对应"各区域今日电耗占比"的 ECharts 代码，ECharts 代码见文件"各区域今日电耗占比的 ECharts 代码 .js"。部分代码解释如下：

```
# 将 TDengine 数据库的数据赋值给数组 quantityVal, 方便处理数据
for(var i=0;i<19;i++){
```

```
quantityVal[i] = data.series[0].fields[i].values.buffer[0];
}
```

完成上述操作，仪表盘页面就将数据可视化地展现出来，能清晰明了地看出港口各区域今日电耗占比。

二、项目示例效果验证

把边缘端采集的数据上传到云端，经过 EMQX 处理并存储到 TDengine 数据库，通过 Grafana 可视化平台展现出来。通过 Grafana 可视化平台制作完上述图表，返回仪表盘主页面，在一个共同界面可视化直观查看智慧港口数据。

思考题

1. 简述设备接入与管理平台部署软网关的作用。
2. 简述设备接入与管理平台如何筛选并转发数据到可视化平台。
3. 简述 Grafana 各个插件组件使用场景的差异。
4. 简述如何正确配置集群间各个物理节点的 FQDN。
5. 简述 MQTT 协议适用于哪些工业应用场景。

第二篇
物联网边缘计算系统应用开发

物联网边缘计算系统应用开发是备受关注的重要领域。随着物联网设备和传感器网络的快速发展,边缘计算系统在物联网中的作用越发重要。边缘计算系统将计算和数据处理能力从传统云端移至物联网终端设备的边缘,提供了快速、可靠和实时的应用开发方案。在物联网边缘计算系统应用开发中,开发者可以利用边缘设备上的计算资源和存储能力,构建各种智能化应用程序。这些应用程序可以处理实时数据,执行本地决策,减少数据传输延迟和带宽消耗。通过在边缘设备上部署应用程序,物联网系统可以高效利用网络资源,并提供更好的用户体验。

第五章
物联网边缘计算系统部署

本章主要讲解如何使用 Kubernetes 集群在 CentOS 7 操作系统上分布式安装和部署 EdgeX 边缘计算系统，以及如何配置边缘系统的分布式数据库，为后续章节基于边缘系统的分布式应用开发做准备。

- **职业功能：** 物联网边缘计算系统应用开发。
- **工作内容：** 物联网边缘计算系统部署。
- **专业能力要求：** 能根据部署文档，进行物联网边缘计算系统的分布式部署；能根据部署文档，进行物联网边缘计算系统的分布式数据库部署与配置。
- **相关知识要求：** 分布式系统知识；集群服务器知识；数据库安装与配置方法。

第一节　边缘计算系统分布式部署

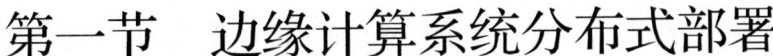

考核知识点及能力要求：

- 了解分布式系统。
- 了解集群服务器。
- 能使用 Kubernetes 集群安装和卸载 EdgeX 平台。
- 能按实际情况修改 YAML 文件的内容。
- 能解决 EdgeX 平台安装和使用过程中间出现的问题。

一、分布式系统介绍

随着计算机技术的不断提高，越来越多的行业开始在计算机上部署应用、存储数据、计算数据，单一机器已经无法满足计算和存储需求，如果对单个机器进行硬件升级，不仅成本高，而且也不一定能满足所有需求。因此可以用几个机器一起存储和计算数据，这些机器通过网络进行通信，能够很好地满足需求，分布式系统应运而生。分布式系统可以让多个普通且便宜的机器性能超过单一高配置机器的性能，从而能够完成单个机器无法完成的任务，其目的是使用更多普通机器计算和存储更复杂的数据，在降低成本的同时提高工作效率。

在分布式系统基础上，出现了很多"衍生品"，如分布式计算、分布式存储、分布式数据库等。采用分布式架构有很多优点：当外部设备较少而使用者较多时，分布式系统可以让用户共同使用设备、共同访问数据库，以及共享设备上的数据，其原因在于分布式系统中所有节点都能相互通信，某个节点上的用户可以访问并使用其他节点上的资源；当一个任务可以拆分成多个部分，且运行整个任务所耗时间很漫长时，可以将拆分后的部分分别移至分布式系统中不同的节点上运行，这样可以大大缩短任务运行所耗的时间。此外，当某个节点上的任务较多时，也可以移至其他节点运行，能提高计算效率；分布式系统中每个节点都互通，不同节点的用户可以在网络上共同完成一个项目，而不用面对面交流。在分布式系统中，某个节点的用户可以通过远程登录、发送消息等方式与其他节点的用户进行交流，让工作变得更容易；当某个节点宕机时，剩下的节点也不会停止，通过路由也能互通，并且宕机节点的任务也可以移到其他节点运行，因此分布式系统的稳定性和容错性都很强。

二、集群服务器介绍

集群服务器由多个机器组成，这些机器通过软件进行连接，并且可以相互通信，从而形成一个并行系统或者分布式系统。集群服务器可以理解成一个可以同时处理多个任务的大型机器，即使集群内的机器不在同一个区域，也可以提供统一的服务，因此在外界看来集群就是一个大型服务器。

集群服务器通常分为负载均衡集群和高可用性集群，其中负载均衡集群使用更广泛，大多数公司面临高负载，此时负载均衡变得极其重要，该技术会检测集群机器的剩余资源，通过特定算法计算出合适的节点运行这些负载，使集群中每台配置不一样的机器都能分配合适的负载。当很多用户使用同样的多个应用时，便需要提供一样的服务，而负载均衡集群能够很好适配这样的场景，每个节点都能运行一定量的负载，在节点间也能对负载进行动态分配，因此可以同时为多个用户提供服务。当集群中涌入大量流量、无法及时处理时，负载均衡集群也能提供很好的解决方案，将流量发送给各个节点的网络服务程序，并且根据节点的实际配置情况分配合适的流量，在提升效率的同时也保证了节点的稳定运行。

负载均衡集群虽然有很多优点，但当集群内的主节点发生故障时，可能会由于没有其他节点替代主节点工作而导致集群不能正常运作，此时需要使用高可用性集群来解决。当某个节点发生故障时，系统会将该节点的负载转移到其他节点上，但实际上，节点之间的配置不同，如操作系统不同、硬件配置不同等，因此，如何将负载平滑地转移及如何在节点停掉后快速找到合适的节点把负载转移出去，都是高可用性集群需要解决的问题。

三、使用分布式集群部署第三方平台

Kubernetes 集群是分布式架构，使用 Kubernetes 能更好地实现应用部署，满足用户需求。本节使用 Kubernetes 集群部署 EdgeX 平台 2.0 版本。部署使用的 Kubernetes 集群版本为 1.20.0，Docker 组件版本为 20.10.12，使用的操作系统是 CentOS 7.9 版本，使用的集群为一个 Master 节点、两个 Worker 节点，其中 Master 节点配置为 2 核 2GB，两个 Worker 节点配置为 2 核 4GB。

部署包中的 YAML 文件含有所有需要的使用组件，以及对应的 Deployment 和 Service 组件，Service 组件默认为 NodePort 类型，部署好后可以通过 IP 地址和端口进行访问。将部署包里的 EdgeX.yaml 文件导入到 Master 节点，代码如下：

```
[root@k8smaster ~]# kubectl apply -f EdgeX.yaml
```

安装过程中会下载镜像，如果在部署过程中 Pod 组件一直显示在下载镜像中，可以使用 docker pull 命令手动安装镜像，YAML 文件中 Deployment 组件的拉取镜策略部分使用的都是 IfNotPresent 类型，检测到本地有镜像后会自动运行 Pod 组件。部署好后，所有 Pod 组件都处于 Running 状态如图 5-1 所示，所有 Deployment 组件都处于 Ready 状态如图 5-2 所示。

查看 Service 组件时，可以看到每个 Service 组件对应的端口。

通过集群 Master 节点的 IP 地址和端口就能访问，部署好的 Service 组件如图 5-3 所示。UI 界面映射出的 MasterIP 地址如图 5-4 所示。使用 EdgeX 平台时只需在浏览器输入 MasterIP：30040，进入 UI 界面后，EdgeX 的 UI 界面如图 5-5 所示。

```
[root@k8smaster ~]# kubectl get pod -A
NAMESPACE     NAME                                              READY   STATUS
default       edgex-app-rules-engine-cc8496ccc-ndfwn            1/1     Running
default       edgex-core-command-b6bc77c7-4wfp4                 1/1     Running
default       edgex-core-consul-5f8dc9c7b6-dbxk4                1/1     Running
default       edgex-core-data-76755b74cd-jp7lh                  1/1     Running
default       edgex-core-metadata-56896cb794-cj4ck              1/1     Running
default       edgex-device-modbus-8994d96c9-8d6w8               1/1     Running
default       edgex-device-rest-6f9cbb656d-x99p6                1/1     Running
default       edgex-device-virtual-7945986bf9-wg5nm             1/1     Running
default       edgex-kuiper-6bb5c7c85-dxgfr                      1/1     Running
default       edgex-redis-6589d847c4-7sq8d                      1/1     Running
default       edgex-support-notifications-54bd449c98-bkb5c      1/1     Running
default       edgex-support-scheduler-5f76cbffd8-9lh69          1/1     Running
default       edgex-sys-mgmt-agent-5b8797cc6c-x5dz7             1/1     Running
default       edgex-ui-go-5dfbfccb4f-7rnzw                      1/1     Running
kube-system   coredns-7f89b7bc75-hsxc5                          1/1     Running
kube-system   coredns-7f89b7bc75-tb7rl                          1/1     Running
kube-system   etcd-k8smaster                                    1/1     Running
kube-system   kube-apiserver-k8smaster                          1/1     Running
kube-system   kube-controller-manager-k8smaster                 1/1     Running
kube-system   kube-flannel-ds-h7bk2                             1/1     Running
kube-system   kube-proxy-jph9d                                  1/1     Running
kube-system   kube-scheduler-k8smaster                          1/1     Running
```

图 5-1　所有 Pod 组件都处于 Running 状态

```
[root@k8smaster ~]# kubectl get deploy -A
NAMESPACE     NAME                           READY   UP-TO-DATE
default       edgex-app-rules-engine         1/1     1
default       edgex-core-command             1/1     1
default       edgex-core-consul              1/1     1
default       edgex-core-data                1/1     1
default       edgex-core-metadata            1/1     1
default       edgex-device-modbus            1/1     1
default       edgex-device-rest              1/1     1
default       edgex-device-virtual           1/1     1
default       edgex-kuiperedgex-redis        1/1     1
default       edgex-support-notifications    1/1     1
default       edgex-support-scheduler        1/1     1
default       edgex-sys-mgmt-agent           1/1     1
default       edgex-ui-go                    1/1     1
kube-system   coredns                        2/2     2
```

图 5-2　所有 Deployment 组件都处于 Ready 状态

```
[root@k8smaster ~]# kubectl get svc
NAME                          TYPE        CLUSTER-IP        EXTERNAL-IP
edgex-app-rules-engine        NodePort    10.105.63.102     <none>
edgex-core-command            NodePort    10.105.21.56      <none>
edgex-core-consul             NodePort    10.97.158.103     <none>
edgex-core-data               NodePort    10.111.27.132     <none>
edgex-core-metadata           NodePort    10.108.122.178    <none>
edgex-device-modbus           NodePort    10.102.125.230    <none>
edgex-device-rest             NodePort    10.100.6.88       <none>
edgex-device-virtual          NodePort    10.103.106.84     <none>
edgex-kuiper                  NodePort    10.98.100.163     <none>
edgex-redis                   NodePort    10.109.227.206    <none>
edgex-support-notifications   NodePort    10.104.158.78     <none>
edgex-support-scheduler       NodePort    10.106.11.9       <none>
edgex-sys-mgmt-agent          NodePort    10.106.255.188    <none>
edgex-ui-go                   NodePort    10.99.90.254      <none>
kubernetes                    ClusterIP   10.96.0.1         <none>
```

图 5–3　部署好的 Service 组件

```
edgex-sys-mgmt-agent    NodePort     10.106.255.188    <none>
edgex-ui-go             NodePort     10.99.90.254      <none>
Kubernetes              ClusterIp    10.96.0.1         <none>
```

图 5–4　UI 界面映射的 MasterIP 地址

Dashboard
Dashboard

- Device Services: 3　Unlocked 3　Locked 0
- Devices: 8　Unlocked 8　Locked 0
- Device Profiles: 8
- Schedulers: 1
- Notifications: 0
- Events: 1878
- Readings: 1878
- System Services Monitor: 7

图 5–5　EdgeX 的 UI 界面

本次部署也模拟接入三个设备，分别是 Modbus、Rest 和 Virtual，通过 YAML 文件部署 Deployment 组件和 Service 组件，部署好后，设备 Deployment 组件创建成功如图 5–6 所示，设备 Pod 组件处于 Running 状态如图 5–7 所示，设备 Service 组件创建成功如图 5–8 所示。

```
[root@k8smaster ~]# kubectl get deploy |   grep device
edgex-device-modbus      1/1    1    1
edgex-device-rest        1/1    1    1
edgex-device-virtual     1/1    1    1
```

图 5-6　设备 Deployment 组件创建成功

```
[root@k8smaster ~]# kubectl get pod | grep device
edgex-device-modbus-8994d96c9-8d6w8            1/1    Running    1
edgex-device-rest-6f9cbb656d-x99p6             1/1    Running    1
edgex-device-virtual-7945986bf9-wq5nm          1/1    Running    1
```

图 5-7　设备 Pod 组件处于 Running 状态

```
[root@k8smaster ~]# kubectl get svc | grep device
edgex-device-modbus      Nodeport    10.102.125.230    <none>
edgex-device-rest        Nodeport    10.100.6.88       <none>
edgex-device-virtual     Nodeport    10.103.106.84     <none>
```

图 5-8　设备 Service 组件创建成功

在 UI 界面上能看到设备信息，所有功能都能正常使用，表示安装成功。设备服务如图 5-9 所示。

图 5-9　设备服务

卸载 EdgeX 平台时将部署包中的 delete.sh 文件放入 Master 节点，使用以下命令进行卸载，没有删除的镜像需要手动删除，代码如下：

```
[root@k8smaster ~]# chmod 777 delete.sh
[root@k8smaster ~]# bash delete.sh
```

第二节　边缘计算系统中分布式数据库部署

考核知识点及能力要求：
- 了解分布式数据库。
- 了解 Redis 数据库的部署步骤。
- 能在分布式边缘计算系统中正常使用 Redis 数据库。

一、分布式数据库介绍

随着硬件的发展，各个行业使用的设备越来越多，产生的数据量迅猛增长，单一数据库已无法存储这个量级的数据，也无法正常快速读取如此庞大的数据，此时需要能力更强、容量更大的数据库处理这些数据，在这种趋势下，分布式数据库逐渐进入各个行业的视野，因为其发展空间大、处理能力强，所以对其需求也越来越大。

分布式数据库各节点分布在不同区域，但逻辑上是一个整体，并且存储的数据具有结构上的透明性，想要实现分布式数据库很困难，因为经常会遇到核心问题：当数据被划分成几个部分后,各部分存储在多个节点上,为了让数据变得可靠,需要再生成几个数据副本并存储,这就会产生数据复制问题;当需要提高数据库配置时,应保证系统稳定,即升级某个节点的数据库,或者加入新的数据库时,其他节点的数据库还能稳定工作,这就会产生系统扩展问题。为了解决这些问题,分布式数据库在设计上需要实现目录管理、数据分片、分布式查询处理、分布式并发控制等功能。

随着分布式数据库的发展,整体质量变得越来越高,分布式数据库已能更好地满足企业需求,其优点如下:

数据具有分布性和统一性,分布式数据库中的数据分布在各个节点上,而所有数据由统一的分布式数据库管理系统进行管理,并且从逻辑上看,所有节点数据库形成了一个整体。

数据可靠性和可用性强,分布式数据库的节点分布在不同的物理位置上,当某个节点发生故障时,系统可以继续运行,存储的数据也不会消失,如果采用冗余技术,还可以提高系统的容错能力。

数据可改善性强,分布式数据库可以根据实际情况增加或删除节点,重新配置整个系统也比较容易。分布式数据库的数据可以按照就近原则分配到各个节点,这种原则让大部分数据可以就近访问,缩短了系统响应时间,提高了系统效率,降低了通信成本。

本次部署使用 Redis 数据库,其也是 EdgeX 平台使用的数据库之一。Redis 数据库是 key-value 型数据库,会把新的数据周期性写入磁盘,并且把修改的操作写入记录文件,系统重启时能重新加载文件并使用,实现数据持久化。Redis 数据库支持多种数据类型和数据结构。Redis 数据库使用 Master-Slave 模式进行数据备份,让各个节点易于管理,但受到物理内存限制,导致在数据非常多的情况下无法进行高性能读写,因此,Redis 数据库适于在数据量小的场景下进行高性能操作和运算。

二、第三方平台数据库部署

在分布式系统中,部署 Redis 数据库可以通过镜像方式,将其封装成镜像可以显著减少部署时间和资源消耗。在本次演示中,采用 Service 和 Deployment 组件部署,挂载是 hostPath 类型，在 YAML 文件中能查看到相关信息，下面以 Deployment 组件举例，代码如下：

```yaml
- apiVersion: apps/v1
  kind: Deployment
  metadata:
    name: edgex-redis
  spec:
    selector:
      matchLabels:
        app: edgex-redis
    template:
      metadata:
        labels:
          app: edgex-redis
      spec:
        hostname: edgex-redis
        volumes:
          - name: db-data
            hostPath:
              path: /data
              type: DirectoryOrCreate
        containers:
        - name: edgex-redis
          image: redis:6.2.4-alpine
          imagePullPolicy: IfNotPresent
          ports:
```

```
            - containerPort: 6379
            envFrom:
            - configMapRef:
                name: common-variables
            volumeMounts:
            - name: db-data
              mountPath: /data
```

上述文件定义了 Redis 数据库的镜像、副本数、名称、端口、挂载路径、环境变量等参数，其中容器端口是默认的 6379。Deployment 组件部署好后会自动部署 Pod 组件，此时可以部署 Service 组件，YAML 文件内容如下：

```
- apiVersion: v1
  kind: Service
  metadata:
    name: edgex-redis
  spec:
   type: NodePort
   selector:
     app: edgex-redis
   ports:
   - name: http
     protocol: TCP
     port: 6379
     targetPort: 6379
```

在 Service 的 YAML 文件中定义了各个端口及暴露的类型，部署好后会生成一个新的端口，将 6379 端口映射到该端口，通过 IP 地址加端口就能进行访问。

部署 Redis 数据库时可以将上述代码保存为一个 YAML 文件,指定文件部署,操作代码如下:

```
[root@k8smaster ~]# kubectl apply -f xxx.yaml(xxx 为保存的文件名)
```

部署好的 Deployment 如图 5–10 所示,部署好的 Service 如图 5–11 所示。

```
[root@k8smaster~]#kubectl get deploy | grep redis
edgex-redis          1/1      1           1
```

图 5–10　部署好的 Deployment

```
[root@k8smaster~]#kubectl get svc | grep redis
edgex-redis          ClusterIP    10.109.227.206    <none>
```

图 5–11　部署好的 Service

思考题

1. 简述分布式系统的概念。
2. 简述集群服务器的概念。
3. 简述分布式数据库的概念。
4. 简述分布式系统和集中式系统的区别。
5. 简述负载均衡的作用。

第六章
物联网设备接入开发

设备接入服务适用于对海量设备进行连接，对数据进行采集、转发，可实现海量设备与边缘云平台间的双向通信，同时支持上层应用调用 API 接口远程控制设备，并提供与平台上其他服务无缝对接的规则引擎，可应用于各种物联网场景。通过多种协议、网关可让工业设备接入管理子平台，从而采集设备数据，将数据保存至数据库并进行持久化处理，并可通过可视化模块快速直观地展示数据。目前平台支持多种接入协议类型，分别是 Modbus 协议、OPC UA 协议、MQTT 协议、HTTP 协议等。

本章主要介绍物联网设备接入开发，能运用有线和无线通信协议，进行有线和无线设备接入配置与开发。

- **职业功能：** 物联网边缘计算系统应用开发。
- **工作内容：** 物联网设备接入开发。
- **专业能力要求：** 能运用有线通信协议，进行有线设备接入开发与优化；能运用无线通信协议，进行无线设备接入开发与优化。
- **相关知识要求：** 有线通信接入技术知识；无线通信接入技术知识。

第一节　应用层报文传输协议设备接入

考核知识点及能力要求：

- 了解多设备 Modbus Slave 软件的配置。
- 能配置 ThingsBoard-Gateway 网关设备接入多个 Modbus 协议设备。

一、应用层报文传输协议连接器配置

（一）莫德布斯协议介绍

莫德布斯（Modbus）协议是一种通过控制器相互之间，或控制器经由以太网等网络与其他设备进行通信的通用通信协议，现已广泛应用于工业控制领域。Modbus 协议技术架构如图 6-1 所示。

（二）莫德布斯协议配置

本书第二章介绍过 ThingsBoard-Gateway 网关设备接入 ThingsBoard 并打开连接器的流程，不再赘述。首先需保证 ThingsBoard-Gateway 网关设备已经成功连接平台，并且打开了 Modbus 连接器，然后配置 Modbus 连接器文件 modbus.json。

找到 modbus.json 文件，位于 /etc/ThingsBoard-Gateway/config。modbus.json 文件位置如图 6-2 所示。

修改文件目录下的 modbus.json 文件，单设备接入前文介绍过，这里对多设备 Modbus 文件修改进行介绍。

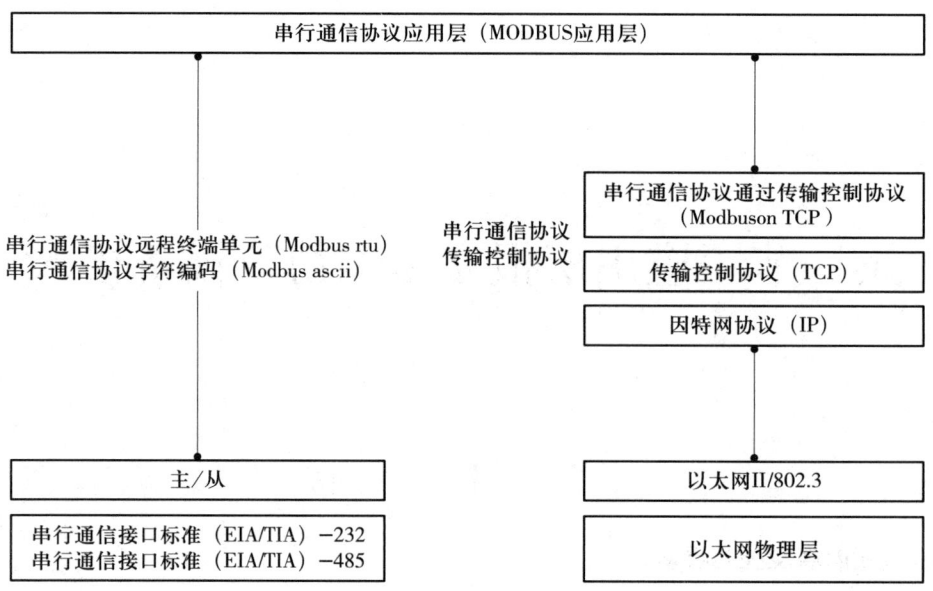

图 6-1 Modbus 协议技术架构

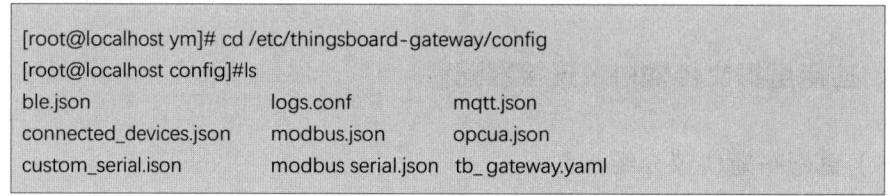

图 6-2 modbus.json 文件位置

修改多设备的 modbus.json 文件时，注意不同设备的 unitId 不同，如 IP 地址、端口、功能码、寄存器数量和位置等，这里的配置需要与后面的模拟设备配置一一对应，代码以资源形式提供。

二、应用层报文传输协议设备连接

本节使用 Modbus Slave 软件模拟设备通过 ThingsBoard-Gateway 网关设备接入至平台，并且将数据存储至 TDengine 数据库。

（一）添加数据配置

首先进行 Modbus Slave 软件数据配置，Modbus Slave 软件作为 Modbus 设备模拟器，能模拟具有许多从机寄存器值的真实环境，Modbus Slave 软件中的内容都可以通过脚本进行自定义和控制。

打开软件，单击"Setup"按钮，然后单击"Slave Definition"按钮，设置完Slave ID 及功能码后，单击"OK"按钮，随后即可在寄存器表格中输入相应数值，注意需与配置文件"modbus.json"一一对应。Modbus Slave 数据配置如图 6-3 所示。

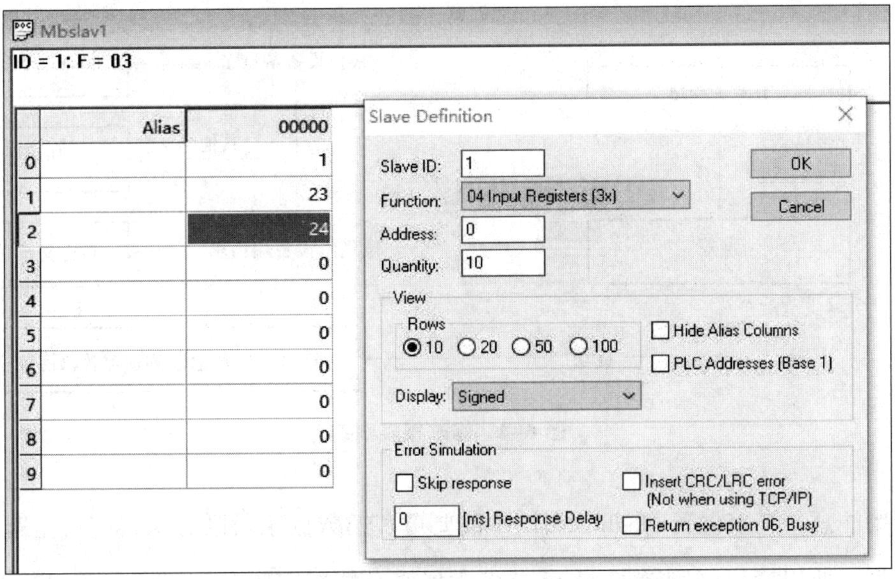

图 6-3　Modbus Slave 数据配置

如果需要进行多设备数据配置，则可以单击"File"按钮，然后单击"New"按钮，创建多个模拟设备，在设置每个模拟设备时应使用不同的 Slave ID。

需要注意的是，Slave ID 对应 modbus.json 中的 devices.unitId，Function 对应 modbus.json 中的 functionCode，Address 对应 modbus.json 中的 address，Quantity 表示模拟设备具有寄存器的数量。

（二）平台规则链配置

示例将温度和湿度作为遥测数据传到 ThingsBoard，再将转换后的数据经由 EMQX 客户端存储到 TDengine 数据库，所以需要使用规则链将消息转发至 EMQX 客户端。需要修改根规则链，添加相应节点。具体规则链可参考本书第二章中设计复杂规则链的内容，转发至外部 MQTT 组件，也可对资源中提供的规则链进行 IP 地址和端口修改。修改根规则链如图 6-4 所示。

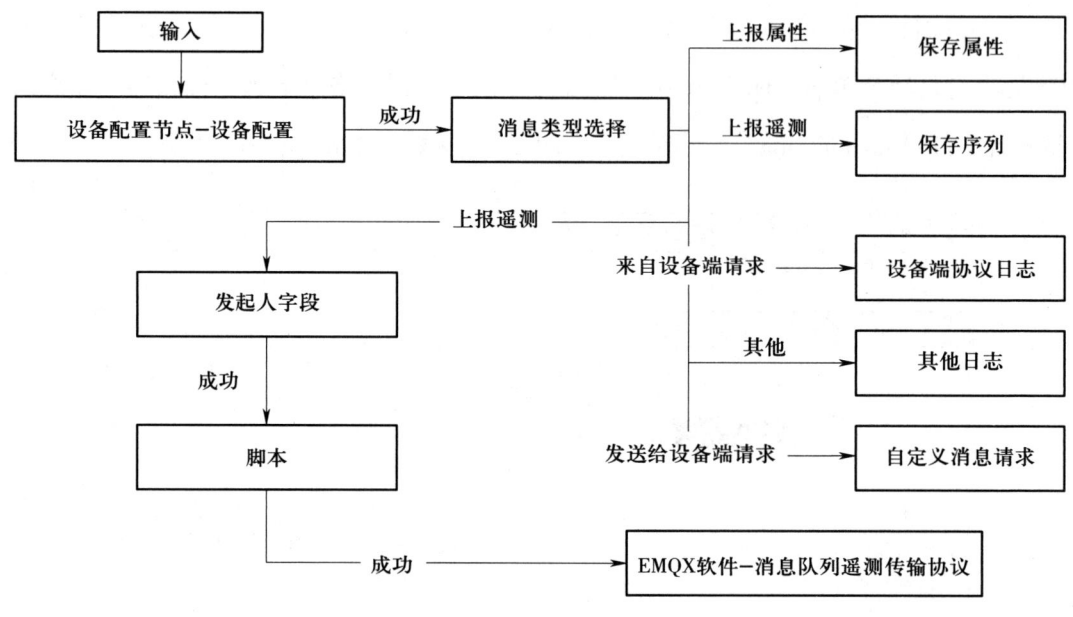

图 6-4 修改根规则链

需要注意，在多设备 Modbus 测试中需要更多的数据字段区分来自同一主题的不同设备数据，所以通过规则链的 script 节点添加两个数据字段"deviceName""deviceid"，代码如下：

```
return {
    msg: {
        ts: metadata['ts'],
        deviceId: metadata['id'],
        deviceName: metadata['deviceName'],
        msg:msg
    },
    metadata: metadata,
    msgType: msgType
};
```

（三）创建数据表并连接

创建数据表并进行连接，可以参考以下实施步骤。

第一步：在 TDengine 数据库中创建表，具体操作以资源形式提供。

第二步：在 EMQX 客户端创建资源和规则，使 EMQX 客户端连接至 TDengine 数据库，并且将数据存储至数据表，具体操作以资源形式提供。

（四）实现对接物联网平台软网关

单击"Connection"并选择"Connect"，勾选连接方式为"TCP/IP"，设置端口为 5020 后，单击"OK"按钮。Modbus Slave 连接如图 6-5 所示。

当页面不再显示"No connection"，说明已经连接上，即可重启 tb-gateway。

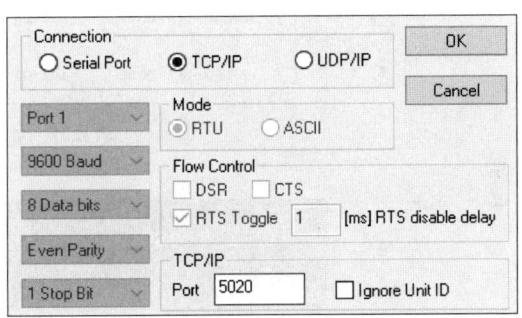

图 6-5　Modbus Slave 连接

（五）莫德布斯联机测试

连接完成后，将进行联机测试，接下来介绍多设备测试步骤。

与单设备不同，所有设备都要通过一个 MQTT 主题发送至 EMQX 客户端，需要使用规则引擎进行筛选后存储进不同的表，可以参考以下实验步骤。

第一步：配置规则引擎。通过 deviceName 标签筛选出不同设备的数据，其他步骤与单设备相同，注意在响应动作中消息主题要存储进不同的表，多设备重复步骤即可，这里 SQL 语句以资源形式提供。加入筛选语句的规则如图 6-6 所示。

图 6-6　加入筛选语句的规则

第二步：验证数据。根据不同设备数据配置，查看数据是否存储成功。查看设备 1 数据如图 6-7 所示，查看设备 2 数据如图 6-8 所示，查看设备 3 数据如图 6-9 所示，查看三张数据表数据如图 6-10 所示。

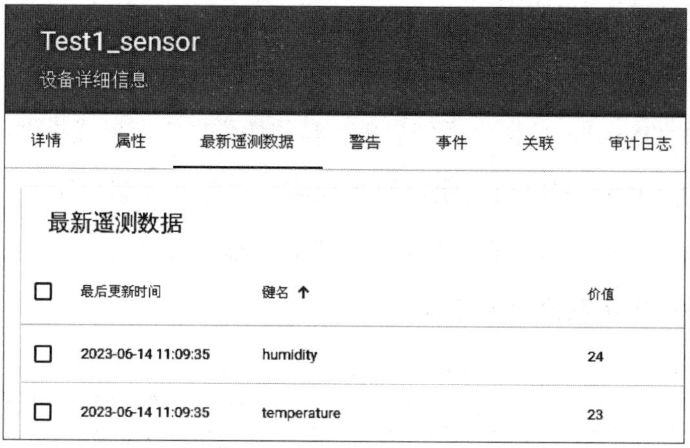

图 6-7 查看设备 1 数据

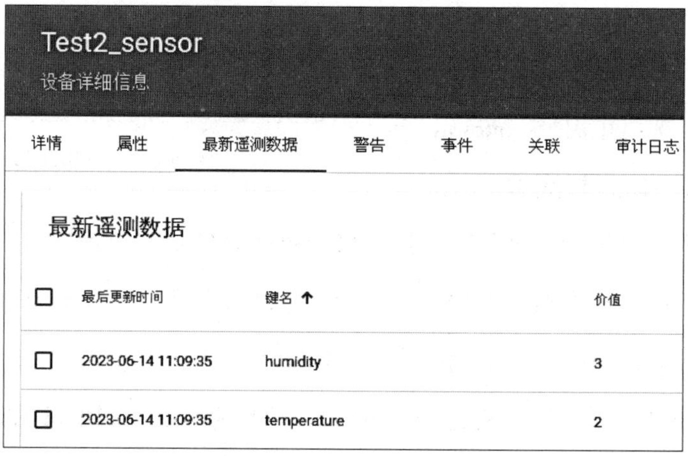

图 6-8 查看设备 2 数据

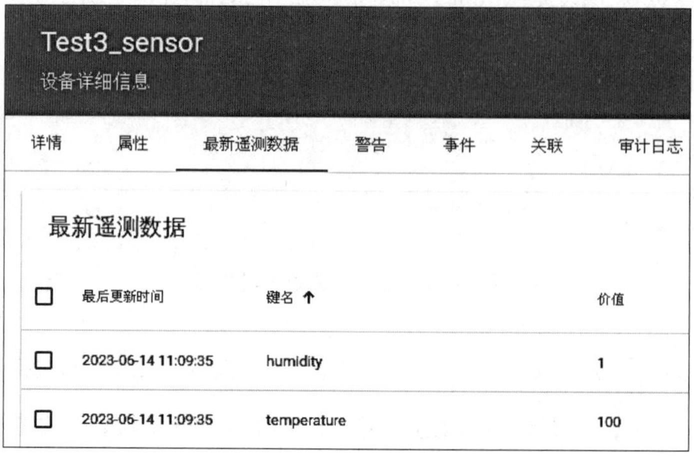

图 6-9 查看设备 3 数据

```
taos> SELECT * FROM test1_data WHERE ts >= NOW - 1m;
           ts            |      temperature      |       humidity
 2023-06-14 03:08:39.997 |         23.00000      |        24.00000
 2023-06-14 03:08:45.055 |         23.00000      |        24.00000
 2023-06-14 03:08:49.990 |         23.00000      |        24.00000
 2023-06-14 03:08:55.074 |         23.00000      |        24.00000
 2023-06-14 03:09:00.018 |         23.00000      |        24.00000
 2023-06-14 03:09:05.096 |         23.00000      |        24.00000
 2023-06-14 03:09:10.024 |         23.00000      |        24.00000
 2023-06-14 03:09:15.114 |         23.00000      |        24.00000
 2023-06-14 03:09:20.040 |         23.00000      |        24.00000
 2023-06-14 03:09:25.135 |         23.00000      |        24.00000
 2023-06-14 03:09:30.043 |         23.00000      |        24.00000
 2023-06-14 03:09:35.158 |         23.00000      |        24.00000
Query OK, 12 row(s) in set (0.001946s)

taos> SELECT * FROM test2_data WHERE ts >= NOW - 1m;
           ts            |      temperature      |       humidity
 2023-06-14 03:08:50.121 |          2.00000      |         3.00000
 2023-06-14 03:08:55.121 |          2.00000      |         3.00000
 2023-06-14 03:09:00.123 |          2.00000      |         3.00000
 2023-06-14 03:09:05.122 |          2.00000      |         3.00000
 2023-06-14 03:09:10.129 |          2.00000      |         3.00000
 2023-06-14 03:09:15.216 |          2.00000      |         3.00000
 2023-06-14 03:09:20.141 |          2.00000      |         3.00000
 2023-06-14 03:09:25.169 |          2.00000      |         3.00000
 2023-06-14 03:09:30.188 |          2.00000      |         3.00000
 2023-06-14 03:09:35.161 |          2.00000      |         3.00000
Query OK, 10 row(s) in set (0.002357s)

taos> SELECT * FROM test3_data WHERE ts >= NOW - 1m;
           ts            |      temperature      |       humidity
 2023-06-14 03:08:55.210 |        100.00000      |         1.00000
 2023-06-14 03:09:00.253 |        100.00000      |         1.00000
 2023-06-14 03:09:05.230 |        100.00000      |         1.00000
 2023-06-14 03:09:10.230 |        100.00000      |         1.00000
 2023-06-14 03:09:15.317 |        100.00000      |         1.00000
 2023-06-14 03:09:20.234 |        100.00000      |         1.00000
 2023-06-14 03:09:25.239 |        100.00000      |         1.00000
 2023-06-14 03:09:30.290 |        100.00000      |         1.00000
 2023-06-14 03:09:35.263 |        100.00000      |         1.00000
```

图 6-10　查看三张数据表数据

第二节 开放通信平台统一架构协议设备接入

考核知识点及能力要求：

- 了解 OPC UA 服务器的搭建。
- 能配置 ThingsBoard-Gateway 网关设备接入 OPC UA 协议的设备。
- 能接入多个 OPC UA 设备。

一、开放通信平台统一架构协议服务器搭建

（一）面向过程控制对象联合架构协议介绍

面向过程控制对象联合架构（OPC UA）协议是以 SOA 架构、Web Service 技术为核心的跨平台数据交换技术，可用作数据传输的统一通信协议，为互联互通提供了完善的解决方案。OPC UA 协议架构如图 6-11 所示。

（二）使用工具搭建面向过程控制对象联合架构协议服务器

OPC UA 库是开源 C++ 和 Python OPC UA 客户端及服务器库，实现开源（LGPL/GPL）OPC UA 堆栈和相关工具，在使用 Python 工具搭建 OPC UA 服务器前，需要安装 Python 工具的 OPC UA 库，执行指令如下：

```
[root@localhost ym]# pip3 install opcua
```

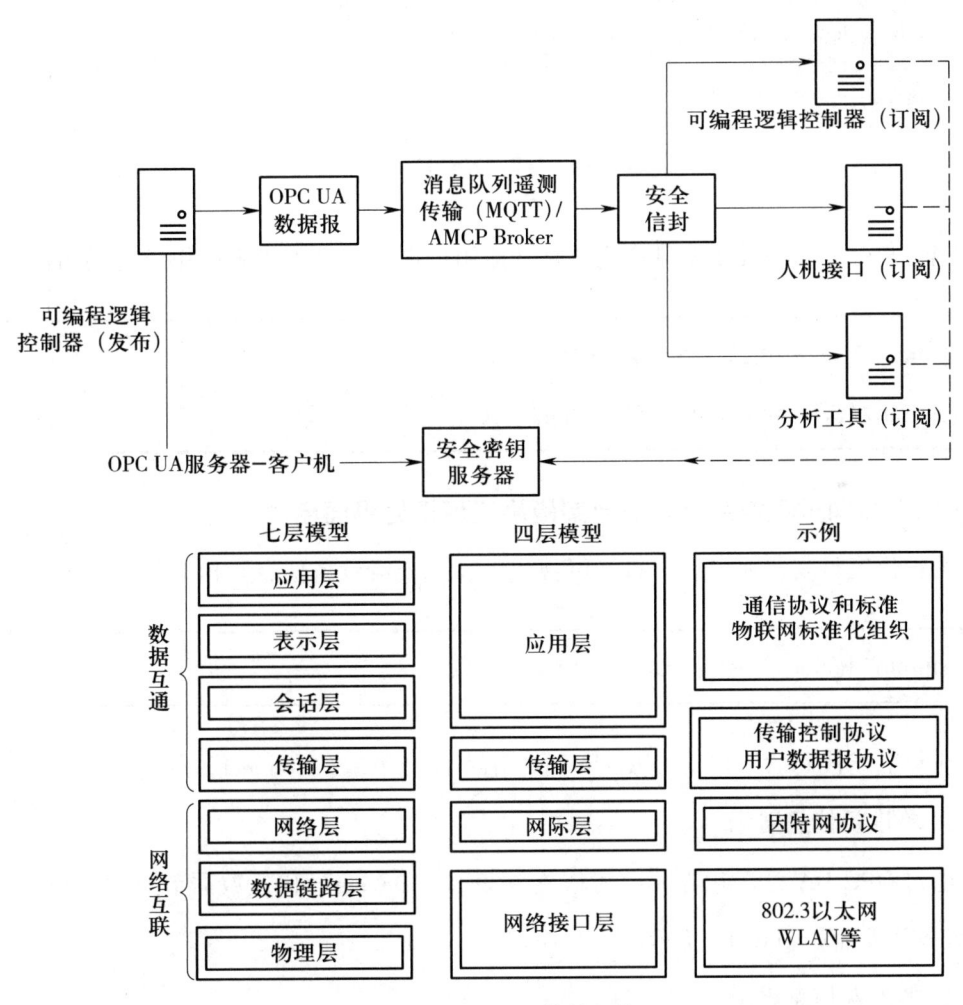

图 6-11 OPC UA 协议架构

使用 Python 工具搭建 OPC UA 服务器，创建文件命名为 OpcServer.py。需要注意的是，单设备 OpcServer.py 文件配置与多设备文件配置不同，分别以资源形式提供。

（三）启动并可视化面向过程控制对象联合架构协议服务器

对 OPC UA 服务器进行启动和可视化，可以参考以下实施步骤。

第一步：启动服务器。代码如下：

```
[root@localhost ym]# python3 OpcServer.py
```

启动成功，启动 OPC UA 服务器如图 6-12 所示。

```
[root@localhost yinmin24]#python3 OpcServer.py
Endpoints other than open requested but private key
Listening on  0.0.0.0:4840
```

图 6-12　启动 OPC UA 服务器

第二步：安装 OPC UA 可视化工具，使用可视化工具更利于操作。代码如下：

```
[yinmin24@localhost ~]$ pip3 install opcua-client
[yinmin24@localhost ~]$ pip3 install PyQt5
```

（四）面向过程控制对象联合架构协议可视化界面启动

可视化工具安装完成后，打开可视化工具，查看设备信息。执行代码如下：

```
[yinmin24@localhost ~]$ opcua-client
```

执行上述代码后，启动 OPC UA 可视化界面，单击"Connect"按钮。

1. 单设备信息展示

通过 OPC UA 可视化界面，可以看到设备"Device"和各数据节点。单设备 OPC UA 服务器界面如图 6-13 所示。

2. 多设备信息展示

通过 OPC UA 可视化界面，可以看到设备"Device""Device1"和各数据节点。多设备 OPC UA 服务器界面如图 6-14 所示。

二、开放通信平台统一架构协议连接器配置

OPC UA 连接器配置文件是为了让 ThingsBoard-Gateway 将指定服务器中的 OPC UA 设备连接至 ThingsBoard。首先要在 ThingsBoard-Gateway.yml 配置文件中打开 OPC UA 连接器，然后配置 OPC UA 连接器文件 opcua.json，其位于 /etc/ThingsBoard-Gateway/config。opcua.json 文件位置如图 6-15 所示。

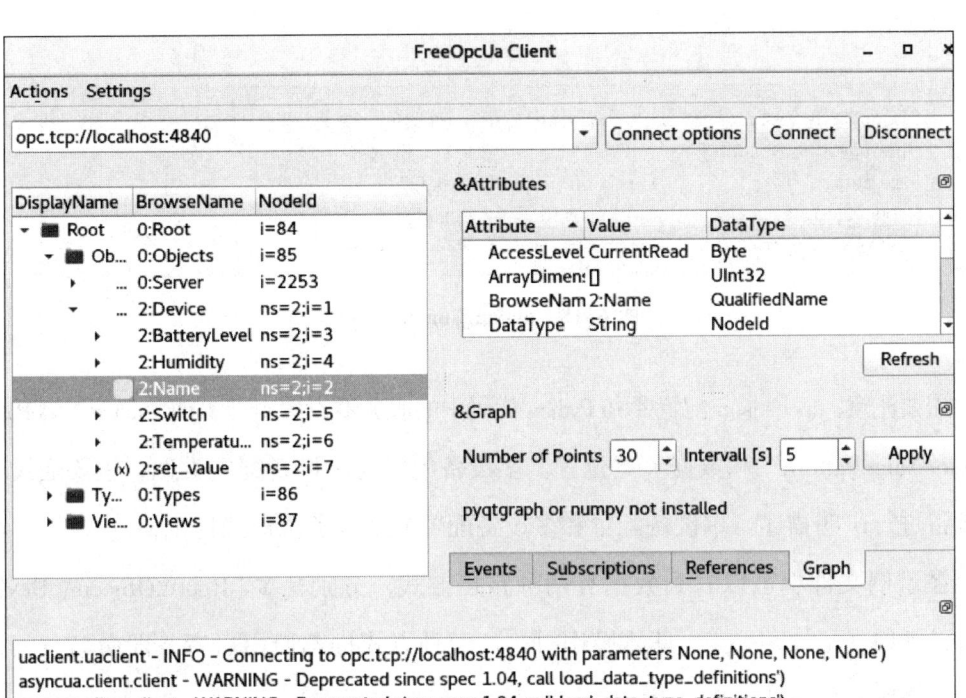

图 6-13　单设备 OPC UA 服务器界面

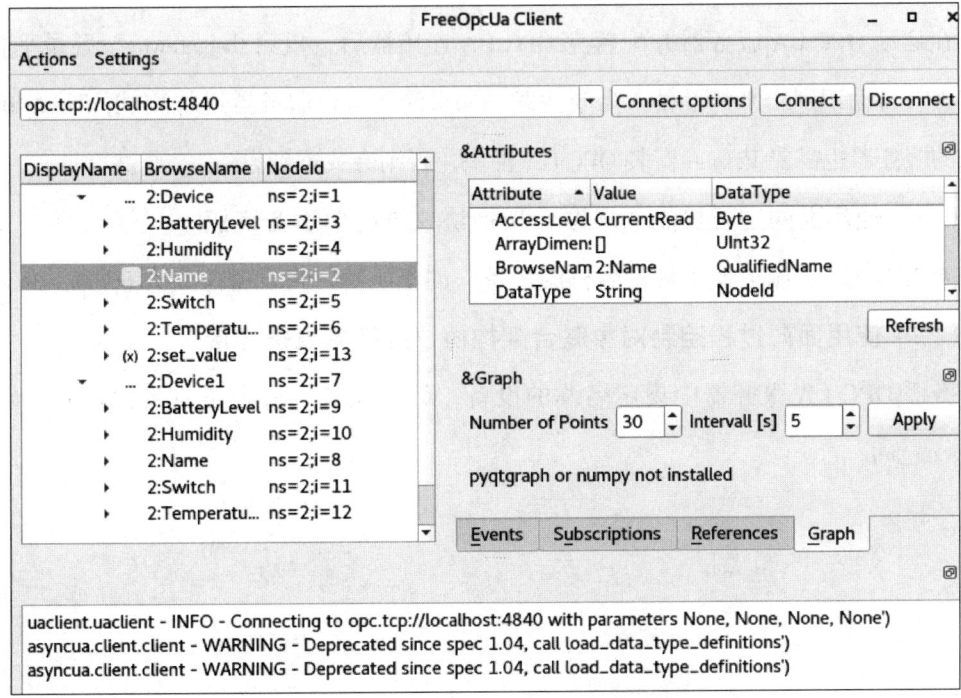

图 6-14　多设备 OPC UA 服务器界面

```
[root@localhost ym]# cd /etc/thingsboard-gateway/config
[root@localhost config]#ls
ble.json              logs.conf             mqtt.json
connected_devices.json modbus.json          opcua.json
custom_serial.ison    modbus serial.json    tb_gateway.yaml
```

图 6–15　opcua.json 文件位置

需要注意，opcua.json 配置要和 Python 代码中的服务器设置对应，如 "deviceNodePattern" "deviceNamePattern" 和数据节点位置。多设备配置与单设备配置类似，主要通过数组对设备进行声明描述。单设备配置和多设备配置分别以资源形式提供。

在示例文件中可以看到数据有两种路径方式，分别是 ${Root\\.Objects\\.Device\\.Name} 和 ${ns=2;i=5}，具体操作时，这两种方式推荐使用后者，即命名空间标识符 + 节点标识符方式。

三、开放通信平台统一架构协议设备连接

在启动 OPC UA 服务器并配置完 OPC UA 连接器后，重启 tb-gateway，登录平台页面，查看自动识别出来的设备。需要注意，如果使用多台服务器进行测试，ThingsBoard 所在的服务器也需要 Python 安装 OPC UA 模块，否则会找不到设备。

（一）使用面向过程控制对象联合架构协议进行单设备连接

查看 OPC UA 服务器中规定名称的设备，创建设备，将设备命名为 opcua_sensor。

（二）使用面向过程控制对象联合架构协议进行多设备连接

查看 OPC UA 服务器中规定名称的设备，创建设备，将设备命名为 opcua_sensor 和 opcua_sensor1。

第三节　消息队列遥测传输协议接入设备

考核知识点及能力要求：

- 使用脚本模拟 MQTT 协议数据。
- MQTT 协议数据实时存储至 TDengine 数据库。

一、消息队列遥测传输协议数据模拟

（一）消息队列遥测传输协议介绍

消息队列遥测传输协议（message queuing telemetry transport，MQTT）是一个客户端-服务端架构发布/订阅模式的消息传输协议，是一种基于 TCP/IP 协议，采用发布/订阅（publish/subscribe）模式的"轻量级"通信协议。MQTT 协议架构如图 6-16 所示。

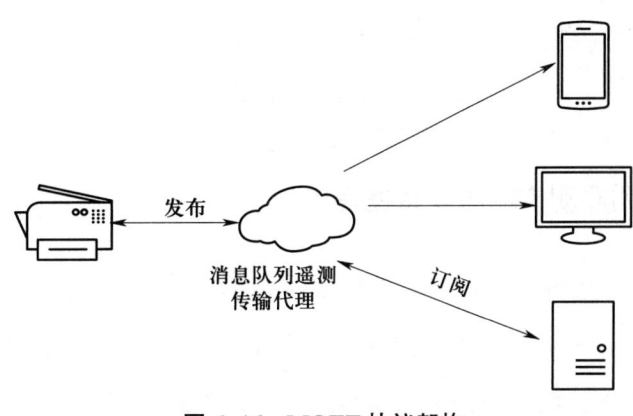

图 6-16　MQTT 协议架构

（二）消息队列遥测传输协议数据模拟

假设需要监控大棚的生态环境，可以部署多个传感器采集现场的温度、湿度、噪声音量、PM_{10}、$PM_{2.5}$、二氧化硫、二氧化氮、一氧化碳、传感器 ID、区域及采集时间等数据，传感器通过 MQTT 协议发送 JSON 格式的数据至 EMQX 客户端。

利用资源中提供的 mock.js 文件进行测试，本脚本模拟了 100 个设备在一天之内以 5 s 一次的频率向 EMQX 客户端发送数据，发送主题为 sensor/data。

运行该脚本需要先通过 npm 工具安装 MQTT 库，保证 js 文件运行后，再执行 js 文件，代码如下：

```
[root@localhost ym]# npm install mqtt mockjs --save --registry=https://registry.npm.taobao.org
[root@localhost ym]# node mock.js
```

运行成功，mock.js 的运行结果如图 6-17 所示。

```
client mock_client 95    connected
client mock_client 96    connected
client mock_client 97    connected
client mock-client 98    connected
client mock client 99    connected
15:32:22 send success.
15:32:27 send success.
15:32:32 send success.
15:32:37 send success.
15:32:42 send success.
15:32:47 send success.
```

图 6-17　mock.js 的运行结果

二、消息队列遥测传输协议数据存储

下面主要介绍如何将数据存储至 TDengine 数据库，首先要清楚数据格式，根据不同的数据字段在 TDengine 数据库中创建不同的数据表，其次在 EMQX 客户端使用规则引擎及 SQL 语句实现数据存储，可以参考以下实施步骤。

第一步：查看 EMQX 客户端。可以看到 EMQX 客户端接入了 100 个客户端。

第二步：规则引擎配置。具体操作以资源形式提供，创建规则时主题一定要明确，创建响应动作时要注意存储的数据库与数据表。

第三步：查看 TDengine 数据库中的数据表，MQTT 协议数据实时存储至 TDengine 数据库。

思考题

1. 简述 Modbus 协议单设备和多设备配置的注意点。
2. 简述如何搭建 OPC UA 服务器。
3. 简述 OPC UA 协议配置的注意点。
4. 简述如何在 EMQX 查看接收到的消息。
5. 简述如何运行模拟 MQTT 协议数据脚本。

第七章
第三方平台接入开发

　　边缘计算助力工业数字化,实现了敏捷连接与数据优化,改进了云计算系统方法,将应用、数据与服务下沉到边缘端。在实际部署中,通常需要面对工业物联网应用场景中的海量数据处理及多种类接入协议等问题,第三方平台的接入可处理不同协议的数据,再以统一标准协议转发到服务端,从而实现云边协同一体化。EdgeX 开源框架提供灵活的微服务架构,允许在多个边缘硬件节点分配功能,支持多种数据协议交互,允许接入多种类型终端,本章以 EdgeX 为例介绍第三方平台接入开发。

- **职业功能:** 物联网边缘计算系统应用开发。
- **工作内容:** 第三方平台接入开发。
- **专业能力要求:** 能应用第三方平台提供的协议,进行连接和协议转换;能应用第三方平台提供自定义通信协议,进行连接和协议转换。
- **相关知识要求:** 协议转换知识;JSON 格式知识。

第一节　第三方平台接入基础

考核知识点及能力要求：

- 要求能够部署 EdgeX 平台，并正常运行 EdgeX 微服务。
- 能通过 EdgeX 平台创建仿真设备。
- 能通过 MQTT 测试 EdgeX 平台数据。
- 能通过 EdgeX 平台获取设备数据内容。
- 能通过 EdgeX 平台控制设备。

一、查看第三方平台服务

从 EdgeX 平台架构上看，其设备侧负责接入不同协议类型的设备，协议如 MQTT、Modbus 等。EdgeX 平台为方便用户测试，还提供虚拟设备微服务，虚拟设备在该服务初始化时由服务附带的配置文件定义创建，生成指定类型的值。

（一）查看第三方平台服务端口

按照第六章的部署方法完成配置后，可通过以下指令查看各服务的端口号。

```
[root@localhost ninenchoi]# kubectl get svc -o wide
```

通过上述指令，服务端口查询结果如图 7-1 所示，下文将根据图 7-1 中微服务对应端口号应用该服务。

```
[root@localhost ninenchoi]# kubectl get svc -o wide
NAME                          TYPE        CLUSTER-IP       EXTERNAL-IP
edgex-app- rules-engine       Nodeport    10.103.140.92    <none>
edgex-core-command            Nodeport    10.102.89.100    <none>
edgex-core-consul             Nodeport    10.102.124.16    <none>
edgex- core- data             Nodeport    10.109.22.222    <none>
edgex-core- metadata          Nodeport    10.99.55.1       <none>
edgex-device- modbus          Nodeport    10.110.139.139   <none>
edgex-device-rest             Nodeport    10.96.134.13     <none>
edgex-device-virtual          Nodeport    10.106.167.79    <none>
edgex-kuiper                  Nodeport    10.103.2.106     <none>
edgex- redis                  ClusterIP   10.99.158.50     <none>
edgex-support-notifications   Nodeport    10.98.100.235    <none>
edgex-support-scheduler       Nodeport    10.105.244.103   <none>
edgex-sys-mgmt-agent          Nodeport    10.110.122.163   <none>
edgex-ui- go                  Nodeport    10.101.110.127   <none>
kubernetes                    ClusterIP   10.96.0.1        <none>
```

图 7-1　服务端口查询结果

（二）获取设备数据

通过 EdgeX 平台提供的日志服务可以查看平台中设备发送的数据，平台搭建好后创建默认的虚拟设备，且虚拟设备随机生成遥测值，以 Random-Integer-Device 虚拟设备为例，获取该设备信息的指令如下：

```
# 获取虚拟设备 Random-Integer-Device 属性为 Int8 的数据
[root@localhost EdgeX]# curl -X GET localhost:30082/api/v2/device/name/Random-Integer-Device/Int8
```

虚拟设备服务运行正常的情况下可看到信息，需要注意，value 就是随机生成的遥测信息，虚拟设备数据信息如图 7-2 所示。

```
[root@localhost ninenchoi]# curl -X GET localhost:30082/api/v2/device/nameeger-Device/Int8f
{"apiVersion":"v2","statuscode": 200,"event": {"apiVersion": "v2","id":"b22f852-821 c-50fa2e35d100","deviceName": "Random-Integer-Device","profileName":"ger-Device","sourceName":"Int8","origin":1670503716657069218,"readings": [{db7-31 cd-4208-b35c-d0ac47b9c44e","origin":1670503716657069218,"deviceName"teger-Device", resourceName": "Int8","profileName": "Random-Integer-Device":"Int8","binaryValue": null,"mediaType": ""," value": "27"}]}}
```

图 7-2　虚拟设备数据信息

当不确定设备的数据属性时，可通过以下指令获取所有设备的属性信息：

```
# 获取所有设备的所有属性信息
[root@localhost EdgeX]# curl -X GET localhost:30082/api/v2/device/all
```

二、使用第三方平台获取设备信息并控制设备

EdgeX 平台可通过指令微服务对设备端进行控制。当设备在 EdgeX 平台注册时需要一个对设备描述的文本，该文本描述从设备端获取数据的方式及操控设备的方法。

（一）查看指令

对设备进行控制时，需应用 EdgeX 平台的核心指令查看 Random-Integer-Device 设备关联信息，关联信息包含设备配置等相关信息资源，指令如下：

```
[root@localhost ninenchoi]# curl -X GET localhost:30082/api/v2/device/name/Random-Integer-Device
```

（二）控制设备

可以使用 put 方法实现对设备属性进行控制，若是使用虚拟设备，则通常需要同时禁用随机生成功能，并设置对应参数，下文以随机整数虚拟设备为例进行介绍。

将 Random-Integer-Device 的随机生成遥测值功能关闭，且设置当前遥测值为 123，将 EnableRandomization_Int8 属性设置为 false，即关闭随机生成遥测值功能，而 Int8 属性功能则是设置当前设备的遥测值，指令如下：

```
[root@localhost ninenchoi]# curl -X PUT -d '{"Int8": "123", "EnableRandomization_Int8": "false"}' localhost:30082/api/v2/device/name/Random-Integer-Device/Int8
```

完成以上指令后，将返回状态码。控制设备 1 如图 7-3 所示。

```
[root@localhost ninenchoi]# curl -X PuT -d'{"Int8":"123""EnableRand"false"}'
localhost:30082/api/v2/device/name/Random-Integer-Device/Int8f"apiVersion":
"v2","statusCode":200}
```

图 7-3　控制设备 1

三、模拟运行串行通信设备

EdgeX 平台测试时需 Modbus 仿真设备实时随机生成参数值，因此本节创建一个 Modbus Slave，模拟一台 Modbus 设备 Temp_sensor 接入 EdgeX 平台。

（一）部署串行通信组件

1. 在 Ubuntu 操作系统中部署串行通信组件

将 ModbusPal.jar 包放到 Ubuntu 虚拟机中。

（1）安装依赖库。安装所需的依赖库，指令如下：

```
sudo apt install librxtx-java
```

（2）运行 ModbusPal。完成以上配置后，运行 ModbusPal.jar 文件，执行指令后展示 ModbusPal 应用窗体，其执行指令如下：

```
sudo java -jar ModbusPal.jar
```

2. 在默认操作系统部署串行通信组件

（1）安装 JDK 1.8 与串口通信依赖。在 Windows 系统中部署附件提供的 JDK，并配置环境变量，可在 Windows 终端页面输入以下指令查看当前 Java 版本：

```
C:\Users\admin>java -version
```

JDK 1.8 安装完成后，将附件中的 rxtxParallel.dll、rxtxSerial.dll 两个文件放入该 JDK 的 bin 文件夹。配置串口通信依赖如图 7-4 所示。

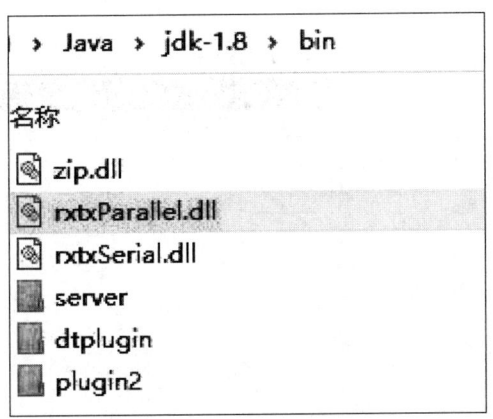

图 7-4 配置串口通信依赖

（2）运行 ModbusPal。完成以上配置后，在 ModbusPal 所在目录下运行 ModbusPal.jar 文件，指令如下：

```
D:>java -jar ModbusPal.jar
```

（二）配置仿真设备

完成上一步软件安装并成功运行后，在 ModbusPal 中配置 Modbus Slave 充当仿真设备。

1. 添加莫德布斯从机

成功运行后，将显示 ModbusPal 页面，其中，连接设置选择"TCP/IP"，端口设置为 502，单击 Modbus Slaves 一栏中的"Add"，Add Slave 输入值为 1，命名为"sensor"，确认添加。

2. 编辑从机配置

单击"Slaves"编辑配置，进入设备"sensor"的配置页面，单击"Add"，增加寄存器，地址为 4000～4010。

3. 配置数值随机生成器

在自动化配置中单击"Add"添加数值随机生成器，填写其名称 Temperature，单击编辑配置键进入编辑页面，选择所要添加的生成器类型为 LinearGenerator，设置好随机起始值与结束值后，单击"Loop"按钮，使其重复执行随机生成的指令，随后关闭该页面。配置数值随机生成器如图 7-5 所示。

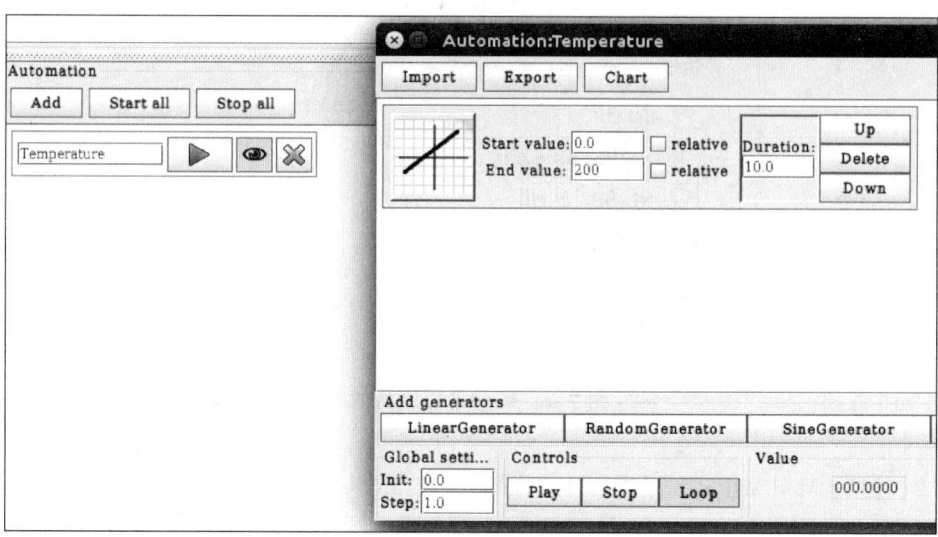

图 7-5　配置数值随机生成器

4. 配置温度数值随机生成

设定寄存器地址 4004 为温度值所在地，选中该地址后在 Name 列中填写其名称 Temperature，并在 Binding 列中单击绑定键为该地址配置绑定上一步创建的随机生成器。配置温度数值随机生成如图 7-6 所示。

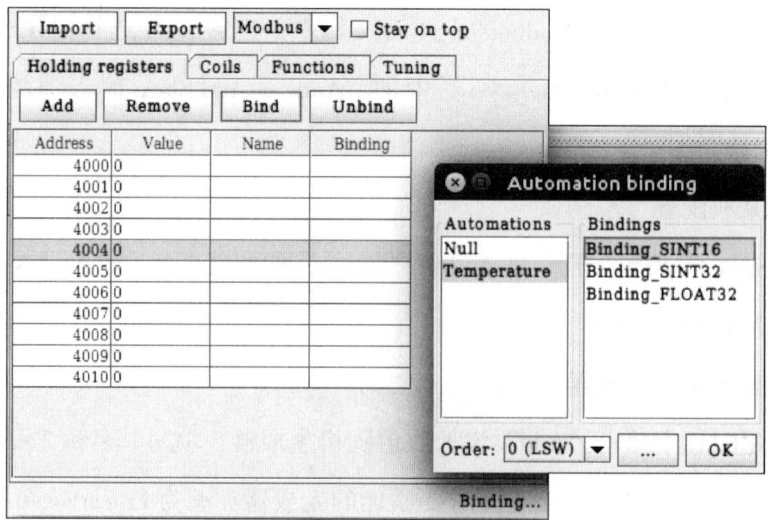

图 7-6　配置温度数值随机生成

5. 启动设备仿真

完成上述配置后，单击"Start all"，启动随机生成器，随后单击"Run"运行仿真设备，若原型指示灯频闪，则说明该模拟设备已成功接入 EdgeX 平台。启动仿真设备如图 7-7 所示。

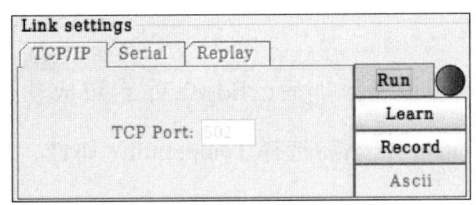

图 7-7　启动仿真设备

四、模拟设备接入第三方平台

完成上述配置后，本部分内容将实现仿真 Modbus 设备接入 EdgeX 平台。

（一）添加设备元信息

访问 EdgeX UI 页面，进入元数据页面，选择 Device Profile，单击"添加"。

进入元信息配置页面后，添加设备配置信息。配置好设备配置信息后单击"提交"即可，其中设备配置信息以资源形式提供。

（二）添加设备

在设备管理页面，选择"设备"，单击"添加"。进入设备添加配置页面后，选择设备服务为"device-Modbus"，然后进入下一页面。

进入设备元信息配置页面，选择已配置的设备元信息"Temperature-Sensor"，然后进入下一页面。

进入设备信息页面，填写设备名称，如"Temp_sensor"，单击进入下一页面。

进入创建自动事件页面，单击添加自动采集事件以实时采集温度值，设置时间间隔为 5 s，需注意默认是毫秒的配置，设备资源选择参数"Temperature"，单击进入下一页面。

进入创建设备通信协议页面，选择协议名称为"device-Modbus-tcp"，并配置连接参数，通信地址 Address 值为 ModbusPal 软件所在主机的 IP 地址，访问端口为 502，

UnitID 值为 1，单击"提交"即完成配置。

完成设备添加后，再次编辑设备，在设备协议参数增加"IdleTimeout""Timeout"，其值皆设置为 5。

此外，可通过命令行访问 EdgeX 平台的元消息服务以添加设备，该指令以资源形式提供。

通过以上实施步骤实现设备添加后，EdgeX 平台可成功连接 ModbusPal 的模拟设备。可单击该设备的 Command，然后选择 Temperature 属性，单击"try"，可查看所传输的数据。

第二节　连接第三方平台标准消息协议接口

考核知识点及能力要求：

- 能部署并使用 eKuiper。
- 能通过 eKuiper 创建流和规则。
- 能通过 MQTT 监控分析结果。

一、在第三方平台使用流处理规则引擎

eKuiper 作为专为边缘计算设计的流处理引擎，将在云端运行的实时流式计算框架（如 Apache Spark、Apache Storm、Apache Flink 等）迁移到边缘端，它具有以下优势：

（一）低延迟

流处理过程靠近边缘设备，能够根据结果及时对系统做出反应。

（二）数据安全

隐私数据保存在内部，避免通过互联网发送，在一定程度上确保了数据安全。

（三）减少带宽的使用

在 eKuiper 中实施数据过滤和聚合操作，以减少传输到后端系统的数据量，可以通过配置 SQL 查询实现，将必要数据发送到目标系统即可。

（四）代码简洁

编写简洁、高效的 eKuiper SQL 代码，以提高查询性能和代码可读性。

根据第六章中的部署，通过 Kubernetes 相关指令可查询到 eKuiper 服务端口信息，其访问端口为 30720。eKuiper 服务端口如图 7-8 所示。

```
[root@localhost ninenchoi ]# kubectl get service -o wide
NAME                        TYPE        CLUSTER-IP       EXTERNAL-IP   PORT(S)
edgex-app-rules-engine      NodePort    10.103.140.92    <none>        59701:30701/TCP
dgex-core-command           NodePort    10.102.89.100    <none>        59882:30082/TCP
edgex-core-consul           NodePort    10.102.124.16    <none>        8500:30850/TCP
edqex-core-data             NodePort    10.109.22.222    <none>        5563:32298/TCP,5
dqex-core-metadata          NodePort    10.99.55.1       <none>        59881:30081/TCP
edgex-device-modbus         NodePort    10.110.139.139   <none>        59901:30901/TCP
edgex-device-rest           NodePort    10.96.134.13     <none>        59986:30086/TCP
edgex-device-virtual        NodePort    10.106.167.79    <none>        59900:30090/TCP
edqex-kuiper                NodePort    10.103.2.106     <none>        59720:30720/TCP
edgex-redis                 ClusterIP   10.99.158.50     <none>        6379/TCP
edgex-support-notifications NodePort    10.98.100.235    <none>        59860:30060/TCP
edgex-support-scheduler     NodePort    10.105.244.103   <none>        59861:30061/TCP
edqex-sys-mqmt-agent        NodePort    10.110.122.163   <none>        58890:30890/TCP
edqex-ui-go                 NodePort    10.101.110.127   <none>        4000:30040/TCP
Kubernetes                  ClusterIP   10.96.0.1        <none>        443/TCP
```

图 7-8 eKuiper 服务端口

二、在第三方平台创建规则引擎

（一）创建流

eKuiper 的流是数据源的一种运行时形态，流定义需要指定其数据源类型以定义与外部资源的连接方式。数据源作为流使用时，源必须为无界。

流的创建有两种方式：一种是通过 REST API 创建的，eKuiper 提供了一组用来管理流和规则的 REST API；另一种是通过 eKuiper 命令行创建的，eKuiper 服务器运行引擎主要作用是执行流、规则的查询、处理流、规则定义及管理规则状态等。

本示例通过 eKuiper 命令行创建流，指令如下：

```
[root@localhost ninenchoi]# curl -X POST \
 http://localhost:30720/streams \
 -H 'Content-Type: application/json' \
 -d '{"sql": "create stream demos() WITH (FORMAT=\"JSON\", TYPE=\"edgex\")"}'
```

创建流结果如图 7-9 所示。

```
t@localhost ninenchoi ]# curl-X POST
http://localhost:30720/streams/
-H'Content-Type:application/json'/
-d'{"sql": "create stream demos() WITH ( FORMAT=/" JSON/", TYPE=/"edgex/")"}'
```

图 7-9　创建流结果

（二）创建规则

每条规则都表示在 eKuiper 中运行的一项计算任务，以连续流数据源作为输入，计算结果作为输出。目前 eKuiper 只支持流处理规则，因此至少要有一个规则源是连续流。

规则创建与流创建类似，可以通过 REST API 创建，或者通过 eKuiper 命令行创建。本示例在确保 Modbus 设备仍正常运行情况下，创建一条规则筛选设备数据 Temperature，并将筛选结果发布到公共的 MQTT 服务器 broker.emqx.io 上，在配置过程中设置其主题（topic）为 results，并记录到 EdgeX 平台的日志文件中。

1. 创建规则

通过构建流后,开始创建规则,创建指令如下:

```
[root@localhost ninenchoi]# curl -X POST \
http://localhost:30720/rules \
-H 'Content-Type: application/json' \
-d '{
"id": "r1",
"sql": " SELECT Temperature FROM demos WHERE Temperature > 0",
"actions": [
  {
   "mqtt": {
    "server": "tcp://broker.emqx.io:1883",
    "topic": "results",
    "clientId": "demo_001",
    "sendSingle": true
   }
  },
  {
   "log":{}
  }
 ]
}'
```

完成以上操作,即可成功创建规则链结果,创建规则链效果如图 7-10 所示。

```
root@localhost edgex]curl-X POST/
http://localhost:30720/rules
-H'Content-Type:application/json'-
-d'{
"id":"r1"
"sql":"SELECT Temperature FROM demos WHERE Temperature >0
"actionvs":[
{
    "mqtt":{
        "server":"tcp://broker.emqx.io:1883" ,
        "topic":"results" ,
        "clientId":"demo 001" ,
        "sendsingle":true
        }
},
{
    "log": {}
    }
]
,
e r1 was created successfully. [root@localhost edgex]#
```

图 7–10　创建规则链效果

2. 查看规则链日志

查看容器中的日志，可以看到规则的详细信息，指令如下：

```
# 查看容器名称
[root@localhost ninenchoi]# docker ps | grep kuiper
# 查看该容器内部日志最新的 50 行
[root@localhost ninenchoi]# docker logs $docker_name  --tail=50
```

（三）安装并运行消息队列遥测传输协议代理软件

消息队列遥测传输协议代理软件（Mosquitto）是实现了消息推送协议 MQTT v3.1 的开源消息代理软件，采用轻量级设计，支持可发布/可订阅的消息推送模式。以下示例是在 Linux 上安装 Mosquitto 工具。

1. 安装消息队列遥测传输协议代理软件依赖包

Mosquitto 安装需要 openssl 等的支持，故先安装 wget、tar、make、g++、openssl 等

开发工具包，指令如下：

```
[root@localhost EdgeX]# yum install wget tar make gcc-c++ openssl-devel –y
```

2. 安装消息队列遥测传输协议代理软件

下载并编译安装 Mosquitto，指令如下：

```
[root@localhost EdgeX]# cd /usr/local
[root@localhost local]# wget https://mosquitto.org/files/source/mosquitto-1.6.10.tar.gz
[root@localhost local]# tar -zxvf mosquitto-1.6.10.tar.gz
[root@localhost local]# cd mosquitto-1.6.10
[root@localhost mosquitto-1.6.10]# make
[root@localhost mosquitto-1.6.10]# make install
```

3. 配置消息队列遥测传输协议代理软件

配置 mosquitto.conf 文件，指令如下：

```
[root@localhost local]# cd /etc/mosquitto/
[root@localhost mosquitto]# mv mosquitto.conf.example  mosquitto.conf
[root@localhost mosquitto]# adduser mosquitto
```

4. 启动消息队列遥测传输协议代理软件

完成配置后启动 Mosquitto，指令如下：

```
[root@localhost mosquitto]# mosquitto -c /etc/mosquitto/mosquitto.conf
```

5. 设置消息队列遥测传输协议代理软件开机自启

通过修改 Mosquitto 服务配置设置 Mosquitto 开机自启动，指令如下：

```
[root@localhost mosquitto]# vi /usr/lib/systemd/system/mosquittod.service
```

执行上述修改指令后，在 mosquittod.service 文件中添加文件内容，该内容以资源形式提供。

6. 修改文件权限

创建并编辑好文件后，要对文件的权限进行设定，设置权限的指令如下：

```
[root@localhost mosquitto]# chmod 644 /usr/lib/systemd/system/mosquittod.service
```

7. 使配置生效

设置好文件权限后，需重启服务，使 mosquittod 服务生效，重启服务指令如下：

```
[root@localhost mosquitto]# systemctl daemon-reload
```

8. 设置开机启动

mosquittod 服务生成后，要设置该服务开机启动，指令如下：

```
[root@localhost mosquitto]# systemctl enable mosquittod.service
```

9. 创建软连接

使用 ln 指令为 Mosquitto 创建软连接，指令如下：

```
[root@localhost mosquitto]# ln -s /usr/local/lib/libmosquitto.so.1 /usr/lib/libmosquitto.so.1
[root@localhost mosquitto]# ldconfig
```

（四）监控分析结果

所有分析结果被发布到 tcp://broker.emqx.io:1883，可以使用任何 MQTT 客户端工具监听结果，本书选择 mosquitto_sub 命令。

使用 mosquitto_sub 命令进行监听，指令如下：

```
[root@localhost mosquitto]# mosquitto_sub -h broker.emqx.io -p 1883 -t results
```

查看规则执行状态，如图 7-11 所示。

```
[root@localhost edgex]# mosquitto_sub -h broker.emqx.io -p 1883 -t results
{"Temperature":165}
{"Temperature":57}
{"Temperature":192}
{"Temperature":69}
{"Temperature":81}
{"Temperature":88}
{"Temperature":93}
{"Temperature":18}
{"Temperature":43}
{"Temperature":38}
{"Temperature":9}
{"Temperature":36}
```

图 7-11　查看规则执行状态

第三节　基于边缘计算系统的项目开发

考核知识点及能力要求：

- 能完成物联网项目的方案设计改进。
- 能按改进方案部署边缘计算系统。
- 能将传感数据通过边缘计算系统传输到物联网平台。
- 能按照规则链的设置进行设备控制。

在智慧港口项目中仅考虑设备的接入而忽略了边缘端的计算能力，因此，本节将原智慧港口项目中的物联网平台内置网关更换为边缘计算框架（EdgeX）平台，并配置 EdgeX 平台到 ThingsBoard 连接器，连接器的作用是转发设备与物联网平台的传感数据和命令。原智慧港口项目中的 Modbus 协议传感设备数据配置到 EdgeX 平台后，都会被连接器转发到 ThingsBoard，从而进行基于边缘计算平台的智慧港口项目开发。

一、方案改进

下面介绍智慧港口项目的方案改进，引入 EdgeX 平台作为网关替代 ThingsBoard-Gateway 网关设备。

（一）网关改进

原项目中使用的网关作为物联网平台自带网关，可以完成设备接入与数据采集，但无法带来边缘计算能力。因此，本章选用 EdgeX 边缘计算系统作为统一工业物联网边缘计算解决方案的生态系统，充分发挥边缘计算优势。EdgeX 平台可提供灵活的微服务架构，能够支持任何异构组件的组合，它的框架可以连接各种设备和云平台，设备侧称为南向，云平台侧称为北向。在南向，EdgeX 平台通过设备服务与设备和传感器对接；在北向，EdgeX 平台通过导出服务，从核心数据服务接收设备实时数据，按照 EAI 模式（企业应用集成模式）进行处理转换，然后把转换后的数据发送到各种云平台。

（二）技术实现方案改进

基于边缘计算系统云端一体的智慧港口项目采用成熟的边缘计算系统技术，按物联网的云端一体架构实现智慧港口方案。基于边缘计算云端一体的智慧港口项目方案改进如图 7-12 所示。与基于物联网平台智慧港口项目相比，基于边缘计算云端一体的智慧港口项目在接入层中改用 EdgeX 系统作为智慧港口的新网关，作为网关的 EdgeX 平台主要包括核心层、连接器（tb-gateway）和 device-Modbus 服务。设备服务负责采集数据及控制设备功能；核心服务负责本地存储、分析和转发数据，以及控制命令下发；支持服务负责日志记录、任务调度、数据清理、规则引擎和告警通知。

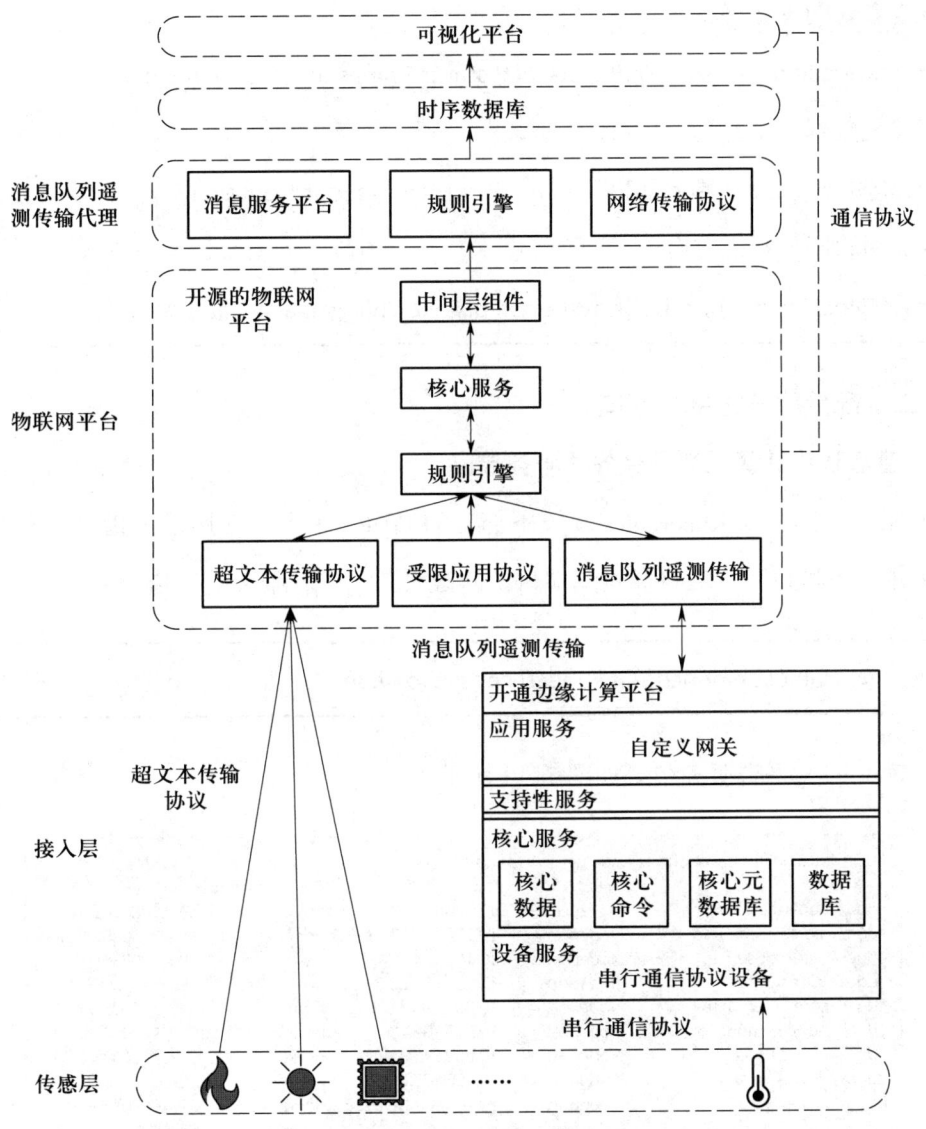

图 7-12 基于边缘计算云端一体的智慧港口项目方案改进

二、项目实施

（一）关闭物联网平台网关设备

本书针对智慧港口使用网关为 ThingsBoard-Gateway 网关设备，在部署 EdgeX 平台作为 ThingsBoard 网关前需要确保 ThingsBoard-Gateway 网关设备状态为关闭，指令如下：

```
# 查看软网关状态
[root@localhost ninenchoi]# systemctl status Thingsboard-Gateway
# 关闭软网关
[root@localhost ninenchoi]# systemctl stop Thingsboard-Gateway
# 关闭软网关开机自启动
[root@localhost ninenchoi]# systemctl disable Thingsboard-Gateway
```

（二）配置第三方平台环境

1. 查看边缘计算框架平台各项服务端口

使用本书第五章 Kubernetes 环境下部署的 EdgeX 平台，使用以下指令查看 EdgeX 平台各项服务端口，下文将通过其端口访问微服务，查看服务端口指令如下：

```
[root@localhost ninenchoi]# kubectl get svc -o wide
```

启动 EdgeX 平台服务结果如图 7-13 所示。

```
[root@localhost ninenchoi]# kubectl get svc -o wide
NAME                         TYPE        CLUSTER-IP      EXTERNAL-IP   PORT(S)
edgex-app-rules-engine       Nodeport    10.103.140.92   <none>        59701: 30701/TCP
edgex-core-command           Nodeport    10.102.89.100   <none>        59882: 30082/TCP
edgex-core-consul            Nodeport    10.102.124.16   <none>        8500: 30850/TCP
edgex-core-data              Nodeport    10.109.22.222   <none>        5563: 32298/TCP,5
edgex-core-metadata          Nodeport    10.99.55.1      <none>        59881: 30081/TCP
edgex-device-modbus          Nodeport    10.110.139.139  <none>        59901: 30901/TCP
edgex-device-rest            Nodeport    10.96.134.13    <none>        59986: 30086/TCP
edgex-device-virtual         Nodeport    10.106.167.79   <none>        59900: 30090/TCP
edgex-kuiper                 Nodeport    10.103.2.106    <none>        59720: 30720/TCP
edgex-redis                  ClusterIP   10.99.158.50    <none>        6379/TCP
edgex-support-notifications  Nodeport    10.98.100.235   <none>        59860: 30060/TCP
edgex-support-scheduler      Nodeport    10.105.244.103  <none>        59861: 30061/TCP
edgex-sys-mgmt-agent         Nodeport    10.110.122.163  <none>        58890: 30890/TCP
edgex-ui-go                  Nodeport    10.101.110.127  <none>        4000: 30040/TCP
kubernetes                   ClusterIP   10.96.0.1       <none>        443/TCP
```

图 7-13 启动 EdgeX 平台服务结果

可通过访问 EdgeX 平台 UI 页面查看服务。EdgeX 平台 UI 页面如图 7-14 所示。

2. 安装边缘流数据处理框架服务

边缘流数据处理框架（eKuiper）旨在在边缘计算环境中执行复杂的流数据处理任

务。从上一步可看出 EdgeX 平台中已部署边缘流数据处理框架（eKuiper）服务，为更好地实现项目功能，可安装配置 eKuiper 对应版本的管理控制台，便于查看数据流过程。

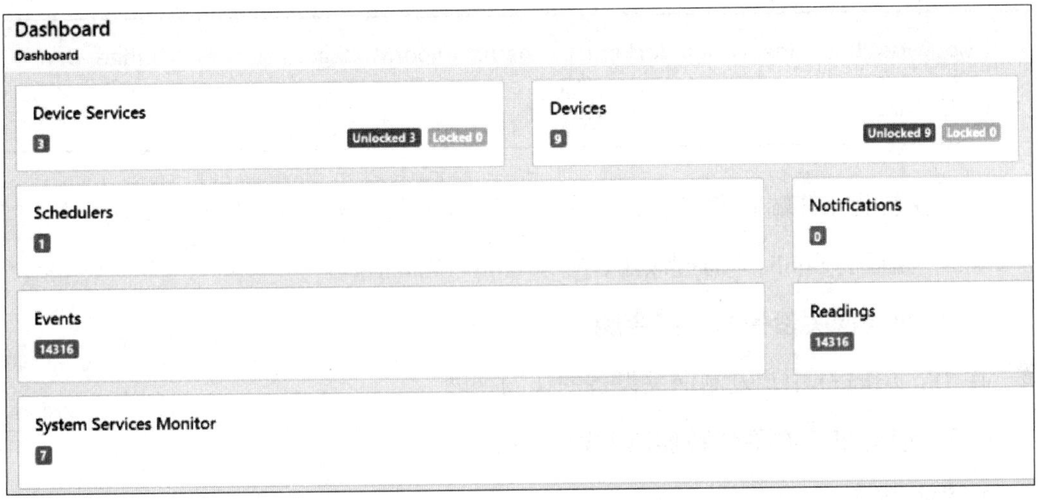

![Dashboard UI showing Device Services: 3 (Unlocked 3, Locked 0), Devices: 9 (Unlocked 9, Locked 0), Schedulers: 1, Notifications: 0, Events: 14316, Readings: 14316, System Services Monitor: 7]

图 7–14　EdgeX 平台 UI 页面

查看 eKuiper 的版本，指令如下：

```
[root@localhost ninenchoi]# kubectl describe pod edgex-kuiper
```

查看 eKuiper 版本结果如图 7–15 所示，该 eKuiper 版本为 1.3.0，因此可配置该 eKuiper 对应版本的管理控制台。

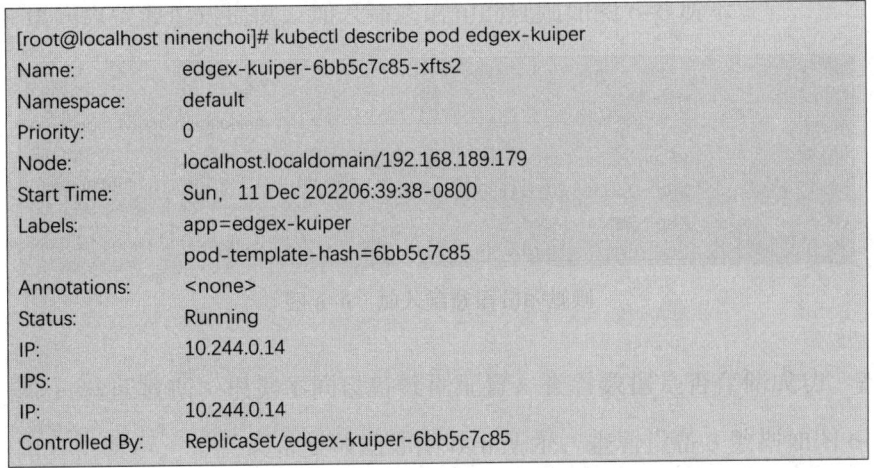

图 7–15　查看 eKuiper 版本结果

查看 eKuiper 版本后，KuiperManager 需匹配其版本，故使用 docker 安装指定软件版本，指令如下：

[root@localhost ninenchoi]# docker run --name kuiperManager --network=bridge -d -p 9082:9082 emqx/ekuiper-manager:1.3.0

完成安装后，其端口为 9082，如在本地访问 http://localhost:9082，其默认用户名为 admin，密码为 public，通过该账户登录 KuiperManager。

（三）复制网关设备的访问令牌

在 ThingsBoard 中，复制网关设备的访问令牌。

（四）创建第三方平台数据流并建立规则

1. 添加服务

添加服务前需获取 eKuiper 服务的 IP 作为域名，指令如下：

[root@localhost ninenchoi]# kubectl describe pod edgex-kuiper

通过上述指令可以查询到当前 eKuiper 的内部 IP 地址为 10.244.0.14，需要注意，当 Kubernetes 组件重启后该 IP 地址会变更，需要重新查看，并进行后续配置。查看 eKuiper 内部 IP 地址，如图 7-16 所示。

```
[root@localhost ninenchoi]# kubectl describe pod edgex-kuiper
Name:           edgex-kuiper-6bb5c7c85-xfts2
Namespace:      default
Priority:       0
Node:           localhost.localdomain/192.168.189.179
Start Time:     Sun, 11 Dec 202206:39:38-0800
Labels:         app=edgex-kuiper
                pod-template-hash=6bb5c7c85
Annotations:    <none>
Status:         Running
IP:             10.244.0.14
IPS:
  IP:           10.244.0.14
Controlled By:  ReplicaSet/edgex-kuiper-6bb5c7c85
```

图 7-16 查看 eKuiper 内部 IP 地址

进入 eKuiper 管理控制台后,单击"添加服务",服务类型选择"直接连接服务",自定义服务名称为 edgeX,端点 URL 设置为 http://edgex.kuiper：59720,其中,域名为 eKuiper 服务的 IP 地址,端口为服务对应的端口号 59720,单击"提交",完成服务添加。

2. 创建流

添加服务后,单击进入该服务,单击"创建流"。进入流配置后,填入流名称为 demo,选择流类型为 edgex,然后单击"提交"。

3. 使用边缘流数据处理框架服务配置规则引擎

在该服务中选择规则,单击"新建规则"。进入规则引擎配置后,填写规则名称为 rule1,并填写 SQL 语句,语句如下：

```
SELECT Temperature,meta(DeviceName) AS DeviceName,tstamp() as tm FROM demo
```

添加动作 sink,sink 类型选择"mqtt";MQTT 服务器地址填写 tcp://host:1883,其中 host 为 ThingsBoard 所在主机地址;MQTT 主题内容为"v1/gateway/telemetry";用户名内容需要到 ThingsBoard 复制网关设备访问令牌,数据模板内容如下：

```
{"{{.DeviceName}}":[{"ts":{{.tm}}, "values": {"temperature": {{.Temperature}}}}]}
```

需要注意的是,设置将结果数据按条发送的默认值为"true",单击"提交",完成配置。

(五)模拟设备接入第三方平台

本部分将实现模拟 Modbus 设备接入 EdgeX 平台,并通过上文配置的数据流与规则引擎,连接到 ThingsBoard。

1. 配置模拟设备

完成上节配置后,可模拟运行 Modbus 设备并接入 EdgeX 平台的操作流程,利用 Modbus 仿真软件模拟一台 Modbus 温度传感器设备接入 EdgeX 平台,平台成功连接 Modbus Pal 的模拟设备后,可在元数据页面查看所传输的数据消息。

2. 启动规则

完成设备添加后,需要启动规则才能筛选数据流向ThingsBoard,在eKuiper管理控制平台单击"服务管理",进入规则页面,确保规则状态为启动。

3. 查看设备连接状态

完成上述配置后,Modbus仿真设备可接入EdgeX平台并连接到ThingsBoard,其连接状态可通过各可视化管理平台查看。

设备接入EdgeX平台后,打开eKuiper管理控制平台服务管理中的规则,可以查看规则中数据流处理状态。

在eKuiper数据流处理正常情况下,打开ThingsBoard的设备页面,可以看到自动生成了设备"Temp_sensor",单击该设备,并单击其最新遥测数据,可以看到最新获取的温度值。

在实现通过EdgeX平台将边缘端数据发送至ThingsBoard后,可参考本书第五章中的相关步骤,将温度传感器关联到电气火灾报警系统中,配置相应规则链,并配置EMQX客户端等,再进行结果验证。

三、智慧港口结果验证

本章在智慧港口项目的基础上进行改造升级,引入EdgeX平台作为网关替代ThingsBoard-Gateway,通过EdgeX平台充分运用边缘计算的优势。部署EdgeX网关处理智慧港口边缘侧数据,再经过EMQX客户端处理数据并存储至TDengine数据库,经由Grafana可视化平台将智慧港口数据呈现出来。边缘计算的好处在于可以对数据进行更快的处理,可以更出色地应对突发情况。智能服务模块依据港口耗电情况生成预测数据,存储至TDengine数据库,通过Grafana平台进行可视化展示。

因为接入的设备数量不多,产生的数据量也不大,所以边缘处理和云端处理完成后产生的结果差异并不明显。参照本书中智慧港口项目可视化的开发步骤,通过Grafana可视化平台制作智慧港口的图表,返回仪表盘主页面,可直观查看智慧港口数据。

第四节　自定义扩展开发

考核知识点及能力要求：

- 了解 Portable 插件相关概念。
- 了解 Portable 插件的开发流程。

在实际应用过程中，通过自定义扩展开发可以支持更多个性化功能，灵活满足用户需求。流处理引擎（eKuiper）为了支持更多功能，允许用户自定义扩展。本节以流处理引擎插件扩展开发为例进行介绍。

用户可以通过原生 Golang 插件系统编写扩展插件，也可以通过 Portable 插件系统编写扩展插件，Portable 插件系统支持更多语言。另外，用户也可以通过配置方式扩展 SQL 函数，用于调用外部已有的 REST 或 RPC 服务。

上述 3 种扩展方法具体的使用场景不同。一般来说，原生插件最为复杂，兼容性最弱，但其性能最好；Portable 插件平衡了性能和复杂性；外部扩展资源消耗最大，只支持函数扩展，但不需要编码。

一、便携插件扩展环境部署

Portable 插件扩展旨在在包含原生插件功能基础上，支持更简单的构建和部署。如果用户使用 Go 语言开发，非常小的修改就可以重用插件代码，可以只构建和部署独立插件，因此，Portable 插件扩展是对原生插件的补充，适用于使用多种编程语言进行编码的情况，构建一次即可在所有版本运行。

扩展插件可以参考以下实施步骤。

第一步：使用 SDK 开发插件。通过实现相应接口开发每个插件符号（如 source、sink 和 function），开发主程序，将所有交易品种作为一个插件提供服务。

第二步：构建或打包插件。

第三步：通过 eKuiper 文件注册插件。

本示例利用 Python SDK 开发 Portable 插件，Python SDK 提供了与原生插件类似的 API，还提供了启动函数，用户只需填充插件信息。运行 Python 脚本需要 Python 环境，这里使用 lfedge/ekuiper：1.6.0-slim-python 版本的容器。

修改 Kubernetes 服务中 eKuiper 版本可直接使用以下指令。

```
[root@localhost ninenchoi]# kubectl patch deployment edgex-kuiper --patch '{"spec": {"template": {"spec": {"containers": [{"name": "edgex-kuiper","image":"lfedge/ekuiper:1.6.0-slim-python"}]}}}}'
```

执行上述命令后可修改 eKuiper 版本，若 eKuiper 版本未生效，可重启系统后再查看修改结果。修改 eKuiper 版本结果如图 7-17 所示。

```
[root@localhost ninenchoi]# kubectl patch deployment edgex-kuiper --patchf"containers": 「f"name": "edgex-kuiper","image":"lfedge/ekulate:f"spec":-python" } ]}}}'
deployment.apps/edgex-kuiper patched
```

图 7-17　修改 eKuiper 版本结果

完成 eKuiper 版本修改后，可通过终端指令查看服务 pod 状态。查看 pod 状态如图 7-18 所示。

二、便携插件开发

Portable 插件可以捆绑多个标志（symbol）。每个 symbol 代表源、汇或功能扩展。

```
[root@localhost ninenchoi]# kubectl get pod
NAME                                                READY       STATUS
edgex-app-rules-engine-cc8496ccc-99mbt              1/1         Running
edgex-core-command-b6bc77c7-rl49g                   1/1         Running
edgex-core-consul-5f8dc9c7b6-dwrpm                  1/1         Running
edgex-core-data-76755b74cd-w5xg4                    1/1         Running
edgex-core-metadata-56896cb794-z4vpq                1/1         Running
edgex-device-modbus-8994d96c9-zb2lz                 1/1         Running
edgex-device-rest-6f9cbb656d-8sx95                  1/1         Running
edgex-device-virtual-7945986bf9-nkkr2               1/1         Running
edgex-kuiper-6bb5c7c85-kj9bp                        0/1         Terminating
edgex-kuiper-6d745cf677-15xgt                       1/1         Running
edgex-redis-6589d847c4-p5s44                        1/1         Running
edgex-support-notifications-54bd449c98-rklkq        1/1         Running
edgex-support-scheduler-5f76cbffd8-9qmwx            1/1         Running
edgex-sys-mgmt-agent-5b8797cc6c-xvrm9               1/1         Running
edgex-ui-go-5dfbfccb4f-qgrsx                        1/1         Running
nfs-client-provisioner-7966cd8774-tsdzk             1/1         Running
```

图 7-18　查看 pod 状态

一个符号的实现类似于原生插件的 source、sink 或者 function 的接口。在 Portable 插件模式下，用 Python 实现接口，用户需要创建一个主程序定义和服务所有符号。启动插件时将运行主程序。

（一）开发插件接口概述

开发插件包括子模块和主程序两部分，Python SDK 提供了 Python 语言的源、目标和函数 API。

在 source.py 文件中，源接口如下：

```python
class Source(object):
    """abstract class for eKuiper source plugin"""

    @abstractmethod
    def configure(self, datasource: str, conf: dict):
        """configure with the string datasource and conf map and raise error if any"""
        pass
```

```python
    @abstractmethod
    def open(self, ctx: Context):
        """run continuously and send out the data or error with ctx"""
        pass

    @abstractmethod
    def close(self, ctx: Context):
        """stop running and clean up"""
        pass
```

在 sink.py 文件中，目标接口如下：

```python
class Sink(object):
    """abstract class for eKuiper sink plugin"""

    @abstractmethod
    def configure(self, conf: dict):
        """configure with conf map and raise error if any"""
        pass

    @abstractmethod
    def open(self, ctx: Context):
        """open connection and wait to receive data"""
        pass

    @abstractmethod
```

```python
    def collect(self, ctx: Context, data: Any):
        """callback to deal with received data"""
        pass


    @abstractmethod
    def close(self, ctx: Context):
        """stop running and clean up"""
        pass
```

在 function.py 文件中，函数接口如下：

```python
class Function(object):
    """abstract class for eKuiper function plugin"""

    @abstractmethod
    def validate(self, args: List[Any]):
        """callback to validate against ast args, return a string error or empty string"""
        pass


    @abstractmethod
    def exec(self, args: List[Any], ctx: Context) -> Any:
        """callback to do execution, return result"""
        pass


    @abstractmethod
    def is_aggregate(self):
```

```
"""callback to check if function is for aggregation, return bool"""
pass
```

通过实现这些抽象接口创建自己的源、目标和函数,然后在主函数中声明这些自定义插件的实例化方法。

```
if __name__ == '__main__':
    c = PluginConfig("pysam", {"pyjson": lambda: PyJson()}, {"print": lambda: PrintSink()},
          {"revert": lambda: revertIns})
plugin.start(c)
```

(二)打包发布

开发完成后,要将结果打包成 zip 进行安装。zip 文件结构要遵循以下约定并使用正确的命名:

(1){pluginName}.json。文件名必须与插件主程序和 REST/CLI 命令中定义的插件名相同。

(2)插件主程序需是可执行文件。

(3)source/sinks/functions 目录。按类别保存所有已定义符号的 JSON 或 YAML 文件。

要在 JSON 文件中描述插件的元信息,且必须与插件主程序中的定义匹配,示例如下:

```
{
  "version": "v1.0.0",
  "language": "python",
  "executable": "mirror",
  "sources": [
    "random"
```

```
],
"sinks": [
 "file"
],
"functions": [
 "echo"
]
}
```

  一个插件包含多个源、目标和函数，在 JSON 文件的相应数组中定义它们。插件语言需要 language 字段指定，且必须以单一语言实现。此外，executable 字段需要指定插件主程序的可执行文件。

  Python 是解释性语言，不需要编译可执行文件，只需要确保 JSON 能描述文件中可执行文件名字的准确性。

（三）管理可移植插件

  通过将 JSON、可执行文件和所有支持文件放在 plugins/portables/$pluginName 中，并将配置放在 etc 下的相应目录中，可以在启动时自动加载可移植插件。要在运行时管理可移植插件，可以使用 REST 或 CLI 命令。

思考题

1. 尝试将 EdgeX 平台中的设备信息接入应用开发，如 SpringBoot 程序等。

2. 简述 EdgeX 平台使用 eKuiper 规则引擎的流程。

3. 简述自定义扩展插件的流程。

第八章
智能服务模块开发

物联网、移动互联网和云计算方兴未艾,面向个人、家庭、集团用户的各种创新应用层出不穷,代表各行业服务发展趋势的"智能服务"应运而生。智能服务实现的是一种按需和主动智能,即通过捕捉用户原始信息,积累数据,构建需求结构模型,进行数据挖掘和商业智能分析,主动为用户提供精准、高效的服务。

- **职业功能:** 智能服务模块开发。
- **工作内容:** 智能算法模型;规则模块和调度模块的开发及使用。
- **专业能力要求:** 能结合智能场景对应的算法模型,开发预测性维护模块及智能识别模块;能使用规则模块,对传感数据进行分析和联动控制执行设备;能使用调度模块,进行计划动作的设定。
- **相关知识要求:** TorchServe 框架知识;TDengine 数据库知识;ARIMA 模型知识;LSTM 模型知识;Drools 规则引擎知识;容器知识;KubeEdge 框架知识。

第一节 结合场景的智能算法模块开发

考核知识点及能力要求：

- 了解 TorchServe 框架和 TDengine 数据库的基本信息。
- 能实现模型在 TorchServe 框架上的部署。
- 了解在 Java 语言中如何进行 TDengine 数据库的读取和写入。
- 了解智能模型的实时预测流程，结合智能场景开发智能模块。

随着人工智能的深入发展，智能算法被越来越多地应用到生活中。从人工智能落地角度看，需要对智能算法与行业场景进行匹配，将前沿算法应用到实际场景才能凸显价值。智能算法在落地过程中主要有三个步骤：从数据源获取数据、模型训练和模型部署。

一、框架的部署和使用

（一）模型服务库框架介绍

介绍模型服务库（TorchServe）框架前，简单介绍深度学习库（PyTorch）。开发人员和研究人员钟爱 PyTorch 在构建和训练模型方面提供的灵活性，而在生产中部署和管理模型通常是机器学习过程中最困难的部分，这项工作包括构建定制的预测 API，对其进行扩展，并加以保护等。

TorchServe 框架是一个 PyTorch 模型服务库，可使大规模部署经过训练的 PyTorch 模型更加轻松，不需要编写自定义代码。

通过 TorchServe 框架，PyTorch 框架可以更快地将其模型投入生产，无须编写自定义代码。除了提供低延迟预测 API，TorchServe 框架还为对象检测和文本分类等常用应用程序嵌入了默认处理程序。此外，TorchServe 框架还包括多模型服务、A/B 测试模型版本控制、监控指标及用于集成应用程序的 RESTful 终端节点。

（二）在社区企业操作系统上安装模型服务库框架

社区企业操作系统（CentOS）是一个基于开源代码的企业级 Linux 发行版操作系统，向用户赋予企业级操作系统的功能，同时减少了对商业支持的需求。

在 CentOS7.5 操作系统中安装 TorchServe 框架，可以参考以下实施步骤。

第一步：关闭防火墙。命令如下：

```
[root@pkr ~]# systemctl stop firewalld.service
[root@pkr ~]# systemctl disable firewalld.service
```

第二步：安装 Python3.8 编程语言（版本要求：3.8 及以上），创建 Python 文件夹并移动到该文件夹下。

```
[root@pkr ~]# mkdir /home/python
[root@pkr ~]# cd /home/python
```

下载 Python3.8 安装包并解压。

```
[root@pkr /home/python]# wget https://www.python.org/ftp/python/3.8.0/Python-3.8.0.tgz
[root@pkr /home/python]# tar zxf Python-3.8.0.tgz
```

安装前准备工作（因为编译 Python 源代码依赖很多工具，所以先做好准备）如下：

```
[root@pkr /home/python]# yum update -y
[root@pkr /home/python]# yum groupinstall -y 'Development Tools'
[root@pkr /home/python]# yum install -y gcc openssl-devel bzip2-devel libffi-devel
```

进入指定文件夹并安装 Python3.8.0 软件。

[root@pkr /home/python]# cd Python-3.8.0

[root@pkr /home/python/Python-3.8.0]# ./configure prefix=/usr/local/python3 --enable-optimizations

[root@pkr /home/python/Python-3.8.0]# make && make install

备份 Python2 链接。

[root@pkr /home/python/Python-3.8.0]# cd /usr/bin

[root@pkr /usr/bin]# mv python python2.bak

修改 yum 配置文件。

[root@pkr ~]# vi yum

将 #!/usr/bin/python 改为 #!/usr/bin/python2。

[root@pkr ~]# vi /usr/libexec/urlgrabber-ext-down

同上，将 #!/usr/bin/python 改为 #!/usr/bin/python2。

配置 Python3 软链接。

[root@pkr /usr/bin]# ln -s /usr/local/python3/bin/python3.8 /usr/bin/python

[root@pkr /usr/bin]# ln -s /usr/local/python3/bin/pip3.8 /usr/bin/pip

第三步：安装 OpenJDK 11。

用 yum 安装 OpenJDK 11。

[root@pkr ~]# yum install -y java-11-openjdk

进入环境配置文件。

```
[root@pkr ~]# vi /etc/profile
```

添加以下内容:

```
export JAVA_HOME=自己的jdk位置
export PATH=$JAVA_HOME/bin:$PATH
export CLASSPATH=.:$JAVA_HOME/lib/dt.jar:$JAVA_HOME/lib/tools.jar
```

使配置文件生效。

```
[root@pkr ~]# source /etc/profile
```

检查环境变量是否配置成功。

```
[root@pkr ~]# java –version
```

第四步:安装torch、torchvision、torchaudio、captum、pyyaml、pandas、scikit-learn和statsmodels。代码如下:

```
[root@pkr ~]# pip install torch torchvision torchaudio --extra-index-url https://download.pytorch.org/whl/cpu -i https://pypi.tuna.tsinghua.edu.cn/simple
[root@pkr ~]# pip install captum -i https://pypi.douban.com/simple/
[root@pkr ~]# pip install pyyaml -i https://pypi.douban.com/simple/
[root@pkr ~]# pip install pandas -i https://pypi.douban.com/simple/
[root@pkr ~]# pip install scikit-learn -i https://pypi.douban.com/simple/
[root@pkr ~]# pip install statsmodels -i https://pypi.douban.com/simple/
```

第五步:安装torchserve、torch-model-archiver和torch-workflow-archiver。代码如下:

```
[root@pkr ~]# pip install torchserve torch-model-archiver torch-workflow-archiver -i https://pypi.tuna.tsinghua.edu.cn/simple
```

第六步：查找 torch-model-archiver。代码如下：

```
[root@pkr ~]# find / -name torch-model-archiver
```

得到结果如下：

```
/user/local/python3/bin/torch-model-archiver
```

第七步：参照该结果，执行如下代码（需要根据实际结果修改）。

```
[root@pkr ~]# export PATH=$PATH:/user/local/python3/bin
```

（三）在模型服务库框架上部署算法模型的流程

在 TorchServe 框架上部署算法模型，可以参考以下实施步骤。

第一步：准备模型权重文件。

要先准备模型权重文件，目前支持的有两种格式文件，一种是 torch.save 直接保存的 .pth 模型，另一种是转换为 TorchScript 格式的 .pt 模型，推荐使用后者。需要使用 agv_model.pt 资源文件，其中模型转化的代码如下：

```
traced_script_module = torch.jit.trace(model,input)
traced_script_module.save('./agv_model.pt')
```

载入模型用以下代码：

```
model = torch.jit.load('./agv_model.pt')
```

第二步：准备 agv_handler.py 文件。

需要编写一个 agv_handler.py 文件，自定义一个 Handler 类，推荐使用子类化 BaseHandler 的方法，TorchServe 框架已经实现了基类 BaseHandler，使用者只需继承该类并稍微修改相应方法，代码如下：

```
from ts.torch_handler.base_handler import BaseHandler
import torch
class MyHandler(BaseHandler):
    def __init__(self):
        # 初始化实例
    def initialize(self,context):
        # 初始化模型及其他相关参数
    def preprocess(self,data):
        # 前处理
    def inference(self,model_input):
        # 推理
    def postprocess(self,inference_output):
        # 后处理
    def handle(self,data,context):
        # 服务流程，将前处理、推理和后处理串起来，做好数据处理、模型推理和结果返回。
```

第三步：准备 config.properties 配置文件（通用）。内容如下：

```
inference_address=https://0.0.0.0:8080
management_address=https://0.0.0.0:8081
metrics_address=https://0.0.0.0:8082
keystore=keystore.p12
```

```
keystore_pass=changeit
keystore_type=PKCS12
privaer_of_netty_threads=32
job_queue_size=1000
model_store=/home/model-server/model-store
```

第四步：创建文件夹存放需要的文件。命令如下：

```
[root@pkr ~]# mkdir /home/model-server
[root@pkr ~]# mkdir /home/model-server/model-store
[root@pkr ~]# mkdir /home/model-server/work
```

work 文件夹中放入 .pt 模型文件、agv_handler.py 文件和 config.properties 配置文件。model-store 文件夹中存放生成的 .mar 文件。

第五步：将 agv_handler.py 文件中的第 22 行 np.load( ) 函数中文件 agv.npy 的路径，根据实际情况改为当前主机 agv.npy 文件存放的绝对路径。

第六步：模型打包。

在 /home/model-server/work 位置下运行打包命令。

```
[root@pkr ~]# cd /home/model-server/work
[root@pkr /home/model-server/work]# torch-model-archiver --model-name agv_model --version 1.0 --serialized-file agv_model.pt --export-path /home/model-server/model-store --handler agv_handler.py
```

第七步：部署服务。

在 /home/model-server/work 位置下生成一个密钥存储库并运行部署命令。第一次使用时需要生成密钥存储库，而后可以直接用 .mar 模型文件进行部署，命令如下：

```
[root@pkr /home/model-server/work]# keytool -genkey -keyalg RSA -alias ts
-keystore keystore.p12 -storepass changeit -storetype PKCS12 -validity 3600 -keysize
2048 -dname "CN=www.MY_TS.com,OU=Cloud Service,O=model server,L=Palo
Alto,ST=California,C=US"
[root@pkr /home/model-server/work]# torchserve --start --model-store /home/
model-server/model-store --models agv_model=agv_model.mar --ts-config config.
properties
```

第八步：请求测试。

以在本机上部署 TorchServe 服务为例，可以用以下命令进行请求测试。

查看已经部署的模型。

```
[root@pkr /home/model-server/work]# curl --insecure https://127.0.0.1:8081/models
```

利用资源中的 agv.csv 文件，发送数据进行测试：

```
[root@pkr /home/model-server/work]# curl --insecure https://127.0.0.1:8080/predictions/
agv_model -T ./agv.csv
```

第九步：停止 TorchServe 服务。

TorchServe 服务停止的命令如下：

```
[root@pkr /home/model-server/work]# torchserve --stop
```

（四）结合时序数据库实现数据消费和预测结果存储

时序数据库（TDengine）是一个高效存储、查询、分析时序大数据平台，专门为优化物联网、工业互联网、运维监测等而设计。除了时序数据库功能，它还具有缓存、数据订阅、流式计算等功能，以最大限度降低研发和运维的复杂度。

为帮助应用实时获取写入 TDengine 数据库的数据，或者以事件到达顺序处理数据，TDengine 数据库提供了类似消息队列产品的数据订阅、消费接口。这样在很多场景下，采用 TDengine 数据库不再需要集成消息队列产品，如 Kafka 组件，从而降低系统设计复杂度和运营维护成本。

与 Kafka 组件一样，TDengine 数据库需要定义 Topic 主题，但 TDengine 数据库的 Topic 主题是基于一个已经存在的超级表、子表或普通表的查询条件，即一个 SELECT 语句。与其他消息队列软件相比，这是 TDengine 数据库订阅功能的最大优势，它具有了更强的灵活性，不但数据颗粒度可以随着应用进行调整，而且数据的过滤与预处理由 TDengine 数据库完成，能有效降低传输数据量和应用复杂度。

在 Java 程序中，可以使用 TDengine 数据库的订阅功能。使用 TDengine 数据库订阅功能来消费数据库中的数据，代码如下：

```
// 设置 topic
String topic = "mytopic";
// 设置 select 语句
String sql = "select * from mydatabase";
Connection connection = null;
TSDBSubscribe subscribe = null;
// 要求 JVM 查找并加载指定的类
Class.forName("com.taosdata.jdbc.TSDBDriver");
// 设置需要访问的 TDengine 中的数据库名、用户名和密码
String jdbcUrl = "jdbc:TAOS://192.168.10.100:6030/mydatabase?user=root&password=root";
// 建立连接
connection = DriverManager.getConnection(jdbcUrl);
// 进行订阅
subscribe = ((TSDBConnection) connection).subscribe(topic, sql, true);
// 消费通过订阅获取的数据
```

```
TSDBResultSet resultSet = subscribe.consume();
if (resultSet == null) continue;
ResultSetMetaData metaData = resultSet.getMetaData();
while (resultSet.next()) {
  int columnCount = metaData.getColumnCount();
  for (int i = 1; i <= columnCount; i++)
    System.out.println(metaData.getColumnLabel(i), resultSet.getString(i));
}
```

将数据传送给模型后,会获得模型返回的预测结果,Java 程序中也可以将预测结果通过 SQL 语句的形式存储进 TDengine 数据库,具体代码如下:

```
// 获取当前时间 time 并设置 value 值
Calendar calendar = Calendar.getInstance();
Timestamp time = new Timestamp(calendar.getTimeInMillis());
int value = 1;
// 将 time 和 value 数据插入数据库的表中 ( 该代码需要在上述代码的基础上使用 )
stmt.executeUpdate(String.format("insert into mytable values(\"%s\",%d)"), time, value);
```

二、预测性维护模块开发

(一)预测性维护模块介绍

因为数据在不停更新,所以在此模块中使用 TDengine 数据库实现实时数据分析。通过对 TDengine 数据库中的数据进行观察分析发现,该数据可以近似成直线,故在此模块中使用了较简单的 ARIMA 算法进行数据预测。

预测性维护模块的整体流程如图 8-1 所示。首先对训练数据进行预处理(包括数据清洗和重采样)。其次利用预处理好的数据构建 ARIMA 模型,并将 ARIMA

模型部署到 TorchServe 框架上，等待需要预测数据的到来。最后当需要预测的数据到来时，TorchServe 框架接收数据，并对数据进行处理（数据清洗和重采样），将数据放入 ARIMA 模型，得到预测结果，并将结果写入 TDengine 数据库。

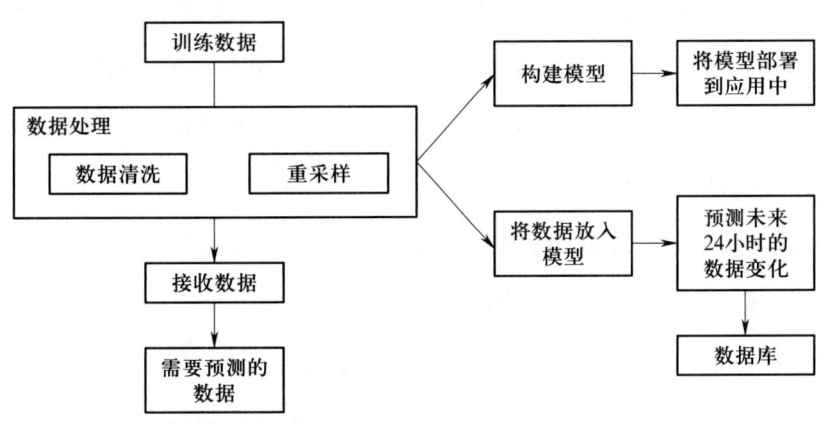

图 8-1　预测性维护模块的整体流程

（二）预测性维护模型训练

预测性维护模块使用的模型是 ARIMA 模型，该模型有三个参数需要确定，分别是自回归项数 p、使序列成为平稳序列所做的差分次数 d 和滑动平均项数 q，可以参考以下实施步骤。

第一步：使序列成为平稳序列所做的差分次数 d。

将预处理好的数据通过折线图形式绘制出来，观察数据的变化情况是否满足模型的平稳性要求，如果满足，则将 d 设置为 0；如果不满足，则对数据进行差分并绘制折线图，观察数据的平稳性。如果一阶差分后，数据满足平稳性要求，则将 d 设置为 1。如果经过二阶差分后，数据才满足平稳性要求，则将 d 设置为 2，以此类推直至数据满足平稳性要求，即可得到 d 值。

第二步：通过热力图确定自回归项数 p 和滑动平均项数 q。

通过 AIC 信息准则绘制热力图，判断 p 值和 q 值，一般情况下热力图中值越小越好。通过上述两步即可得到 ARIMA 模型对应的 p 值、d 值和 q 值，即得到了能够较好拟合数据的模型，接下来就可以进行模型部署和整套流程测试。

（三）预测性维护模型部署及测试

因为 ARIMA 模型比较简单，所以不需要准备模型权重文件，直接通过设置好的 p 值、d 值和 q 值创建 ARIMA 模型。

准备 port_handler.py 文件时，需要对模型进行初始化，对此处的 ARIMA 模型来说，即通过 p 值、d 值和 q 值创建 ARIMA 模型，需要定义好数据预处理过程，再让模型对预处理过的历史数据进行 fit 操作，以得到拟合历史数据的 ARIMA 模型，设置好 ARIMA 模型的预测时长可以得到对应时间的预测结果，定义好结果返回格式即可让外部程序收到模型预测结果。

对 config.properties 配置文件来说，可以根据需求进行更改，但一般情况下直接使用上述 config.properties 配置文件代码即可。

定义好 port_handler.py 文件后，即可对模型打包，具体代码如下：

```
[root@pkr /home/model-server/work]# torch-model-archiver --model-name port_model --version 1.0 --export-path /home/model-server/model-store --handler port_handler.py
```

打包完成后会生成一个 port_model.mar 文件，在 config.properties 配置文件定义好的情况下，可以使用以下代码进行模型部署：

```
[root@pkr /home/model-server/work]# torchserve --start --model-store /home/model-server/model-store --models port_model=port_model.mar --ts-config config.properties
```

模型部署完毕后，可以通过 TDengine 数据库获取数据并将数据存储到 port.csv 文件中，然后通过 curl 命令将 port.csv 文件传输给 TorchServe 框架中的指定模型，即可得到模型预测结果，命令如下：

```
[root@pkr /home/model-server/work]# curl --insecure https://127.0.0.1:8080/predictions/port_model -T ./port.csv
```

TorchServe 服务停止的命令如下：

```
[root@pkr /home/model-server/work]# torchserve --stop
```

三、智能识别模块开发

（一）智能识别模块介绍

智能识别模块的作用是利用 TDengine 数据库中设备的各项数据和智能算法 LSTM 实时判断设备是否出现故障。因为需要进行实时检测，所以在此模块中也使用 TDengine 数据库实现实时数据分析。因为对设备进行故障检测时需要每一段的时序数据，而每来一条数据就进行故障预测会消耗过多资源，所以采用滑动窗口机制降低故障预测频率，以达到合适的预测时间间隔。

智能识别模块的整体流程如图 8-2 所示。首先对训练数据进行预处理（数据清洗、非平衡处理、标准化和特征筛选）。其次利用预处理好的数据构建 LSTM 模型，并将 LSTM 模型部署到 TorchServe 框架上，等待需要检测数据的到来。最后当需要检测的数据到来时，TorchServe 接收数据，并对数据进行数据处理（数据清洗、非平衡处理、标准化和特征筛选），将数据放入 LSTM 模型，得到模型预测结果，并将结果写入 TDengine 数据库。

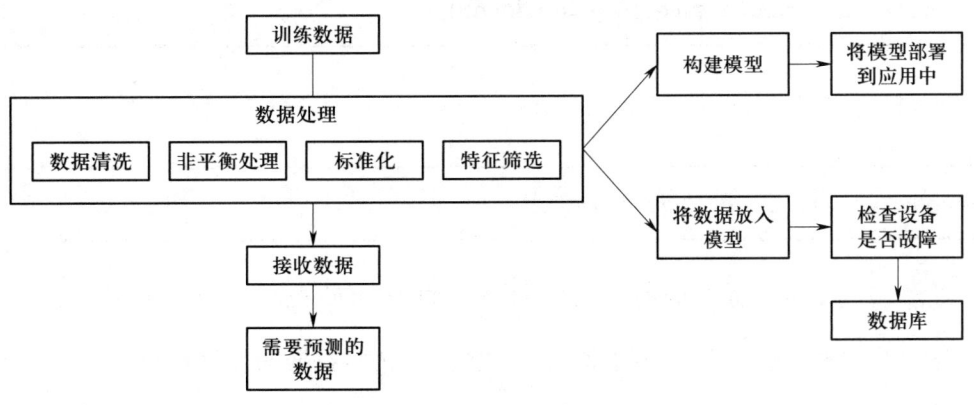

图 8-2　智能识别模块的整体流程

（二）智能识别模型训练

在智能识别模块中使用带编解码的双层 LSTM 模型，LSTM 模型的具体结构如

图 8-3 所示。将预处理好的数据放入该 LSTM 模型，并对输出结果和输入数据进行 L1 Loss 计算，当计算得到的 Loss 超过一定阈值时则认为设备出现故障，当 Loss 的值未超过阈值时则认为设备正常运行，其中阈值需要在训练 LSTM 模型时确定。

```
RecurrentAutoencoder(
    (encoder):Encoder(
        (rnnl):LSTM(1,500,batch first=True)
        (rnn2):LSTM(500, 250, batch first=True
    )
    (decoder):Decoder (
        (rnn1):LSTM(250.250.batch first=True)
        (rnn2): LSTM(250.500.batch first=True)
        (output layer): Linear(in features=500, out features=l, bias=True)
    )
```

图 8-3 LSTM 模型的具体结构

（三）智能识别模型部署及测试

LSTM 模型较复杂，需要准备模型权重文件，在模型训练好后要将模型保存，推荐将模型保存为 .pt 格式。需要使用 agv_model.pt 资源文件。模型转化代码如下：

```
traced_script_module = torch.jit.trace(model,input)
traced_script_module.save('./agv_model.pt')
```

载入模型用以下代码：

```
model = torch.jit.load('./agv_model.pt')
```

准备 agv_handler.py 文件时，需要对模型进行初始化，对此处的 LSTM 模型来说，需要通过模型载入代码将模型载入，需要定义好数据的预处理过程，再将预处理过的数据放入 LSTM 模型并进行预测，即可得到预测结果，定义好结果返回格式即可让外部程序收到模型预测结果。需要将 agv_handler.py 文件中的第 22 行 np.load( ) 函数中文件 agv.npy 的路径，根据实际情况改为当前主机 agv.npy 文件存放的绝对路径。

对 config.properties 配置文件来说，可以根据需求进行更改，但一般情况下直接使用上述 config.properties 配置文件代码即可。

定义好 agv_handler.py 文件后，即可对模型进行打包，具体代码如下（由于需要模型文件，此处模块打包的代码和预测性维护模块打包时不同）：

[root@pkr /home/model-server/work]# torch-model-archiver --model-name agv_model --version 1.0 --serialized-file agv_model.pt --export-path /home/model-server/model-store --handler agv_handler.py

打包完成后会生成一个 agv_model.mar 的文件，在 config.properties 配置文件定义好的情况下，可以使用以下代码进行模型部署：

[root@pkr /home/model-server/work]# torchserve --start --model-store /home/model-server/model-store --models avg_model=agv_model.mar --ts-config config.properties

模型部署完毕后，可以通过 TDengine 获取数据并将数据存储到 agv.csv 文件，然后通过 curl 命令将 agv.csv 文件传输给 TorchServe 中的指定模型，即可得到模型预测结果，命令如下：

[root@pkr /home/model-server/work]# curl --insecure https://127.0.0.1:8080/predictions/agv_model -T ./agv.csv

torchserve 服务停止的命令如下：

[root@pkr /home/model-server/work]# torchserve --stop

第二节 规则模块

考核知识点及能力要求:

- 了解规则引擎的基本信息。
- 了解常用的规则引擎框架。
- 了解雷特算法。
- 了解 Drools 的经典架构及规则维护管理、加载与执行的相关知识。
- 了解规则引擎在数据分析及设备联动控制中的应用。

一、规则引擎概述

(一) 规则引擎框架

规则引擎由推理引擎发展而来,是一种嵌入在应用程序中的组件,实现了将业务决策从应用程序代码中分离出来,并使用预定义的语义模块编写业务决策。它能够接收数据,解释业务规则,并根据规则做出业务决策。规则引擎可以在系统运行时将外部业务规则加载到系统中,并使系统按照该业务规则进行工作。

Java 规则引擎主要有 JRules、Drools、JLisa、QuickRules 等,这里以开源项目 Drools 进行介绍。Drools 是用 Java 语言编写的开放源码规则引擎,其使用雷特(Rete)算法对编写的规则求值。Drools 允许使用声明方式表达业务逻辑,可以使用非 XML 的本地语言编写规则,以便于学习和理解,还可以将 Java 代码直接嵌入规则文件。Drools 完整地实现了 Rete 算法,还提供了强大的 Eclipse Plugin 开发支持;业务人员通过使用其中的 DSL，可以实现用自然语言方式描述业务规则，使业务分析人员也可以看懂业务规则代码；Drools 提供了基于 Web 的 BRMS——Guvnor，Guvnor 提供了规则管理知识库，通过它可以实现对规则的版本控制，以及规则在线修改与编译，使开发人员和系统管理人员可以在线管理业务规则。

（二）规则引擎功能

因为规则引擎是软件组件，所以只有开发人员才能通过程序接口的方式使用和控制它，规则引擎的程序接口至少包含以下 API：加载和卸载规则集的 API、数据操作的 API、引擎执行的 API。

开发人员在程序中使用规则引擎，可以参考以下实施步骤。

第一步：创建规则引擎对象。

第二步：向引擎中加载规则集或更换规则集。

第三步：通过规则集过滤出需要处理的数据对象集合。

第四步：命令引擎执行。

第五步：导出引擎执行结果，从引擎中撤出处理过的数据。

使用规则引擎后，许多涉及业务逻辑的程序代码基本被这五个典型步骤取代。一个开放的业务规则引擎可以"嵌入"在应用程序的任何位置，不同位置的规则引擎可通过不同的规则集处理不同的数据对象。

二、规则编译算法概述

（一）相关概念

雷特（Rete）算法是一种对大量模式集合和大量对象集合间进行比较的高效方法，通过网络筛选方法找出所有匹配各个模式的对象和规则。其核心思想是用分离的匹配项构造匹配网络，同时缓存中间结果，实现以空间换时间的目标。

Rete 算法的相关概念如下。

（1）Fact（事实）。对象之间及对象属性之间的关系。

（2）Rule（规则）。由条件和结论构成的推理语句，一般表示为 if...then。规则的 if 部分称为 LHS（left hand side），then 部分称为 RHS（right hand side）。

（二）雷特网络节点类型

雷特网络节点类型如下。

（1）根节点：所有对象进入网络的入口，一个网络只有一个根节点。

（2）单输入节点：可分为 ObjectType 节点、Alpha 节点、LeftInputAdapter 节点等。

（3）双输入节点：Beta 节点。

（4）终端节点：Terminal 节点。

ObjectType 节点可用来过滤对象。从根节点进入雷特网络后，会立即进入 ObjectType 节点。ObjectType 节点具有按对象类型过滤对象的能力（用于选择事实的类型，将符合本节点类型的事实向后继的 Alpha 节点传播）。

Alpha 节点主要进行同对象类型内属性的约束或常量测试。Alpha 节点之间是串行的，即只要其中一个节点不满足，事实就被过滤掉。

LeftInputAdapter 节点的作用是输入一个对象，传播为一个单对象列表。

Beta 节点根据不同对象间的约束（如"p.name == c.friend""p.age > cat.age"等）进行连接操作。Beta 节点又分为 Join 节点、Not 节点等。Join 节点包括两种输入：左部输入事实列表，称为元组（tuple）；右部输入一个事实对象，对象与元组在 Join 节点按照类型间约束进行 Join 操作，将符合的事实加入元组继续传入下一个 Beta 节点。

到达一个 Terminal 节点，表示单条规则匹配了所有条件。网络中有多个终端节点。当单条规则中有 or 时，也会产生多个终端节点。

（三）创建雷特网络

Rete 算法通过构建一个网络进行匹配，可以参考以下实施步骤。

第一步：创建 Root 节点（根节点），推理网络入口。

第二步：拿到规则 1，从规则 1 中取出模式 1（模式是最小的原子条件）。

（1）检查模式 1 中的参数类型，如果是新类型，添加一个类型节点。

（2）检查模式 1 对应的 Alpha 节点是否存在，如果存在记录下节点位置；如果没有，将模式 1 作为一个 Alpha 节点加入到网络。根据 Alpha 节点建立 Alpha 内存表。

（3）重复上述步骤，直到处理完所有模式。

（4）组合 Beta 节点：Beta（2）左输入节点为 Alpha（1），右输入节点为 Alpha（2）；

Beta（i）左输入节点为 Beta（i-1），右输入节点为 Alpha（i），可将两个父节点的内存表内联成为自己的内存表。

（5）重复上一个步骤，直到所有 Beta 节点处理完毕。

（6）将动作 Then 部分封装成最后节点并作为 Beta（n）。

第三步：重复第二步直到所有规则处理完毕。

三、规则解决方案

Drools 是一套规则管理、执行解决方案。它主要包含几个部分：一个业务规则引擎 Drools Expert、一个规则管理网站、一个 Eclipse IDE 的插件和一个执行服务器。

（一）经典架构

在实际项目中应用 Drools 方式大概可分为两种类型：嵌入模式和分离模式。

1. 嵌入模式

项目引入与 Drools-Core 和 KIE-API 相关的依赖项。自行创建规则文件和规则工程。工程内部基于 KIE-API 提供的方法加载规则、编译规则、插入事实和执行规则。规则工程可单独创建，基于 Maven 进行发布管理。调用方基于 KJAR 的 GAV 信息在 POM 中加入依赖项，实现对规则工程的引用。如调用方设置了 KIE-Scanner 可实现规则版本动态更新。

这种结构虽然简单，但也体现了引入规则引擎的初衷，可以将业务规则从繁杂的逻辑代码中提取出来，并沉淀下来，从而提高执行效率，降低维护成本。一些变化不频繁的业务规则同样可以提取成规则文件。

2. 分离模式

KIE Execution Server 可以加载规则、执行规则、扫描规则和更新规则，并通过远程调用得到规则执行结果。现在介绍基于 KIE Workbench 维护规则工程的架构、自建后台集成 KIE Workbench 的架构和不使用 KIE Workbench 的架构。

（1）基于 KIE Workbench 维护规则工程的架构。KIE Workbench 支持从远程 Git 仓库拉取规则工程，进行编辑后保存到本地 Git 仓库。KIE Execution Server 可从多个源加载 KJAR，不限于 KIE Workbench 内置的 Maven 仓库。规则工程创建和部署过程如下:通过Drools Workbench创建规则工程(或从远程Git仓库拉取规则工程)编辑并保存到本地内置的Git仓库,再指定Project执行Maven命令(包括compile、test、install、deploy等),从而将规则包(KJAR)发布到本地的Maven仓库。使用Drools Workbench调用KIE Execution Server的API通知其创建特定Container用于部署指定GAV的KJAR,并从Maven Repository获取指定GAV的KJAR,创建Container加载KJAR。可针对Container设定KIE-Scanner,当容器部署的KJAR(如com.ecip.demo.1.0.0)有更新时,KIE-Scanner将新的KJAR拉取下来并更新对应的Container。

(2)自建后台集成KIE Workbench的架构。这种架构与基于KIE Workbench维护规则工程的架构相似,主要解决"Workbench界面过于专业化,业务人员无法维护"的问题,同时可以用到KIE-Workbench丰富的功能。

(3)不使用KIE Workbench的架构。自建后台网站集成KIE Execution Server的REST API,实现规则的加载、更新及服务器健康状态监控,后台网站或工程师的PC负责发布规则包。这种架构相对简单,但同样存在问题,例如,后台网站编辑规则、发布规则包的方式实施成本较高(相当于自行实现了Workbench的部分功能);工程师的PC发布更新规则包方式不能实时响应业务规则变化,开发人员负担较重。

总之,评判架构的标准是与项目是否匹配。原生的基于KIE Workbench维护规则的架构适用的场景更多;项目自行实现规则、模型维护、发布等功能的成本很高。无论应用规则引擎采用何种技术架构,业务规则建模工作都是重中之重。

(二)规则维护管理

Drools Workbench是基于Uberfire开源框架创建的规则维护管理后台网站。Drools Workbench支持对规则、模型、流程等进行编辑管理。同时,Workbench提供操作KIE Execution Server的界面。Drools Workbench默认基于内置Git Repo进行规则文件和工程源码版本管理。Drools Workbench使用Maven指令进行规则工程的构建。默认将打包好的KJAR发布到本地仓库。Drools Workbench提供类似服务注册发现的接口,用于KIE Execution Server的注册发现。

Drools Workbench提供了一套REST API,为其他应用集成Drools Workbench提供

便利，如果有需求，建议阅读 Drools.org 的原生文档。

基于 Workbench REST API 可实现对 Job、Project（规则工程）和 Space（类似于文件夹，用于保存同一类别或者相关联的规则工程）的操作。Controller REST API 具有对注册到 Workbench 的 KIE Execution Server 进行操作的能力。

（三）规则加载与执行

KIE Execution Server 是一个独立、开箱即用的组件，它提供了 REST、JMS 或 Java 客户端应用程序可用的接口，用于实例化和执行规则。

该服务器占用空间小，内存消耗低，因此可以轻松部署在云实例上，且每个实例都可以打开并实例化多个 KIE 容器，并行执行多个规则服务，通过 KIE Workbench 提供执行服务器实例的界面。

Execution Server 的 API 具有状态监控、容器操作和规则执行等能力。

可通过［POST］/config（操作 Container、Scanner）和［POST］/containers/instances/｛id｝（规则执行相关）方法在 Execution Server 上执行各种命令。

四、应用场景

（一）数据分析

在数据分析中，数据通常存储在数据库表，因为数据量较大，无法一次性导入到内存，所以可通过规则引擎分批读取并导入数据到内存。

通过规则引擎进行数据分析的结构步骤：①准备数据；②数据读取；③将数据写入内存；④加载规则库；⑤规则引擎；⑥分析结果。

工作原理：首先，从需要分析的数据库中按照批次读取数据；其次，将读取的数据写入内存；再次，按照规则对内存中的数据进行过滤分析，当内存中的数据分析完成后，清空内存中的数据；最后，读取下一批数据并继续分析，直到所有数据处理完毕为止。

（二）设备联动控制

基于规则的物联网设备联动方法包括规则添加、规则解析、事实生成、动作处理和动作执行，具体包括：①物联网平台使用者通过管理台前端页面添加设备联动规则；

②对设备联动规则进行规则解析，再使用 Drools 规则引擎载入和编译解析成功的设备联动规则；③从物联网平台获取设备运行状态信息并生成设备联动事实，将设备联动事实添加到 Drools 规则引擎的事实库；④ Drools 规则引擎对设备联动规则和设备联动事实进行匹配处理，接着根据匹配成功的设备联动规则生成设备控制动作，并对设备控制动作进行处理后生成设备控制或用户通知任务；⑤物联网平台通过连接服务将设备控制发送到设备，将用户通知发送到物联网平台使用者。

本节使用 ThingsBoard 规则链完成设备联动控制，温度传感器探测到高温将数据发送到平台，即可触发火灾报警系统提供火灾警报，示例如下。

1. 添加设备并添加它们间的关联

在平台中添加温度传感器和火灾报警系统两个设备。创建温度传感器的步骤如图 8-4 所示，创建火灾报警系统的步骤如图 8-5 所示。

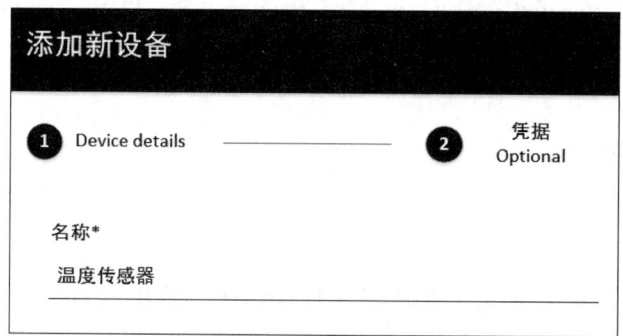

图 8-4　创建温度传感器的步骤

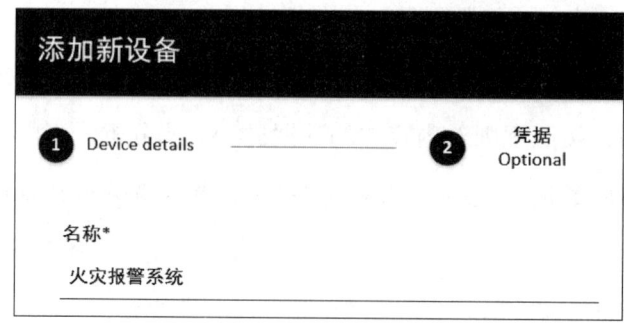

图 8-5　创建火灾报警系统的步骤

创建关系：单击设备＞温度传感器＞关联，单击"+"按钮，从温度传感器到火灾报警系统，添加关联设备的步骤如图 8-6 所示。

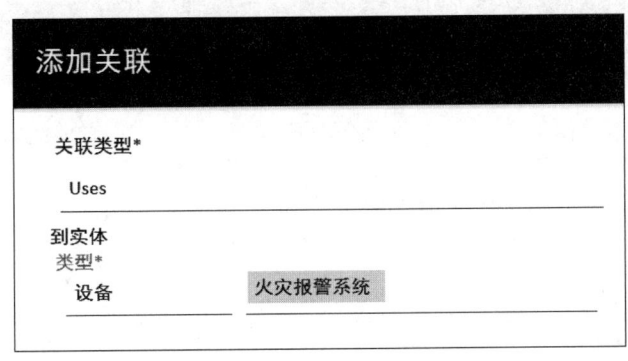

图 8-6　添加关联设备的步骤

2. 配置规则链

修改规则链并创建关联火灾报警系统规则链。

（1）创建新的关联火灾报警系统规则链。在此规则链中创建 4 个节点。关联火灾报警系统规则链如图 8-7 所示。

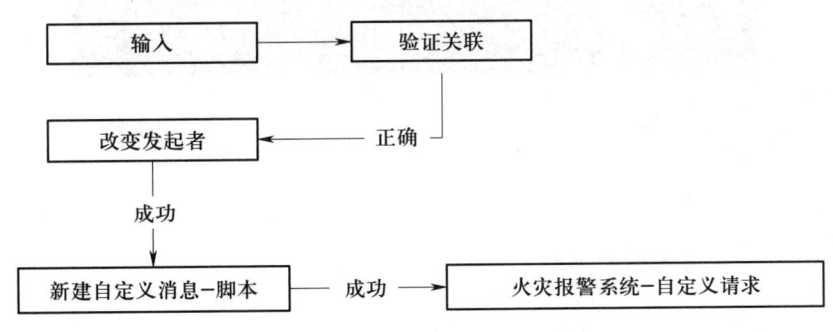

图 8-7　关联火灾报警系统规则链

检查关系节点：该节点将检查消息是否为从温度传感器到火灾报警系统的方向，以及类型是否为"Uses"。如果存在该关系，则消息将通过 True 链发送。检查关系节点配置如图 8-8 所示。

转换发起者节点：该节点将发起方从温度传感器更改为火灾报警系统，并将温度传感器传来的消息当作火灾报警系统的消息处理。转换发起者节点配置如图 8-9 所示。

图 8-8 检查关系节点配置

图 8-9 转换发起者节点配置

脚本节点：使用脚本将原始消息转换为 RPC 请求消息。脚本节点配置如图 8-10 所示。

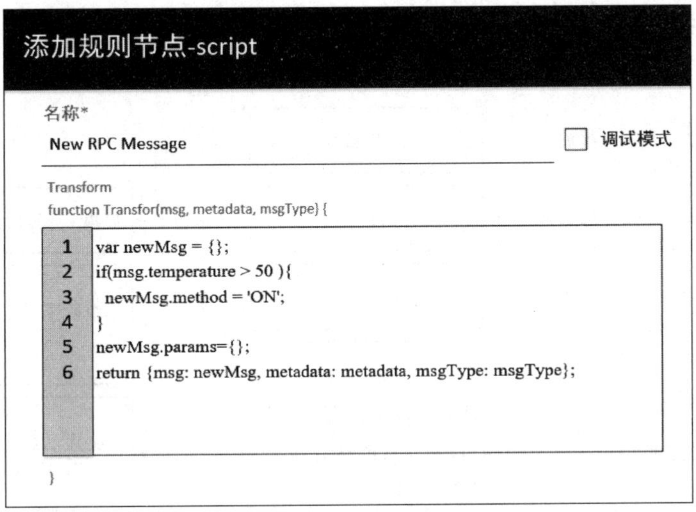

图 8-10 脚本节点配置

图 8-10 中代码如下：

```
var newMsg = {};
if(msg.temperature > 50 ){
 newMsg.method = 'ON';
}
newMsg.params={};
return {msg: newMsg, metadata: metadata, msgType: msgType};
```

RPC 调用请求节点：该节点获取消息 payload 并将其发送到火灾报警系统。RPC 调用请求节点配置如图 8-11 所示。

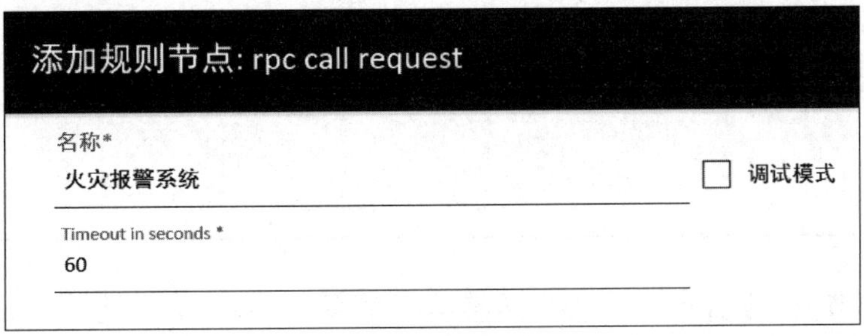

图 8-11 RPC 调用请求节点配置

243

（2）修改规则链。初始规则链已通过添加进行了修改，如图8-12所示。

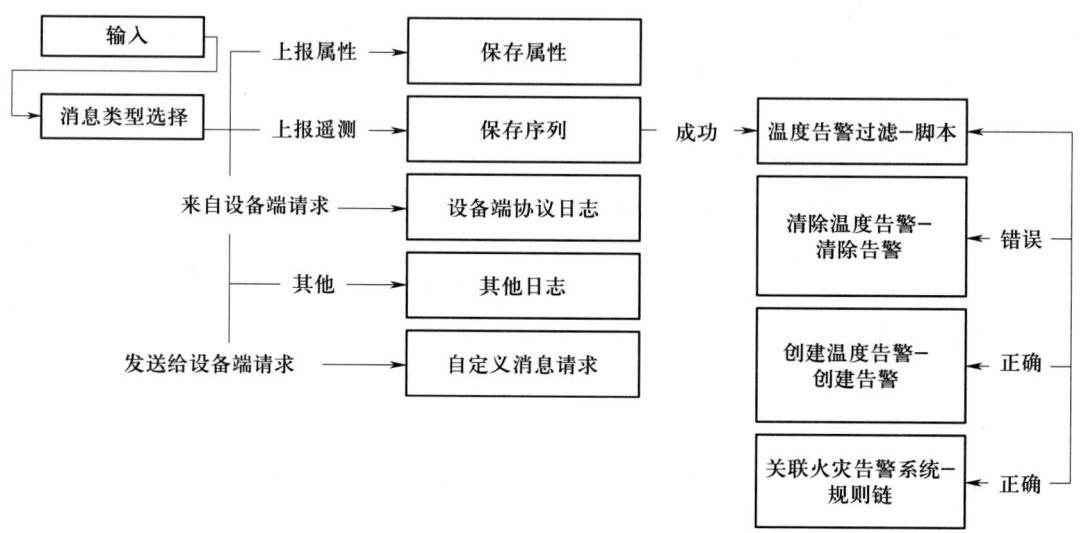

图8-12 修改规则链

过滤脚本节点：使用脚本检查传入消息是否为"temperature > 50"，对应代码如下：

```
return msg. temperature > 50 ;
```

清除警报节点：此节点将为温度传感器清除警报，设置名称为"Clear Temperature Alarm"。

规则节点中的脚本代码如下：

```
var details = {};
if (metadata.prevAlarmDetails) {
    details = JSON.parse(metadata.prevAlarmDetails);
}
return details;
```

创建报警节点：该节点将为温度传感器创建警报，输入名称为"Create Temperature Alarm"，输入代码同上。

规则链节点:该节点将传入消息转发到指定关联火灾报警系统规则链。规则链节点配置如图 8-13 所示。

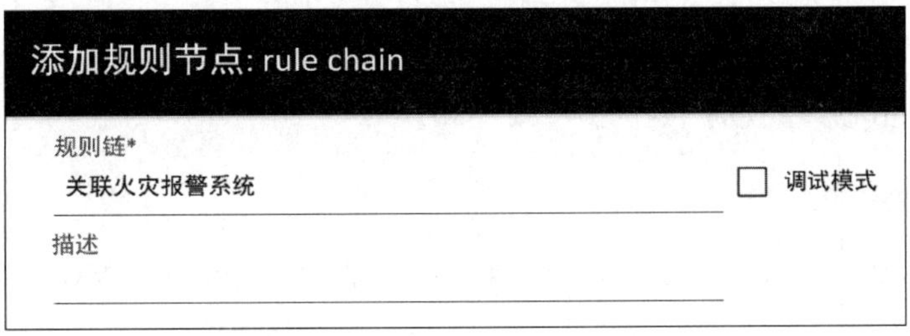

图 8-13 规则链节点配置

(3)验证规则链,可以参考以下实施步骤。

第一步:使用以下代码模拟火灾报警系统,复制火灾报警系统的设备访问令牌,然后将其粘贴到脚本,并且修改平台 IP。代码如下:

```
[root@localhost ym]#vim FireAlarmEmulator.js
# 输入以下代码
var mqtt = require('mqtt');
// 修改 IP, 复制设备访问令牌替换 AccessToken
const thingsboardHost = "demo.thingsboard.io";
const ACCESS_TOKEN = "$ACCESS_TOKEN";

// Initialization of mqtt client using Thingsboard host and device access token
console.log('Connecting to: %s using access token: %s', thingsboardHost, ACCESS_TOKEN);
var client  = mqtt.connect('mqtt://'+ thingsboardHost, { username: ACCESS_TOKEN });


var alarmSystem = {method: "undefined" , params:{} };


//RPC message handling sent to the client
client.on('message', function (topic, message) {
```

```javascript
    console.log('request.topic: ' + topic);
    console.log('request.body: ' + message.toString());
    var tmp = JSON.parse(message.toString());
    if (tmp.method == "ON") {
      alarmSystem = tmp;
      // Uploads telemetry data using 'v1/devices/me/telemetry' MQTT topic
        client.publish('v1/devices/me/telemetry', JSON.stringify({alarmSystem: "Fire alarm: ON"}));
    }
    var requestId = topic.slice('v1/devices/me/rpc/request/'.length);
    //client acts as an echo service
    client.publish('v1/devices/me/rpc/response/' + requestId, message);
});


// Triggers when client is successfully connected to the Thingsboard server
client.on('connect', function () {
    console.log('Client connected!');
    client.subscribe('v1/devices/me/rpc/request/+');
});


//Catches ctrl+c event
process.on('SIGINT', function () {
    console.log();
    console.log('Disconnecting...');
    client.end();
    console.log('Exited!');
```

```
    process.exit(2);
});
//Catches uncaught exceptions
process.on('uncaughtException', function (e) {
    console.log('Uncaught Exception...');
    console.log(e.stack);
    process.exit(99);
});
```

第二步：运行模拟设备脚本。命令如下：

```
[root@localhost ym]# node FireAlarmEmulator.js
```

第三步：使用 curl 工具向设备温度传感器发送遥测数据。命令如下：

```
# 需要将 $ACCESS_TOKEN 替换为实际的设备令牌，以及实际端口
[root@localhost ym]# curl -v -X POST -d '{"temperature":"52"}' http://localhost:port/api/v1/$ACCESS_TOKEN/telemetry --header "Content-Type:application/json"
```

第四步：验证设备关系。查看温度传感器是否检测到高温（见图 8-14），查看两个设备是否关联成功（见图 8-15）。

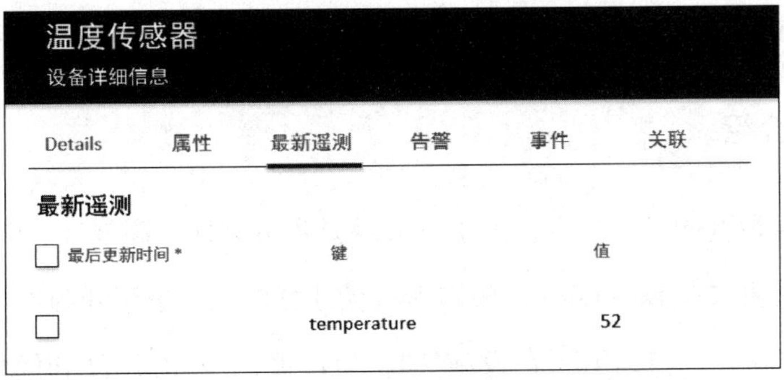

图 8-14　查看温度传感器是否检测到高温

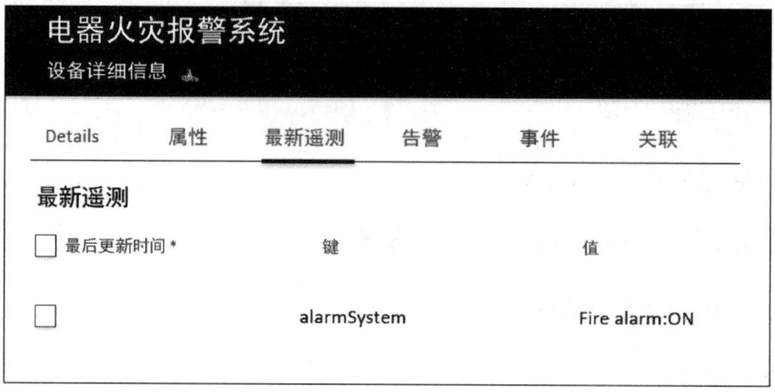

图 8-15 查看两个设备是否关联成功

第三节 调度模块

考核知识点及能力要求：

- 了解边缘容器编排平台框架的基本信息。
- 熟悉边缘容器编排平台框架的整体架构。
- 了解边缘容器编排平台框架云边自定义消息传递的过程。
- 了解边缘容器编排平台框架如何实现边缘设备调度。

一、框架介绍

随着业务复杂度的日益提升，出于对边缘设备可靠性、高效性、资源利用率的综合考虑，调度模块选择 KubeEdge 框架作为边缘计算框架，采用开源堆栈（Kubernetes+Docker）进行容器化，借助云平台设施实现弹性伸缩、动态调度和优化资源利用率。同时，将云原生和边缘计算相结合，以实现离线运行、边云协同和海量设备接入等特殊功能。

KubeEdge 框架是云原生边缘计算的代表，在边缘端部署方面具有显著优势。它由云端和边缘端组成，支持云端和边缘端之间的网络通信，实现应用部署和元数据同步等功能，并支持 MQTT 协议，允许开发者自定义边缘设备的接入。

通过云端控制边缘节点，可以实现对边缘设备的控制。云端下发算法模型后，边缘端可以进行模型部署，从而使边缘设备执行相应操作。此外，在边缘端，借助本地局域网，边缘节点能够实现区域内的业务协同，为制造业务提供更灵活的编排方案。KubeEdge 框架的整体架构如图 8-16 所示。

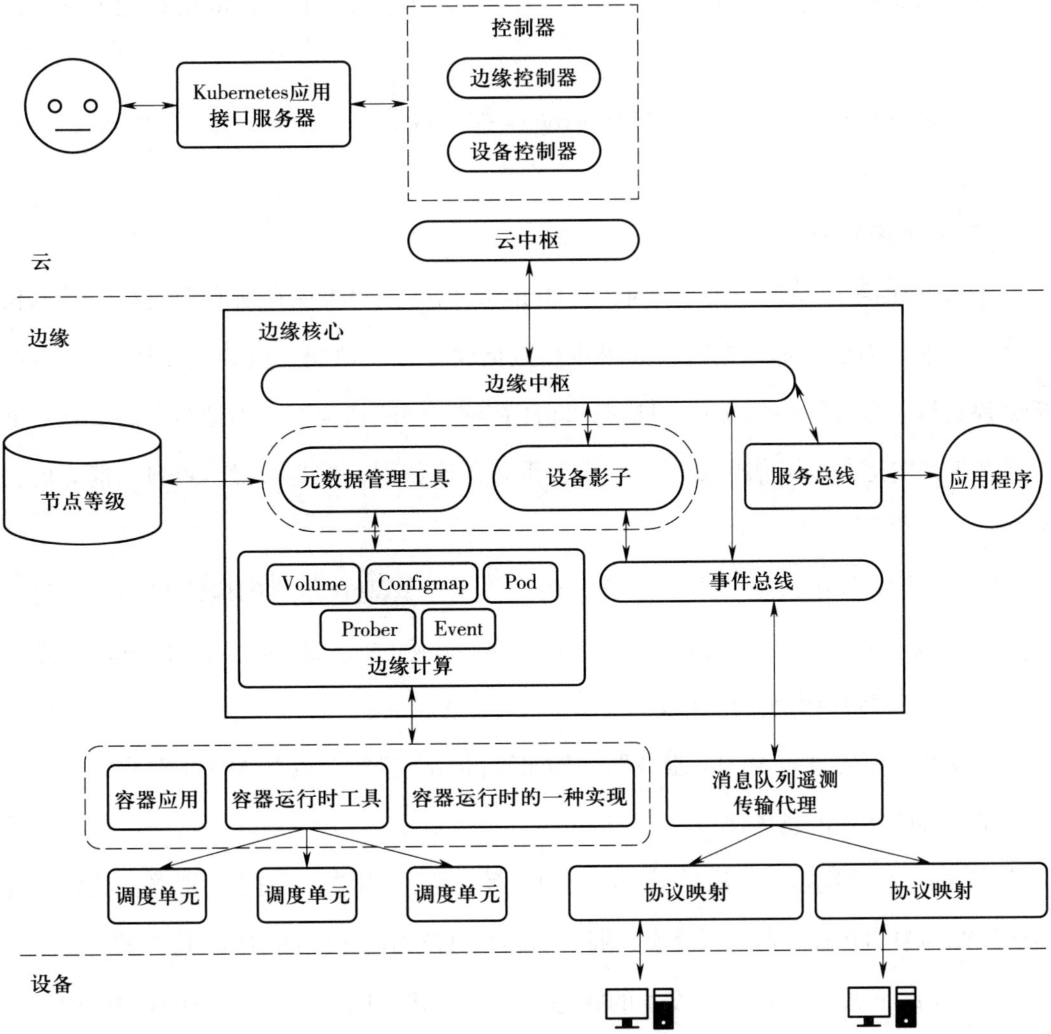

图 8-16　KubeEdge 框架的整体架构

边缘容器编排平台框架由以下组件构成。

（一）云边通信部分

CloudHub 是一个 WebSocket 服务端，用于与大量 Edge 端基于 WebSocket 或者 QUIC 协议进行连接，负责监听云端变化，缓存并发送消息到 EdgeHub。

EdgeHub 是一个 WebSocket 客户端，负责将接收到的信息转发到各 Edge 端的模块并进行处理，同时将来自各 Edge 端模块的消息通过隧道发送到 Cloud 端，实现可靠和高效的云边信息同步。

（二）云上部分

EdgeController 用于控制 Kubernetes API Server 与边缘的节点、应用和配置状态同步。

DeviceController 是一个扩展的 Kubernetes 控制器，管理边缘设备，确保设备信息、设备状态云边同步。

（三）边缘部分

MetaManager 模块后端使用本地的 SQLite 数据库，用于保存所有需要与云端通信内容的副本。需要查询数据时，如果本地数据库存在该数据，就会直接从本地获取，避免频繁与云端进行网络交互。同时，即使在网络中断情况下，本地缓存的数据也能保证系统稳定运行，通信恢复后，系统会重新同步数据，这是边缘节点自治能力的关键之一。

Edged 模块是在边缘节点上运行的代理，用于管理容器化的应用程序。它是一个重新开发轻量化版本的 Kubelet，用于管理 Pod 组件、Volume 容器和 Node 节点等 Kubernetes 资源对象的生命周期。

EventBus 模块是与 MQTT 服务器（如 Mosquitto）进行交互的 MQTT 客户端，它通过 MQTT 协议实现消息传递。

ServiceBus 模块是在边缘端运行的 HTTP 客户端。它接收来自云上服务的请求，并与边缘端的 HTTP 服务器进行交互，通过 HTTP 协议访问边缘端 HTTP 服务器。

DeviceTwin 模块负责存储设备的状态并将设备状态同步到云端，同时为应用程序提供查询接口。它充当设备状态的存储库，确保设备状态与云端同步并保持一致。

二、云边自定义消息传递

KubeEdge 通过使用 WebSocket 和消息封装方式，在边缘场景下实现了可靠的云边通信。同时，对一些使用场景进行了优化，规避原生 Kubernetes 框架中一些不必要的请求。

在一些情况下，用户需要在云端和边缘端应用之间传递自定义信息。为实现这一功能，KubeEdge 框架引入两个自定义资源（CRD）：RuleEndpoint 和 Rule。RuleEndpoint 资源用于定义信息源端和目的端，Rule 资源用于定义消息的路由规则。通过配置适当规则，可以实现云边应用之间的消息传递。这样，用户可以根据自己的需求，定义不同规则来管理消息流动。

RuleEndpoint 资源有三种类型的资源：REST、EventBus 和 ServiceBus。它们分别具有如下特性：

（1）REST。用于表示云端的 REST 接口端点。它可以作为源端，发送请求到边缘节点；也可以作为目的端，接收来自边缘节点的信息。

（2）EventBus。用于表示边缘节点的端点。它可以作为源端，将数据发送到云端；也可以作为目的端，接收来自云端的信息。

（3）ServiceBus。用户可以通过云端的 REST 接口发送信息到边缘端的 REST 接口。

Rule 资源描述了信息从源端发送到目的端的路径。目前有以下三条路径可供选择：

（1）REST 至 EventBus。用户可以通过云端的 REST 接口发送信息到边缘端的 MQTT Broker。

（2）EventBus 至 REST。用户可以通过边缘端的 MQTT Broker 发送信息，最终将信息发送到云端的 REST 接口。

（3）REST 至 ServiceBus。用户在云端通过 REST 接口，发送信息到边缘端的 REST 接口。

通过配置这些规则，用户可以灵活控制信息传递。

（一）安装容器化管理工具

在该部分，需要确保云端服务器和边缘端服务器都已安装好 Docker 容器，可以参考以下实施步骤。

第一步：验证 Docker 容器是否存在。

```
[root@pkr ~]# docker version
```

如果 Docker 容器不存在，则通过后续命令进行安装。

第二步：检查内核版本（需要 CentOS 操作系统内核高于 3.10）。

```
[root@pkr ~]# uname -r
```

第三步：确保 yum 版本为最新版。

```
[root@pkr ~]# yum update
```

第四步：安装需要的软件包，yum-util 具有 yum-config-manager 功能，另外两个是 devicemapper 驱动依赖的库。

```
[root@pkr ~]# yum install -y yum-utils device-mapper-persistent-data lvm2
```

第五步：查看仓库中所有的 Docker 版本。

```
[root@pkr ~]# yum list docker-ce --showduplicates | sort -r
```

第六步：安装 Docker。

```
[root@pkr ~]# yum install docker-ce docker-ce-cli containerd.io
```

第七步：启动并设置为开机自启。

```
[root@pkr ~]# systemctl start docker
```

```
[root@pkr ~]# systemctl enable docker
```

第八步：验证是否安装成功。

```
[root@pkr ~]# docker version
```

（二）边缘容器编排平台框架的云端环境安装及初始化

安装 KubeEdge 云端环境，并对云端环境进行初始化，可以参考以下实施步骤（KubeEdge 云端环境需要在 Kubernetes 框架的 Master 节点上配置）。

第一步：切换到 ~ 路径下，并创建 ke_install 文件夹。

```
[root@pkr ~]# cd ~
[root@pkr ~]# mkdir ke_install
```

第二步：将 checksum_kubeedge-v1.8.2-linux-amd64.tar.gz.txt、keadm-v1.8.2-linux-amd64.tar.gz、kubeedge-1.8.2.tar.gz 和 kubeedge-v1.8.2-linux-amd64.tar.gz 资源放到 ~/ke_install 文件夹下。

第三步：切换到 ke_install 目录下，解压 keadm-v1.8.2-linux-amd64.tar.gz 文件，并切换到对应的 keadm 目录下，将其中的 keadm 文件复制到 /usr/local/bin 目录下。

```
[root@pkr ~]# cd ~/ke_install
[root@pkr ~/ke_install]# tar -zxvf keadm-v1.8.2-linux-amd64.tar.gz
[root@pkr ~/ke_install]# cd ~/ke_install/keadm-v1.8.2-linux-amd64/keadm
[root@pkr ~/ke_install/keadm-v1.8.2-linux-amd64/keadm]# cp keadm /usr/local/bin
```

第四步：切换到 ~ 目录下，验证 keadm 是否配置成功。

```
[root@pkr ~/ke_install/keadm-v1.8.2-linux-amd64/keadm]# cd ~
[root@pkr ~]# keadm version
```

第五步：创建 /etc/kubeedge 文件夹，并将资源文件拷贝到该目录下。

```
[root@pkr ~]# mkdir /etc/kubeedge
[root@pkr ~]# cp ~/ke_install/checksum_kubeedge-v1.8.2-linux-amd64.tar.gz.txt /etc/kubeedge
[root@pkr ~]# cp ~/ke_install/kubeedge-v1.8.2-linux-amd64.tar.gz /etc/kubeedge
```

第六步：切换到 ke_install 目录下，并解压 kubeedge-1.8.2.tar.gz 文件。

```
[root@pkr ~]# cd ~/ke_install
[root@pkr ~/ke_install]# tar -zxvf kubeedge-1.8.2.tar.gz
```

第七步：将 ~/ke_install/kubeedge-1.8.2/ 中的 cloudcore.service、edgecore.service 和 crds 文件拷贝到 /etc/kubeedge 下。

```
[root@pkr ~/ke_install]# cp ~/ke_install/kubeedge-1.8.2/build/tools/cloudcore.service /etc/kubeedge
[root@pkr ~/ke_install]# cp ~/ke_install/kubeedge-1.8.2/build/tools/edgecore.service /etc/kubeedge
[root@pkr ~/ke_install]# cp -r ~/ke_install/kubeedge-1.8.2/build/crds /etc/kubeedge
```

第八步：创建 .kube 和 cache 文件夹，并将 K8S 集群的配置信息保存到该文件夹的 config 文件。

```
[root@pkr ~/ke_install]# mkdir ~/.kube
[root@pkr ~/ke_install]# mkdir ~/.kube/cache
[root@pkr ~/ke_install]# kubectl config view --minify > ~/.kube/config
```

第九步：KubeEdge 云端初始化，其中 advertise-address 对应的 IP 地址需要改为当前主机的 IP 地址。

```
[root@pkr ~]# keadm init --kubeedge-version=1.8.2 --advertise-address=192.168.1.222
```

第十步：通过 keadm 获取 token。

```
[root@pkr ~]# keadm gettoken
```

（三）边缘容器编排平台框架的边缘端环境安装

KubeEdge 边缘端环境安装可以参考以下实施步骤。

第一步：将云端服务器中的文件拷贝到边缘端服务器中，其中使用 scp 进行文件传输（过程中可能会需要输入 yes 和云端服务器的密码），当前命令中云端服务器 IP 为 192.168.1.222，IP 需要根据实际情况更改。传输命令如下：

```
[root@pkr ~]# scp root@192.168.1.222:/usr/local/bin/keadm /usr/local/bin/
[root@pkr ~]# scp root@192.168.1.222:/etc/kubeedge /etc/
```

第二步：将边缘节点加入云端（将 IP 改为云端服务器的 IP，将 token 改为 keadm gettoken 命令获取到的 token）。

```
[root@pkr ~]# keadm join --cloudcore-ipport=192.168.1.222:10000 --kubeedge-version=1.8.2 --token=d67fa6d0af4efba16a03342786ed7c3ab9378795f814bb22abafc4f2486798b6.eyJhbGciOiJIUzI1NiIsInR5cCI6IkpXVCJ9.eyJleHAiOjE2NzI3ODk0MTI9.8p_jPpPGg5ZLT6A65EQoZc6H9KHK8n9mrDR84M6o7pg
```

三、边缘设备管理

下面介绍 KubeEdge 框架如何在云端管理边缘设备，例如，用户只需在云端修改边缘设备的参数，就能打开自己家中的电灯。

KubeEdge 框架通过 Kubernetes 框架的 CRD，引入了两种资源：DeviceModel 和 Device，它们分别用于描述设备的元信息和设备的实例信息。同时，框架还有一个名为 DeviceController

的资源，用于负责边缘设备的管理，并在云和边之间传递这些信息。

用户可以通过 Kubernetes API 从云端创建、更新和删除设备的元数据。通过 CRD API，用户可以控制设备属性的预期状态，这样用户可以在云端对设备进行 CRUD（创建、读取、更新、删除）操作。

设备实例信息被映射到 Device 资源中，如传感器可以表示为一个设备实例。而 DeviceModel 资源是设备模板，用于定义设备属性，如温度、压力和开关状态等。DeviceModel 类似于一个可重复使用的模板，用户可以根据它创建和管理多个设备实例。

下面是一个创建 DeviceModel 资源的示例 light-model.yaml，用于在云端通过 KubeEdge 框架控制家中的灯光：

```yaml
apiVersion: devices.kubeedge.io/v1alpha2
kind: DeviceModel
metadata:
  name: light-model
  namespace: default
spec:
  properties:
  - name: status
    description: light status
    type:
      string:
        accessMode: ReadWrite
        defaultValue: ''
```

示例定义了一个电灯的 DeviceModel 资源，它包含一个 String 类型的属性 status。

一个 Device 实例代表一个实际的设备对象，它就像 DeviceModel 资源的实例化，引用了 Model 中定义的属性。电灯的 Device 示例文件 light.yaml（其中 edgenode1 为边缘节点名，需要根据实际情况修改，可在云端节点执行 kubectl get nodes 获取边缘节点名）内容如下：

```yaml
apiVersion: devices.kubeedge.io/v1alpha2
kind: Device
metadata:
  name: light
  labels:
    description: 'light'
spec:
  deviceModelRef:
    name: light-model
  nodeSelector:
    nodeSelectorTerms:
      - matchExpressions:
        - key: 'kubernetes.io/hostname'
          operator: In
          values:
            - edgenode1
status:
  twins:
    - propertyName: status
      desired:
        metadata:
          type: string
        value: 'OFF'
      reported:
        metadata:
```

```
    type: string
    value: ''
```

云端的 DeviceController 控制器通过 Kubernetes API 端口监听设备的创建事件，并自动创建一个新的 ConfigMap 配置文件，其中包含设备的 Status 等属性信息，并将其保存到 Etcd 中。EdgeController 控制器会将 ConfigMap 配置文件同步到边缘节点，以使边缘节点上的应用能够获取设备的属性信息。

desired 值会初始化到边缘节点的数据库和边缘设备中。即使边缘节点重启，也能自动恢复到之前的状态，因为这些数据会从 Etcd 中读取并更新到边缘节点上。同时，当云端的用户对设备进行 CRUD 操作时，desired 值也会相应地进行更改。

通过这样的机制，云端和边缘端可以共享设备的状态信息，并保持同步。云端用户可以通过控制器对设备状态进行管理和更改，这些更改也会自动同步到边缘节点和设备中，确保设备在整个系统中的一致性。

在云端服务器中部署 light-model.yaml 和 light.yaml，执行代码如下（需要确保将 light.yaml 中的 edgenode1 替换为实际使用的边缘节点名称）：

```
[root@pkr ~]# kubectl apply -f light-model.yaml
[root@pkr ~]# kubectl apply -f light.yaml
```

通过如下命令修改设备的 desired 值：

```
[root@pkr ~]# kubectl edit device light
```

保存并退出。

```
Ctrl+C
:wq
```

通过如下命令查看设备状态：

```
[root@pkr ~]# kubectl describe device light
```

因为边缘端并没有真正接入设备,所以当修改 desired 值时不会引起 reported 值的变化。当接入设备后,设备会接收到云端修改的 desired 值,改变自身状态,并通过 reported 上报设备目前的状态。

思考题

1. 简述 TorchServe 部署模型的流程。
2. 简述在程序中使用规则引擎的典型步骤。
3. 简述 KIE Drools 中的几种架构及其特点。
4. 简述 KubeEdge 的整体架构。
5. 简述 KubeEdge 如何进行边缘设备管理。

第三篇
物联网移动应用开发

随着物联网技术的快速发展,智慧港口的建设成为现代港口管理的重要组成部分。智慧港口 App 开发可以帮助港口实现设备互联、数据共享和智能化管理,提升港口运营效率和安全性。

通过学习前两篇内容,读者已学会如何将不同协议的物联网设备连接到物联网平台,并成功上报了传感器采集的数据。通过使用仪表板展示数据、使用规则链进行设备控制,读者已成功实现了这些功能。现在我们可以继续深入研究物联网移动应用的开发。

第九章
移动应用项目开发

本章以先前与设备对接的 ThingsBoard 为基础，介绍智慧港口移动应用软件项目搭建的基础知识，以及核心业务功能设计与开发。基础知识包括项目需求分析、软件架构模式、通信框架等内容，核心业务功能设计与开发包括界面设计与开发、对接物联网云平台、设备数据可视化检测、多场景设备联动控制等内容。

- **职业功能：** 物联网移动应用开发。
- **工作内容：** 开发环境搭建；业务开发；数据通信安全开发。
- **专业能力要求：** 能选择合适的框架，完成项目框架的搭建；能实现物联网移动应用页面的交互；能实现物联网云平台与移动应用程序的数据交互；能完成物联网数据的可视化开发；能完成多个物联网场景的联动控制；能运用密码技术，设置数据加密存储机制；能使用证书和配置手册，进行安全通信开发。
- **相关知识要求：** MVP、MVVM 等模式知识；GIT/SVN 等版本管理工具；SDK 知识；可视化开发知识；HTTPS 原理；TLS 协议知识。

第一节 项 目 简 述

考核知识点及能力要求:
- 了解智慧港口移动应用软件项目基本情况。
- 明确智慧港口移动应用软件项目的需求功能。

一、项目概述

智慧港口是指借助物联网、云计算、大数据、智能感知等新一代信息技术对港口管理运作做出智慧响应,形成信息化、智能化的现代港口。

传统港口属于人力密集作业,自动化程度低,人工成本高,亟待借助新兴技术以实现无人化、自动化、信息化作业;随着电子、通信、软件等技术的快速发展,人们的生活和工作都愈发依托于移动设备,移动设备已成为人们日常生活中必不可少的一部分。在"工业4.0""互联网+"的时代大背景下,智慧港口旨在通过信号处理、通信、云计算、智能控制等多种技术手段实现港口的数字化、标准化、智能化生产管理。以移动设备为载体,以满足工业生产需求为目的,智慧港口移动应用软件项目为现代物流业务提供安全、高效、可靠的服务,具有智能监控、智能管理、智能服务、信息可视化、安全高效等优点,推动港口业务朝智能化、信息化、自动化方向发展。

因为本书中的移动应用软件项目旨在教学,所以从用户信息交互、信息可视化、网络数据获取等方面进行开发,构建一个合理可靠的智慧港口移动应用软件项目。开发过程中将会采用 Jetpack 组件库和软件架构模式知识来构建 Android 应用的基本框架，包括信息展示、界面管理、用户事件、数据绑定、数据管理和更新等内容。开发过程中将会采用 Retrofit 框架和 RxJava 框架共同搭建的通信模块来提供可靠安全的通信数据。

二、项目需求

本部分设计的移动应用软件主要通过物联网平台的设备接入和数据服务，对港口能耗及周边环境进行监测，对生产预警设备进行管控，接收电器火灾等危险预警信息，并对异常环境及时做出响应，最终实现港口的安全生产。

1. 实现用户登录功能。

2. 引导用户了解产品的主要特征和功能，熟悉产品使用方式。

3. 实现用户账户信息设置、移动应用帮助等基本功能。

4. 实时监测耗电总量、各区域耗电量、耗电对比等统计信息。

5. 监测港口各设备的在线、离线状态及运转情况。

6. 设备数据展示页展示温度传感器、智能电表等传感设备采集上报的属性特征等数据。

7. 显示设备告警、能耗预警等告警信息，智能预测异常环境。

8. 设备管理页对界面控件与设备进行绑定，实现对风扇等设备的遥控功能。

9. 在多场景下通过制定各设备间的联动规则，实现设备间联动式自动控制。

10. 通过搭建通信模块完成移动端与物联网云平台的数据交互。

第二节 架构设计

考核知识点及能力要求：

- 掌握软件架构模式的基础知识。
- 了解 Jetpack 组件库的相关内容。
- 了解智慧港口 App 的技术架构。
- 了解 Retrofit 与 OkHttp。
- 掌握 Retrofit+RxJava 搭建网络框架。
- 了解 Git 版本控制管理系统概念和常用指令。

一、软件架构模式

MVC、MVP、MVVM 都是 Android 应用开发常用的软件架构模式，它们通过解耦对应的逻辑模块，以达到提高程序可靠性、安全性和可读性，便于扩展，易于维护等目的。

当项目需求相当丰富或者同一团队共同开发一个大项目时，项目代码就会显得非常复杂。正所谓"磨刀不误砍柴工"，为提高开发效率且便于后期测试和维护，往往要引入架构设计、捋清代码逻辑、划分程序模块，使模块之间处于高内聚、低耦合状态。

（一）模型－视图－控制器架构

MVC 架构将程序划分为模型层、视图层和控制层，MVC 架构如图 9-1 所示。

模型层：负责管理数据逻辑，向视图层提供其请求的数据。

视图层：负责管理 UI 设计逻辑，显示来自模型层的数据，与用户进行交互。

控制层：负责处理业务逻辑，响应视图层发来的请求，指示模型层更新数据。

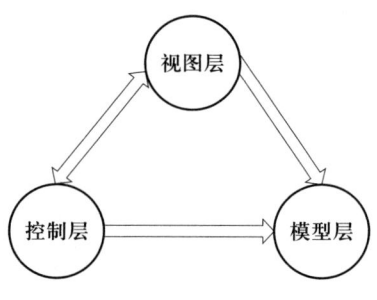

图 9-1　MVC 架构

在 MVC 架构中，模型层独立，视图层依赖于模型层，控制层协调视图层和模型层。模型层负责整个项目数据的操作和处理，作为整个项目的核心，完全从项目中解耦出来。控制层作为整个项目的大脑，处理视图层发来的用户操作，并指示模型层更新数据及指示视图层重载数据。视图层将用户行为递交给控制层，并向模型层请求数据以展示。模块内聚程度高，模块间耦合度低。

当然，MVC 架构也存在许多弊端。几乎所有的业务逻辑都在控制层，控制层非常臃肿且难于测试与维护；视图层与控制层间连接紧密，这样降低了它们的重用性；视图层直接向模型层请求数据，提高两个模块间的耦合度。

（二）模型 - 视图 - 展示架构

MVP 架构是基于 MVC 架构的改进，它将程序划分为模型层、视图层和展示层，MVP 架构如图 9-2 所示。

模型层：负责管理数据逻辑，向展示层提供其请求的数据。

视图层：负责管理 UI 设计逻辑，显示来自展示层的数据，与用户进行交互。

展示层：负责处理业务逻辑，作为模型层和视图层交互的中枢。

在 MVP 架构中，视图层展示模型层数据时，先通过展示层获取模型层数，进行处理后再传递给视图层，这样实现了视图层和模型层之间的解耦，所有业务逻辑都被划分到展示层，各模块任务分工明确，极大降低了各模块间的耦合度。

MVP 架构也存在缺陷，展示层业务逻辑复杂，维护难度大；视图层和展示层间的联系过于紧密，往往相互引用，单方面的修改都极可能引起另一方的修改。

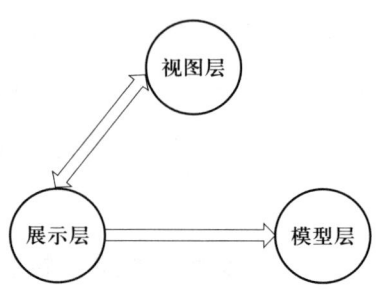

图 9-2　MVP 架构

（三）模型 – 视图 – 视图模型架构

MVVM 架构进一步改进了 MVC 和 MVP 架构，将程序划分为模型层、视图层和视图模型层，MVVM 架构如图 9-3 所示。

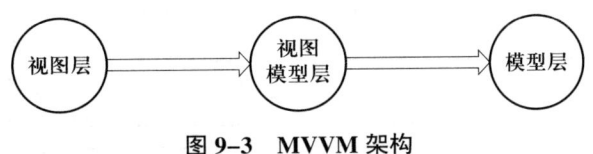

图 9-3　MVVM 架构

模型层：负责管理数据逻辑，向视图模型层提供数据。

视图层：负责管理 UI 设计逻辑，显示来自视图模型层的数据，与用户进行交互。

视图模型层：负责处理模型层和视图层间的数据交互。

在 MVVM 架构中，视图层和视图模型层进行双向绑定，一个视图层可以对应多个视图模型层，视图模型层向视图层提供数据，而模型层又向视图模型层提供数据，各模块分工更明确。该架构以数据驱动型思想完全分离视图和模型，提高了项目重用性，降低了耦合度。

二、应用框架

Jetpack 组件库可帮助开发者制定合理的应用方案，轻松搭建智慧港口移动应用软件框架。

（一）开发组件库简介

Jetpack 组件库是一个由多个 Android 开发库组成的套件，它旨在帮助开发者快速、合理、更优化地构建 Android 项目。Jetpack 组件库使用 Kotlin 语言开发，这使开发工作更高效。Jetpack 组件库主要包括基础（foundation）、架构（architecture）、行为（behavior）、界面（UI）四大部分，每一个组件都可以单独被采用和构建，或是协同完成任务，并且都支持向后兼容，Jetpack 组件库结构如图 9-4 所示。基础组件提供向后兼容、安全、测试等横向服务，使得在开发时更加简洁、顺畅和现代化；架构组件帮助设计者构建更加稳健、可靠的移动应用软件；行为组件帮助开发者的应用与标准 Android 系统服务相集成；界面组件帮助开发者设计优美的界面。

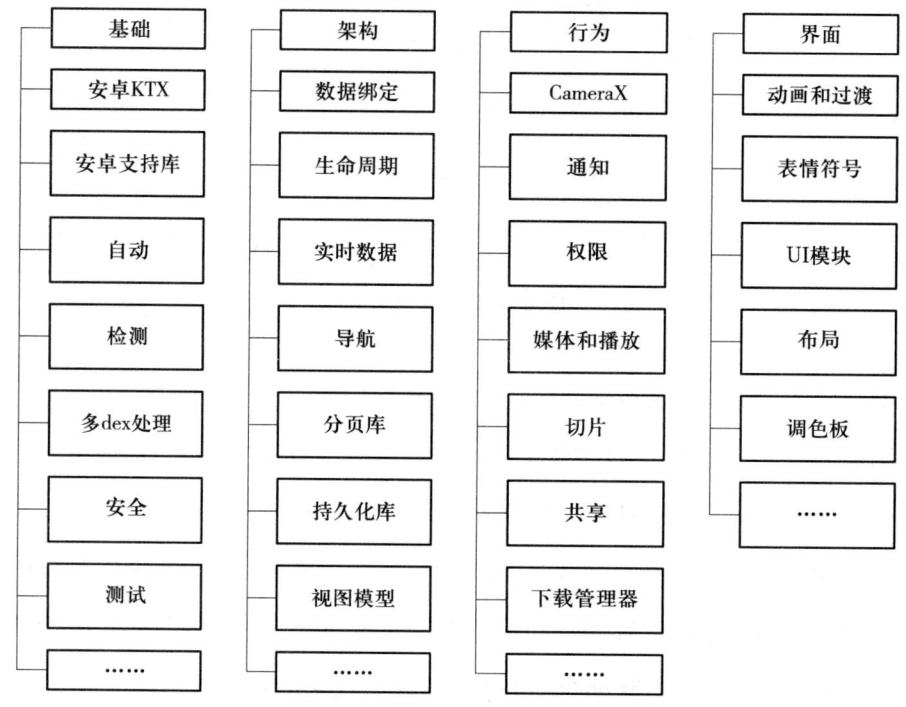

图 9-4 Jetpack 组件库结构

Jetpack 组件库采用最新的设计方法——向后兼容，降低了程序崩溃和内存泄露的可能性；它可以管理烦琐的活动，帮助开发者更专注于核心代码的开发，提高应用的稳定性；同时它也减少了在各种 Android 版本系统和设备中的不一致性，便于更优更快地进行开发。

（二）技术方案

智慧港口方案主要分为设备、平台、应用。智慧港口移动应用软件项目中的应用技术方案如图 9-5 所示，底层传感设备通过 Wi-Fi、BLE、ZigBee 等通信技术接入物联网云平台，自身采集数据进行上报或者等待平台下发指令完成相应任务；云平台对接入的设备和传入的数据进行管理，实现数据可视化，并向外提供 Rest 设计原则等数据接口；手机应用通过云平台开放的接口获取数据以展示，或者向平台发送控制指令，平台根据制定的规则向设备发送指令，控制其工作状态。

（三）应用架构

应用架构包括实现基本的活动、框架，其中包含对活动生命周期进行观察、响应

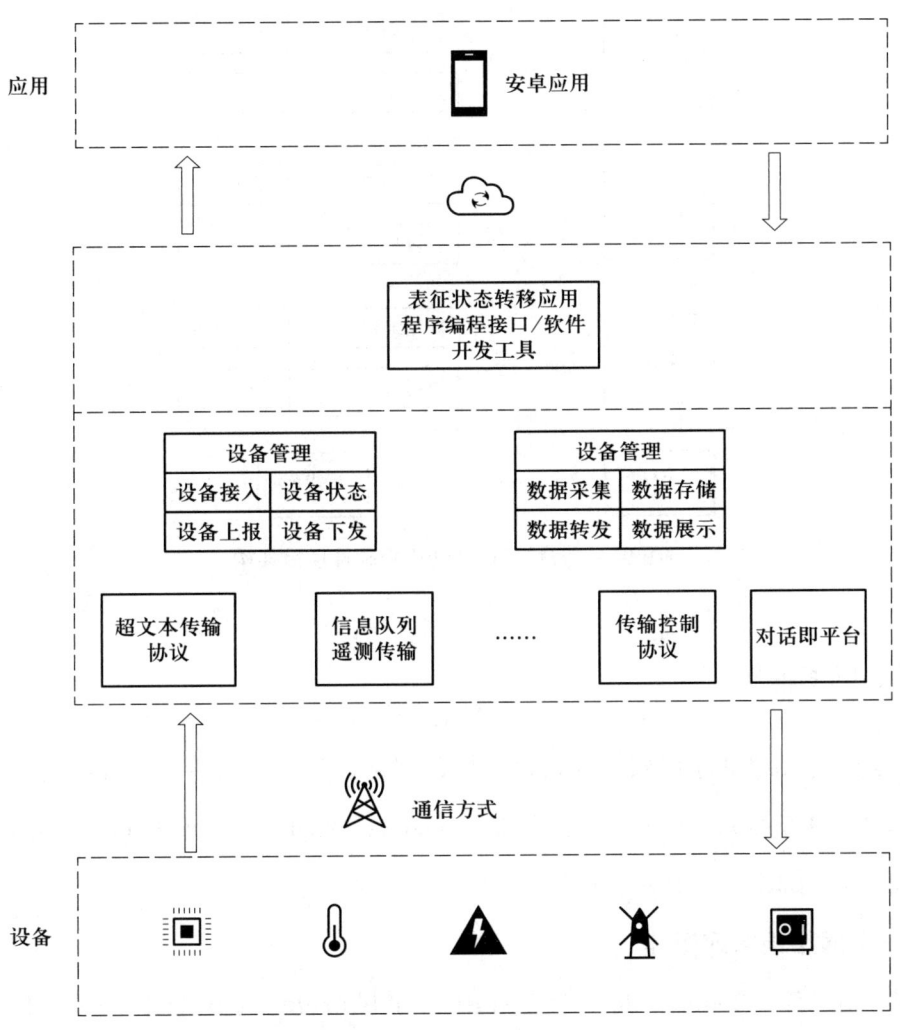

图 9-5 智慧港口移动应用软件项目中的应用技术方案

用户事件、通过布局实现界面渲染等组件功能。

在应用中包括核心部分组件或依赖库，能帮助实现消息通知、权限配置、通过 WorkManager 组件处理后台任务、使用协程完成并发设计等功能。

在应用的数据层面，向下通过 Room 组件对本地数据库进行数据访问，或通过 Retrofit 框架对网络数据进行请求；向上通过 ViewModel 与 UI 数据元素建立双向绑定；其内部完成数据更新、数据管理、实现部分业务逻辑等操作。智慧港口移动应用软件项目架构如图 9-6 所示。

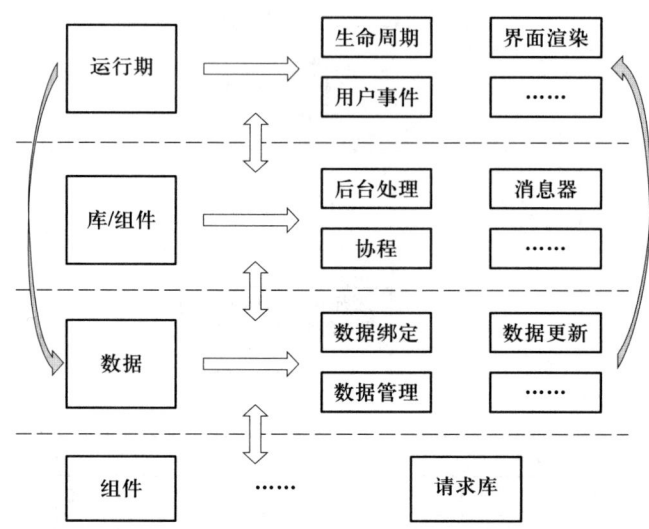

图 9-6　智慧港口移动应用软件项目架构

三、网络框架

在实际开发移动应用软件项目过程中，网络访问必不可少，最开始进行网络访问的框架是 HttpConnection，之后出现了 Volley、OkHttp 等，而 Retrofit+RxJava 则是 Android 端目前非常流行的一套框架。

（一）网络请求库概述

网络请求库（Retrofit）是一个遵循 RESTful 风格设计的 HTTP 网络请求框架的封装，是当下 Android 端非常流行的网络请求库。App 程序使用 Retrofit 进行网络访问的实质是：Retrofit 对用户所发出的请求信息进行封装，之后由 OkHttp 完成请求操作。服务器返回数据后，OkHttp 获得原始结果并交给 Retrofit，Retrofit 对原始数据进行进一步处理、解析后返回给用户。因此，网络请求工作是由 OkHttp 进行的，Retrofit 所做的是对数据进行封装，简化使用者的工作。OkHttp 侧重底层通信的实现，Retrofit 侧重上层接口的封装。Retrofit 与 OkHttp 工作关系如图 9-7 所示。

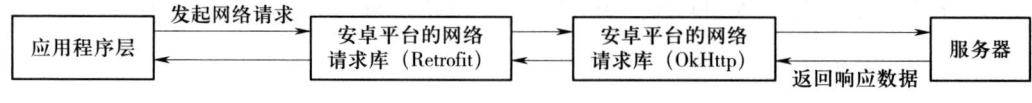

图 9-7　Retrofit 与 OkHttp 工作关系

OkHttp 进行网络请求的步骤如下。

第一步：创建 HttpClient 客户端，构造方法返回一个 Builder 对象。HttpClient 对象是一个网络请求实例。通常所有的网络请求使用同一个单例对象，HttpClient 客户端创建后是不可变的，它可以发送多个请求。

第二步：构建 Request，Request 是一个具体的网络请求对象，它主要用于初始化一些常用的数据请求参数，如请求 url、请求头、请求体等。Request 对象初始为空，可以在最后的 build( ) 方法之前链式调用其他方法来完善 Request 对象。

第三步：构建请求 OkhttpCall，它代表一个实际的网络请求，是 HttpClient 客户端和 Request 对象的纽带和桥梁，将二者绑定起来生成具体的可执行实体。

第四步：进行网络请求，处理网络请求的数据。

需要注意的是如果使用 Call 进行同步请求，那么系统收到响应结果前将处于阻塞状态，无法进行其他操作。而使用异步请求的系统会分配一个子线程进行网络请求，系统不会阻塞，因此，Android 开发中必须进行异步操作，这体现了后续使用 RxJava 的重要性。

OkHttp 的问题如下。

第一：需要用户手动进行 JSON 格式的数据解析，并且不能复用。

第二：网络请求的接口配置烦琐。

第三：不能自动切换线程。

以上这些问题可以通过 Retrofit 解决。

Retrofit 网络请求步骤如下。

第一步：创建 Retrofit 对象，这是 Retrofit 框架中的网络请求载体对象。这一步与 OkHttp 的创建网络请求实例作用类似，但在创建该对象的同时 Retrofit 会初始化很多内容，这些内容可以简化之后的网络请求。

第二步：为统一配置网络请求完成动态代理的设置。

第三步：构建具体网络请求对象 Request（service），它是 Retrofit 中用于描述网络请求的接口，使用注解来定义 url 路径、请求参数、返回类型等，它的作用是将 Retrofit 的接口转换成 OkHttp 的接口，以处理网络请求的问题。

第四步：进行网络请求，处理网络请求数据。

Retrofit 和 OkHttp 大体的网络流程是一致的，主要步骤都是：建立一个网络请求的实体类，生成一个网络请求的对象，把网络请求的方案和网络请求的实体类融合在一起，发起网络请求，处理服务端返回的数据，应对 Android 平台的线程问题。

Retrofit 相对 OkHttp 的主要优势如下。

第一，相比 OkHttp，Retrofit 会自动借助 GSON 将服务器返回的 JSON 数据解析成对象。

第二，相比 OkHttp，Retrofit 会自动完成线程的切换。

（二）异步编程模型库概述

异步编程模型库（RxJava）的本质就是"异步"，是一个用来实现异步操作的库，它提供了一种异步、基于事件流的编程方式，可以简化异步编程任务。异步操作程序要保持简洁，但在调度比较复杂的情况下异步操作的代码会变得难以编写和理解。而这就是 RxJava 的优势，它用一种优雅、链式的方式处理异步事件和数据流，避免回调地狱、嵌套地狱等问题。

RxJava 的异步是通过一种扩展的观察者模式实现的。观察者模式是一种设计模式，它定义了对象之间一对多的依赖关系，当一个对象（被观察者）的状态发生变化时，它会通知所有依赖于它的对象（观察者），并且可以将一些数据传递给观察者。

RxJava 有四个基本概念：Observable（被观察者）、Observer（观察者）、Subscribe（订阅）、事件（Event）。除此之外，还有操作符（Operator）和调度器（Scheduler）。Observable 表示一个可被观察的数据流，可以传递零个或多个数据，以及发生错误与完成事件。Observer 表示一个观察者，可以订阅一个 Observable，并对其传递的数据或事件做出响应。Observable 与 Observer 用来决定触发事件时的行为，Subscribe 用来连接 Observable 与 Observer。与传统观察者模式稍有不同的地方是 RxJava 除了普通的事件"OnNext( )"，还有两个特殊事件——"OnCompleted( )"和"OnError( )"。

"OnCompleted( )"表示事件队列完结。当被观察者不再发出新的事件时，会调用这个方法来通知观察者。

"OnError( )"表示队列异常。当处理事件的过程出现异常时，RxJava会触发"OnError( )"，同时队列终止，不再发出和处理事件。

在一个正确运行的事件序列中，"OnCompleted( )"和"OnError( )"只会出现一个，并且固定在队尾。从上文的解释中可知，两者一个代表队列正常结束，一个代表队列出现错误，异常终止，而无论哪一种情况之后都不会再有事件发生。因此，这两者也是互斥的，一个队列中只会出现其中一个。

RxJava的观察者模式如图9-8所示。

图9-8　RxJava的观察者模式

基于上述概念，RxJava的基本实现有三步。

第一步：创建Observable，即事件的传递者，它将一系列事件传递给观察者。

第二步：创建Observer，即事件的接收者，它负责处理被观察者传递的事件。

第三步：创建Observable和Observer之后，通过"subscribe( )"方法将它们联结在一起，形成一个可观察的序列。

"subscriber( )"主要做以下三件事。

（1）调用"Subscriber.onStart( )"。此时Subscriber已经与Observable建立连接，但Observable尚未开始发送事件。

（2）调用Observable中的"onSubscribe.call（subscriber）"。这一步触发Observable开始执行其事件发送逻辑。

（3）将传入的Subscriber对象转换为Subscription对象并返回。

对象间的关系如图9-9所示。

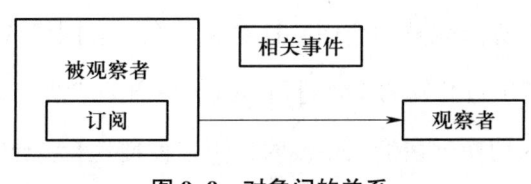

图9-9　对象间的关系

（三）异步编程模型库和网络请求库的结合使用

Retrofit 不仅提供了传统的回调形式的接口，而且提供了 RxJava 的可观察者模式。在这种形式下，Retrofit 会将请求转换成观察者，在请求完成后调用"onNext( )"方法或在请求出错后调用"onError( )"方法。

在这种模式下，RxJava 自动处理线程之间的切换，并且整个过程都是链式的，简化了逻辑。

总之，在 RxJava+Retrofit 的网络框架中，Retrofit 对请求的数据和请求的结果进行封装处理，OkHttp 负责请求的过程，RxJava 负责异步与各种线程之间的切换，这是三者在整个网络框架中所发挥的作用。

四、版本控制管理系统

Git 是一个开源的分布式版本管理系统，主要用来高效管理项目版本。

（一）版本控制管理系统（Git）介绍

当多人共同开发一个 Android 项目时，代码协调合并；又或者一个人单独开发一个项目时，代码不断修改，版本不断迭代，以及后期维护都会产生很多问题，这时需要新的工具解决这些问题。

常见的版本管理工具有 Git、CVS、SVN、HG 等。SVN 最初是为了取代 CVS 而设计的，它是一个开源的版本控制系统，通过分支管理系统实现高效管理，它同时也是集中式版本控制系统。集中式就是指由一台或多台主计算机组成中央服务器，版本和数据集中存储在这个中央服务器中，当工作的时候，从这个中央服务器下载最新版本，工作完成的内容再提交给中央服务器即可；分布式则是将数据、软件分布在不同的网络计算机上，每一台计算机节点都是一个完整的版本库，它们都是对等的，彼此之间通过消息传递进行协调。

每个开发者都可以克隆完整的仓库，这意味着在没有网络或者主服务器崩溃或损坏的情况下，仍能维持项目开发的正常进行。Git 允许开发者拥有多个独立的本地分支，在这些分支中可以来回切换，在汇入主线时，可以便捷地合并或删除这些分支；Git 按元数据方式存储内容；存储内容使用 SHA-1 哈希算法，这样确保了项目内容的完整性；与其他系统不同的是，Git 有一个叫作"暂存区"的工作区域，可以对提交内容进行格式化处理和检查。

Git 的工作流首先从远程仓库克隆 Git 资源到自己的本地仓库，在自己的工作区对资源进行添加或修改，然后将文件提交到暂存区，在提交到本地仓库前进行检查，最后再推送到远程仓库。

（二）版本控制管理系统（Git）分支

分支管理是每个版本管理工具的重要概念，Git 的分支管理使它从众多版本控制系统中脱颖而出。Git 分支本质上是指向提交对象的可变指针，master 是 Git 的默认的分支名，master 分支会在每次提交后自动向右移动，当创建一个分支时，会在 master 上创建一个指针。如图 9-10 所示，在主线上创建一个"branch1"分支，在该分支下进行工作，当需要将"branch1"分支合并到主分支时，只要将"master"指向"branch1"的当前提交位置，合并后就可将"branch1"分支删除。

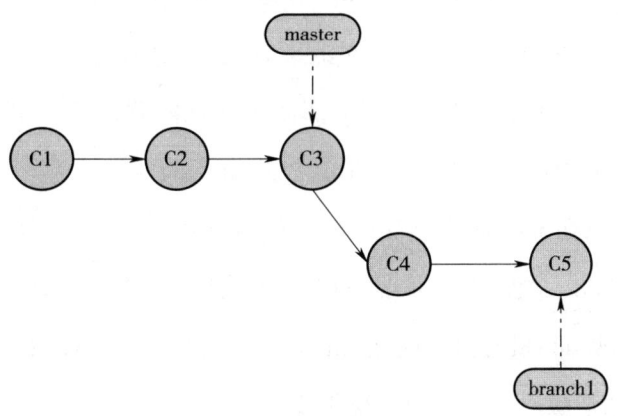

图 9-10 分支合并

有时需要在"master"和"branch1"分支上进行新的更改和提交，这样分支合并时会出现问题，如 Git 使用两个分支的末端所指的快照"C6"和"C5"以及这两个分支的公共祖先"C3"，进行简单的三方合并，如图 9-11 所示，Git 将此次三方合并的结果做了一个新的快照"C7"，并且自动创建一个新的提交指向它。

如果在两个不同的分支中对同一个文件的同一个部分进行了不同程度的修改，Git 就无法正确合并它们，需要手动去解决合并产生的冲突后再进行合并。

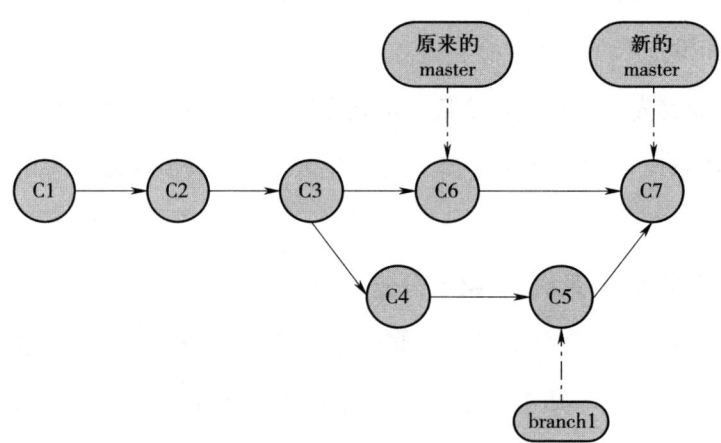

图 9-11 三方合并

(三)版本控制管理系统(Git)安装

Git 可以在 Linux、Mac 和 Windows 三大主流系统上运行,鉴于移动应用项目开发环境多为 Windows,本示例只展示 Windows 系统下的安装过程。

在 Windows 上安装 Git,可以从官网上下载安装程序,在下载完成后以管理员身份运行安装程序,一直单击"Next",全部使用默认配置,直到出现"安装",单击"安装",安装结束后单击"Finish",即可完成 Git 安装。

安装完成后可以在开始菜单中看到 Git 三个启动图标,分别为 Git GUI、Git Bash、Git CMD。Git 为 Windows 提供了 Bash 模拟环境,用于从命令行运行 Git,它还为用户提供了图形化操作界面 Git GUI,这是 Git Bash 的替代方案,Git GUI 提供了几乎所有 Git 命令行功能的图形版本及全面的可视化差异工具。

(四)版本控制管理系统(Git)常用操作

常用的 Git 操作指令(括号内为用户自定义内容)如下:

```
# 参考 git 使用帮助
$ git --help
# 显示提交日志
$ git log
```

```
# 配置用户名
$ git config --global user.name [NAME]
# 配置邮箱
$ git config --global user.email [ADDRESS]
# 创建一个空的仓库或初始化已有仓库
$ git init
# 克隆远端的项目文件
$ git clone [URL]
# 下载远程仓库的所有变动
$ git fetch [REMOTE]
# 将文件添加到暂存区
$ git add [FILE]
# 查看工作区文件修改的具体内容
$ git diff [FILE]
# 将暂存区内容提交到本地仓库
$ git commit -m [MESSAGE]
# 列出、创建或删除分支
$ git branch --list
$ git branch [BRANCH_NAME]
$ git branch -d [BRANCH_NAME]
# 合并分支
$ git merge [BRANCH_NAME]
# 切换分支
$ git checkout [BRANCH_NAME]
# 重置当前 HEAD 到指定的状态
$ git reset
```

```
# 恢复暂存区指定文件到工作区
$ git checkout [FILE]
# 取回远程仓库的变化,并与本地分支合并
$ git pull [REMOTE] < LOCAL_BRANCH>:< REMOTE _BRANCH>
# 将本地分支推送到远程主机
$ git push [REMOTE] < LOCAL_BRANCH>:< REMOTE _BRANCH>
```

第三节　页面设计与开发

考核知识点及能力要求：

- 能选用合适的布局与组件进行界面设计。
- 能熟练使用布局与组件的各项属性设置。
- 能实现引导界面开发。
- 能实现登录界面开发。
- 能实现页面滑动与切换开发。
- 能实现个人信息界面开发。
- 能实现设备管理界面开发。
- 能实现港口能耗界面开发。
- 能实现告警界面开发。

一、项目创建

下一步开发前需要创建项目，并且添加相应的资源配置。在 Android Studio 软件中创建一个 Kotlin 语言的项目工程，并且在这个工程目录下创建包资源，包资源如图 9-12 所示。

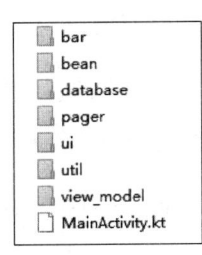

图 9-12 包资源

各个包用于存放不同类型的代码资源。例如，bar 包主要存放自定义的布局组件，view_model 包主要存放交互数据以及与数据操作相关的代码。

接下来进行资源添加操作。需要在"/res/values/strings.xml"文件中添加项目中所需的字符串资源，将图片资源复制到项目的"/res/mipmap-xxxhdpi"目录中，在"/main/java/ui/theme/Color.kt"配置颜色信息，在"/res/drawable"目录中配置 XML 格式的图片资源。以上资源必要时可通过代码进行引用。可以在"settings.gradle"文件中添加远程仓库的依赖配置信息，在项目目录下的"build.gradle"文件中设置配置信息，代码如下：

```
buildscript {
    ext {
// 可以在任意的应用中通过 ${compose_ui_version} 获取该属性的值
        compose_ui_version = '1.1.1'
    }
}
plugins {
// 注意这里引入的插件 apply 状态为 false, 表示配置不会被直接使用, 但可以在子项目或配置中引用
    id 'com.android.application' version '7.3.1' apply false
    id 'com.android.library' version '7.3.1' apply false
    id 'org.jetbrains.kotlin.android' version '1.6.10' apply false
}
```

在 App 目录下的"build.gradle"文件中添加依赖资源，主要作用是导入一些便于实现业务功能开发的库依赖。此处可以参考之前的项目目录下的"build.gradle"文件配置。项目后续需要使用 Retrofit，因此要添加 Retrofit 库的依赖。Retrofit 内部依赖另一个开源库 OkHttp，OkHttp 是 Retrofit 的通信基础，从物联网云平台返回的数据大部分使用 JSON 格式，因此也一并添加 JSON 解析库的依赖。app/build.gradle 文件中的 dependencies 中添加依赖项的代码如下：

```
implementation 'com.squareup.okhttp3:okhttp:4.4.0'
implementation 'com.squareup.okhttp3:logging-interceptor:4.8.0'
implementation 'com.squareup.retrofit2:retrofit:2.4.0'
implementation 'com.squareup.retrofit2:converter-gson:2.4.0'
implementation 'com.squareup.retrofit2:adapter-rxjava2:2.4.0'
```

接着，在"app/src/main/AndroidManifest.xml"文件进行权限配置。因为需要访问网络，所以加上了网络的相关权限，代码如下：

```
<uses-permission android:name="android.permission.INTERNET" />
```

读者可通过提供的资源进行引入。

二、引导界面开发

引导页面用于为初次使用用户提供应用的主要功能介绍和操作指引，且只会展示一次，后续操作时不再出现。

（一）引导界面中用到的布局和组件

Jetpack Compose 中实现页面设计效果的布局和组件都采用 @Composable 修饰的函数方式，通过函数参数调整具体样式。

在参数中首先介绍的是 Modifier。Modifier 是 Compose 的修饰符，借助修饰符可以实现修饰或扩充可组合组件，例如，更改组件的大小、布局、行为和外观，添加标签、处理输入、添加交互如可单击、可拖动等可以通过 Modifier 这个标准的 Kotlin 对象设置属性完成。

制作引导页面，需要一个文字组件展示标题，需要若干自定义图片设置轮播展示功能，需要一个底部的轮播指示器显示现在展示的是第几个图片资源。其中，图片资源已经引入并保存在"/res/mipmap-xxxhdpi"目录下，通过"R.mipmap.intro1"的方式引用。

页面上的这些组件要按一定方式排列，需要使用布局来控制。Column 布局是常用的一种垂直布局容器，其内的每一个元素都占一行，Column 布局能根据使用修饰符提供的权重分配子项的高度，示例代码如下：

```
@Composable
// Modifier 是通用修饰符，具体配置参照具体代码
//verticalArrangement 用于布局子项的垂直排列
//horizontalAlignment 用于布局子项的水平对齐方式
Column(Modifier, verticalArrangement, horizontalAlignment) { }
```

Box 布局中所有子组件会从左上角开始堆叠在一起，示例代码如下：

```
@Composable
// Modifier 是通用修饰符
// contentAlignment 用于决定子元素在 Box 组件内的位置，例如设置 contentAlignment =
// Alignment.Center, 表示子元素水平垂直居中展示
Box(Modifier,contentAlignment) { }
```

Text 是用于文本直接显示的组件，代码如下：

```
@Composable
//参数较多，此处选取几个常用的说明
```

```
//text 设置文本内容
//color 设置颜色
//fontSize 设置字体大小
//fontWeight 设置字体粗细
//textAlign 设置文本对齐方式
Text(text,modifier,color,fontSize,fontStyle,fontWeight,fontFamily,letterSpacing,textDecoration, textAlign, lineHeight,overflow,softWrap,maxLines,onTextLayout,style)
```

(二)实现引导界面

代码中使用到实验库时需要在函数前添加注解,代码如下:

```
@OptIn(ExperimentalPagerApi::class)
```

OptIn 注解是 Kotlin 标准库中的一个方法,作用是声明使用某些特殊代码需要经过同意,以及告知使用者使用该特殊代码时需要一些特定条件。其中 Experimental Pager ApI 是 Jetpack Compose 库中的一个实验性 API。

引导界面布局,采用标题和内容两个分区。

编写代码参考以下几个步骤。

第一步:编写标题区代码。这里的 R.string.smart_port 表示从之前配置好的从 res/values 里 strings.xml 文件引入的 "smart_port" 字符串资源,代码如下:

```
// 标题区
@Composable
fun Title(){
    Text(text = stringResource(id = R.string.smart_port),
        Modifier.fillMaxWidth().padding(vertical = 20.dp),
        fontSize = 30.sp,
```

```
        textAlign = TextAlign.Center,
        color = Color.Blue)
}
```

第二步：为了实现引导页只出现一次，需要使用一个标记记录并进行持久化操作。SharedPreferences 是 Android 平台的轻量级存储类，用来保存应用的常用配置，原理是通过 Android 系统生成一个 XML 文件保存到特定目录下，以键值对的方式存储数据。ShareUtil 工具类用于创建原生 android.content.SharedPreferences 对象。调用 SharedPreferences 的 edit( ) 的 putString、getString 和 remove 方法实现查询、插入和删除具体内容的功能。ShareUtil 工具类代码如下：

```
// SharedPreferences 工具类
class ShareUtil{
    private var sps: SharedPreferences?=null
    private fun getSps(context: Context):SharedPreferences{
        if(sps==null){
            sps=context.getSharedPreferences("default",Context.MODE_PRIVATE)
        }
        return sps!!
    }
    // 插入
    fun putString(key:String,value:String?,context:Context){
        if(!value.isNullOrBlank()){
            var editor:SharedPreferences.Editor=getSps(context).edit()
            editor.putString(key,value)
            editor.commit()
        }
```

```
}
// 查询
fun getString(key:String,context:Context):String?{
    if(!key.isNullOrBlank()){
        var sps:SharedPreferences=getSps(context)
        return sps.getString(key,null)
    }
    return null
}
// 删除
fun removeString(key:String,context:Context){
    if(!key.isNullOrBlank()){
        var editor:SharedPreferences.Editor=getSps(context).edit()
        editor.remove(key)
        editor.commit()
    }
}
}
```

第三步：在 view_model 包下编写 WelcomeViewModel，用于保存已展示标记至文件。WelcomeViewModel 代码如下：

```
class WelcomeViewModel(application:Application):AndroidViewModel(application) {
    // 增加引导页已展示标记
    fun introIsDisplay(){
        // 写入 SharedPreferences
        var util=ShareUtil()
```

```
        util.putString("isDisplay","true", getApplication())
    }
}
```

第四步:编写内容区代码。

多个功能介绍引导图将以定时轮播形式在引导页进行展示。实现的关键包括页面滑动切换和定时切换。

采用 WelcomeBanner 方法可实现页面切换和轮播效果,其中页面切换将在后文进一步介绍。轮播是借助前面导入依赖中的 HorizontalPager 方法。这里需要先引入协程的概念。协程是 Kotlin 语言中特有的轻量级线程。线程由系统调度,协程由开发者控制。线程切换或阻塞的开销比较大,协程依赖于线程,但是协程挂起时不需要阻塞线程。此处使用 LaunchedEffect 方法启动协程,每隔 5 s 进行页面切换。在 bar 包下创建 WelcomeBanner.kt 文件,编写 WelcomeBanner 方法,代码如下:

```
@OptIn(ExperimentalPagerApi::class)
@Composable
fun WelcomeBanner() {
    // 初始化图片资源对象
    var images = remember {
        mutableListOf(
            R.mipmap.intro1, R.mipmap.intro2,
            R.mipmap.intro3, R.mipmap.intro4
        )
    }
    // Banner 页面的数量
    var bannerCount:Int = images.size
```

```
// 初始化轮播图的当前初始展示页角标
val pagerState = rememberPagerState()
// 增加已展示标记,下次不再展示
val viewModel : WelcomeViewModel = viewModel()
viewModel.introIsDisplay()
// 设置 Box 布局,离顶部 150dp
Box(modifier = Modifier.padding(top = 150.dp), contentAlignment = Alignment.Center) {
    HorizontalPager(
        count = bannerCount,
        state = pagerState,
        modifier = Modifier.fillMaxWidth().aspectRatio(1f)   // 设置宽高比
    ) {
        Image(
            painter = painterResource(id = images[pagerState.currentPage]),
            contentDescription = null,
            modifier = Modifier.fillMaxWidth().padding(start = 32.dp, end = 32.dp).clip(RoundedCornerShape(12.dp)).clickable {

            },
            contentScale = ContentScale.Crop
        )
    }
    // 设置箭头图标,用于跳转到登录页面
    if(pagerState.pageCount -1 == pagerState.currentPage) {
        Icon(
            painterResource(R.drawable.ic_arrow_more),
```

```
            contentDescription = " 更多 ",
            Modifier.size(50.dp).align(Alignment.CenterEnd).clickable {
// 跳转到登录页面 , 暂时忽略
// navController.navigate("login_page")
        },
            tint = Color.Gray
        )
    }
    // 设置轮播
    LaunchedEffect(key1 = pagerState) {
        while (true) {
            delay(5000)
            pagerState.animateScrollToPage(
                (pagerState.currentPage + 1) % pagerState.pageCount)
        }
    }
    // 底部轮播图标
    // 轮播指示器
    HorizontalPagerIndicator(
        pagerState = pagerState,activeColor = Red,
        inactiveColor = Gray,indicatorWidth = 10.dp,
        indicatorHeight = 4.dp,spacing = 5.dp,
        modifier = Modifier.align(Alignment.BottomCenter).padding(bottom = 8.dp)
    )
  }
}
```

第五步：整合为引导页框架代码。代码如下：

```
@Composable
fun Welcome(){
  Column {
    Title()
    WelcomeBanner()
  }
}
```

三、登录界面开发

登录界面用到的组件有 Card、Box、Row、Column、Text、TextField 和 Button，账号显示为明文，密码显示为密文。

（一）登录界面中用到的布局和组件

Row 布局是常用的一种水平布局容器，其内部的每一个元素都占一列，Row 布局能根据使用修饰符提供的权重分配子项的宽度，代码如下：

```
@Composable
// Modifier 是通用修饰符
//horizontalArrangement 用于布局子项的水平排列
//verticalAlignment 用于布局子项的垂直对齐方式
Row(Modifier, horizontalArrangement, verticalAlignment) { }
```

Card 布局是常用的一种悬浮效果布局容器，代码如下：

```
@Composable
// Modifier 是通用修饰符
//backgroundColor 用于设置背景色
```

//contentColor 用于设置内容颜色

//border 用于设置边界样式

//elevation 用于设置抬高距离

Card(Modifier, shape, backgroundColor, contentColor, border, elevation) { }

TextField 是用于文本输入的基本组件，代码如下：

@Composable

//value 设置输入显示内容

//trailingIcon 设置账号、密码图标

//keyBoardOptions 设置文本类型

//visualTransformer 设置是否明文显示

//onValueChange 使用回调监听输入内容变化

TextField(value,modifier,enable,readOnly,textStyle,label,placeholder,leadingIcon,trailingIcon,isError,

visualTransformer,keyBoardOptions,keyBoardActions,singleLine:,maxLines, interactionSource,shape,colors,onValueChange)

后续项目中实际使用的是 OutlinedTextField，用于文本输入，所有的基本属性和 TextField 一致，差异主要在于前端展示效果，例如默认是圆角背景框。

Button 是按钮组件，代码如下：

@Composable

// Modifier 是通用修饰符

// onClick 用于设置单击按钮的触发事件

//colors 用于设置颜色

Button(onClick,modifier,enabled,interactionSource,elevation,shape,border,colors,contentPadding,content)

(二)实现登录界面

登录界面布局,与引导界面类似,采用标题和内容两个分区。登录界面如图 9-13 所示。

编写代码参考以下步骤。

第一步:编写标题区代码。复用引导界面标题区代码,不再赘述。

第二步:在 view_model 包下,编写 LoginViewModel 用于记录登录账号密码数据和登录状态等信息,方便后续数据交互操作,代码如下:

图 9-13 登录界面

```
class LoginViewModel(application:Application):AndroidViewModel(application) {
// 账号
val accountText = mutableStateOf("")
// 密码
val pwdText = mutableStateOf("")
// 登录错误原因
val isAccountNull = mutableStateOf(false)
val isPwdNull = mutableStateOf(false)
val isAccountError = mutableStateOf(false)
val isNetError = mutableStateOf(false)
// 登录状态
val isLogin = mutableStateOf(false)
}
```

第三步:编写基于 OutlinedTextField 文本框的账号密码文本输入框组件。OutlinedTextField 组件与前文介绍的 TextField 组件属性基本一致,使用 visualTransformation 实现密码输入时不显示明文。在 bar 包下创建 MyTextField.kt 文件,编写 MyTextField 方法,代码如下:

```kotlin
// 自定义文本框
@Composable
fun MyTextField(
    value:String,
    colors:TextFieldColors,
// 框内图标
    trailingIcon:ImageVector,
    trailingtintIcon: Color,
    modifier: Modifier,
    keyboardOptions:KeyboardOptions,
    visualTransformation: VisualTransformation = VisualTransformation.None,
    onValueChange:(String) -> Unit
){
    OutlinedTextField(value = value,
        colors = colors,
        trailingIcon={ Icon(trailingIcon, contentDescription = "", tint = trailingtintIcon)},
        modifier=modifier,
        keyboardOptions=keyboardOptions,
// 用户密码不可见
        visualTransformation=visualTransformation,
        singleLine=true,
        onValueChange = onValueChange)
}
```

第四步：编写登录按钮代码。作用是单击后使用 LoginViewModel 中保存的账户密码进行逻辑判断，根据是否登录成功执行跳转页面操作，代码如下：

```
// 登录按钮
@Composable
fun WelcomeButton(){
val viewModel : LoginViewModel = viewModel()
  Button(onClick = {
    // 登录方法，暂时忽略
    //viewModel.login()
    // 登录成功跳转，暂时忽略
    //if (viewModel.isLogin.value==true) {
    // 实现页面跳转，暂时忽略
    //navController.navigate("home_page")
    },
    modifier = Modifier.height(46.dp).width(280.dp), colors = ButtonDefaults.buttonColors
(backgroundColor =
        com.example.smartport_kt.ui.theme.green3, disabledBackgroundColor = com.
example.smartport_kt.ui.theme.green3)){
    Text(text = stringResource(id = R.string.login),
      fontSize = 20.sp, color = Color.White)
  }
}
```

第五步：将上述组件整合为一个LoginBox组件。用Box组件、Card组件和Column组件外层包装优化布局，添加账号密码文字指示，同时使用remember在LoginViewModel中保存用户输入的账户密码信息，实现完整的登录区。代码如下：

```
// 登录区
@Composable
fun LoginBox(){
```

```
Box(modifier = Modifier.fillMaxSize(), contentAlignment = Alignment.Center)
{
    Card(
        modifier = Modifier.background(Color.White),
        elevation = 8.dp,
        shape = MaterialTheme.shapes.medium
    ) {
        Column(
            horizontalAlignment = Alignment.CenterHorizontally,
            verticalArrangement = Arrangement.Center,
            modifier = Modifier.padding(12.dp)
        ) { val viewModel : LoginViewModel = viewModel()
            // 账号信息
            val accountText = remember {
                viewModel.accountText
            }
            // 密码信息
            val pwdText = remember {
                viewModel.pwdText
            }
            // 颜色
            val colors= TextFieldDefaults.outlinedTextFieldColors(
                focusedBorderColor = Color.Blue,
                unfocusedBorderColor = Color.Black,
                cursorColor = Color.Black
            )
            Spacer(modifier = Modifier.padding(16.dp))
            // 账号框
```

```
Text(text = stringResource(id = R.string.account),color= Color.Black,modifier = Modifier.fillMaxWidth(0.85f),textAlign = TextAlign.Left)
    MyTextField(value = accountText.value,colors = colors, trailingIcon = Icons.Default.AccountBox,trailingtintIcon = Color.Black, modifier = Modifier.fillMaxWidth(0.85f),keyboardOptions = KeyboardOptions(keyboardType = KeyboardType.Text),onValueChange = {accountText.value=it} )
    Spacer(modifier = Modifier.padding(16.dp))
    // 密码框
    Text(text = stringResource(id = R.string.password),
        color= Color.Black,
        modifier = Modifier.fillMaxWidth(0.85f),
        textAlign = TextAlign.Left
    )
    MyTextField(value = pwdText.value,
        colors = colors, trailingIcon = Icons.Default.Lock,
        trailingtintIcon = Color.Black, modifier = Modifier.fillMaxWidth(0.85f),
        keyboardOptions= KeyboardOptions(keyboardType = KeyboardType.Password),
        visualTransformation = PasswordVisualTransformation(),
        onValueChange = {pwdText.value=it}
    )
    Spacer(modifier = Modifier.padding(20.dp))
    // 登录按钮
    WelcomeButton()
  }
 }
}
}
```

第六步:将标题区和登录区组成完整的登录页面。代码如下:

```
// 登录界面框架
@Composable
fun Login(){
    Column {
        // 标题区
        Title()
        // 登录区
        LoginBox()
    }
}
```

(三)实现登录验证逻辑和页面跳转

实现页面跳转有多种方式,本书采用 NavController 通过跳转路由实现。

为便于后续处理,新建分离导航控制器,代码如下:

```
@Composable
fun NavigationDemo(){
val navController = rememberNavController()
var cur = LocalContext.current
NavHost(navController = navController, startDestination = "welcome_page") {
    composable("login_page") {
        Login(navController)
    }
    // 如果有 isDisplay 直接跳转登录页
    composable("welcome_page") {
```

```
            var util = ShareUtil()
            if (util.getString("isDisplay",cur)==null)
                Welcome(navController)
            else
                Login(navController)
        }
        composable("home_page") {
            Home(navController)
        }
    }
```

代码中使用的 Login 和 Welcome 方法在前面的开发步骤中已经实现，后续根据需求进行代码调用，其中 startDestination 表示初始路由，这里设置为引导页。

注意，调用页面时携带了参数 navController，因为如果该页面需要跳转到其他页面，需要让页面获取导航路线，所以需要将由 rememberNavController 创建的 NavController 对象传递到具体页面上。接下来实现跳转只需要在具体布局方法中引入参数，代码如下：

```
navController: NavController
```

以引导页面为例，单击右侧箭头后跳转到登录页面，通过 navController 对象的 navigate 函数跳转到导航控制器的路由定义名实现，代码如下：

```
@Composable
fun Welcome(navController: NavController){
    ...
    WelcomeBanner(navController)
```

```kotlin
}
@Composable
fun WelcomeBanner(navController: NavController) {
    ...
    Icon(
        ...
        Modifier
            ...
            .clickable { navController.navigate("login_page") },
)}
```

其余跳转实现方式和以上类似，读者可自行完成。

接下来完善登录验证功能。在 LoginViewModel 中定义 errorHandler 方法用于处理错误原因，代码如下：

```kotlin
fun errorHandler(){
if (isAccountError.value)
    Toast.makeText(getApplication(), " 账号或密码错误 ", Toast.LENGTH_SHORT).show()
if (isAccountNull.value)
    Toast.makeText(getApplication(), " 账户不能为空 ", Toast.LENGTH_SHORT).show()
if (isPwdNull.value)
    Toast.makeText(getApplication(), " 密码不能为空 ", Toast.LENGTH_SHORT).show()
if (isLogin.value)
    Toast.makeText(getApplication(), " 登录成功 ", Toast.LENGTH_SHORT).show()
if (isNetError.value)
    Toast.makeText(getApplication(), " 网络错误 ", Toast.LENGTH_SHORT).show()
}
```

定义 login 方法，整合并完成登录验证。检查账户和密码是否为空，若均不为空则调用模拟登录方法。需要注意，后续实现完整登录功能会涉及网络连接，不能在主线程中进行，否则会报错。统一使用协程进行处理，代码如下：

```
// 这是此 ViewModel 运行的所有协程所用的任务。
// 终止这个任务将会终止此 ViewModel 开始的所有协程。
private val viewModelJob = SupervisorJob()
// 主线程上
val uiScope = CoroutineScope(Dispatchers.Main + viewModelJob)
// IO 线程上
val ioScope = CoroutineScope(Dispatchers.IO + viewModelJob)
// 登录主方法
fun login(){
  ioScope.launch{
    // 检查账号密码是否为空
    if (accountText.value=="" || pwdText.value=="")
    {
      if (accountText.value=="") {
        isAccountNull.value = true
        isPwdNull.value=false
        isAccountError.value = false
        isNetError.value = false
      }
      if (pwdText.value==""){
        isPwdNull.value = true
        isAccountNull.value=false
        isAccountError.value = false
```

```
            isNetError.value = false
        }
    }
    else
        // 模拟登录
        simLogin()
  }
  // 显示错误信息
  errorHandler()
}
```

接下来验证登录效果。当输入错误的用户名或密码时，不能正常跳转且提示错误原因。登录失败如图 9-14 所示。

当输入信息正确时，正常跳转且提示成功。登录成功如图 9-15 所示。

图 9-14　登录失败

图 9-15　登录成功

四、页面滑动与切换开发

智慧港口移动应用项目中有四个页面——个人中心、港口能耗、设备管理、告警管理，这四个页面需要滑动切换。

第一个区域是需要横向滑动的分页，在 pager 包下的 Home.kt 文件中引入 HorizontalPager 实现，代码如下：

```
HorizontalPager(count = 4, modifier = Modifier.fillMaxWidth().weight(9f),
state = pagerState) {
    page ->
    Column() {
        when (page) {
            0 -> PersonCenter(navController)
            1 -> Monitor()
            2 -> DeviceManagement()
            3 -> AlarmPage()
        }
    }
}
```

其中需要记录分页状态，添加一个变量保存，即 pagerState，代码如下：

```
val pagerState = rememberPagerState()
```

代码中 PersonCenter 等四个具体分页可以自定义，此时已经实现页面滑动切换效果。

第二个区域为一个底部导航栏组件，需要实现单击不同图标会显示选中和未选中，以及跳转到具体分页的效果。

导航栏的布局采用一个 Row 布局容器，其中包含 4 个 Item 组件。

代码位于 bar 包下的 BottomBar.kt 中，每一个 Item 的代码如下：

```
@Composable
fun TabItem(@DrawableRes iconId: Int, title:String,
```

```
        tint: Color,modifier: Modifier=Modifier){
    Column(modifier = modifier,
    horizontalAlignment = Alignment.CenterHorizontally)
    {
        Icon(painter = painterResource(id=iconId),
            contentDescription = "",tint=tint)
        Text(text = title, fontSize = 11.sp,color=tint)
    }
}
```

其中参数 iconId 表示自定义图标，title 表示文字内容，tint 表示颜色用来区分选中和未选中状态。

整个导航栏代码如下：

```
@Composable
fun BottomBar (selected:Int,onSelectChanged:(Int) -> Unit){
    Row(modifier = Modifier.
    background(com.example.smartport_kt.ui.theme.white2)) {
    // 颜色区分选中和未选中
        TabItem(iconId = R.mipmap.my_unselect,
            title = stringResource(R.string.person_center),
            tint = if (selected==0)MaterialTheme.colors.secondary
    else MaterialTheme.colors.onSecondary,
            Modifier.clickable { onSelectChanged(0) } .weight(1f))
        TabItem(iconId = R.mipmap.collect_unselect,
            title = stringResource(R.string.port_energy),
            tint = if (selected==1)MaterialTheme.colors.secondary
```

```
           else MaterialTheme.colors.onSecondary,
               Modifier.clickable { onSelectChanged(1) } .weight(1f))
           TabItem(iconId = R.mipmap.home_unselect,
               title = stringResource(R.string.device_manage),
               tint = if (selected==2)MaterialTheme.colors.secondary
           else MaterialTheme.colors.onSecondary,
               Modifier.clickable { onSelectChanged(2) } .weight(1f))
           TabItem(iconId = R.mipmap.icon_collect,
               title = stringResource(R.string.warning_manage),
               tint = if (selected==3)MaterialTheme.colors.secondary
           else MaterialTheme.colors.onSecondary,
               Modifier.clickable { onSelectChanged(3) } .weight(1f))
        }
    }
```

其中 selected 表示选中第几个 Item，使用 onSelectChanged 监听单击内容，此时，若直接添加导航栏组件到 Column 容器中，会发现永远停留在第一个分页且无法实现单击切换分页的需求。原因是只有借助协程才能实现此功能。

代码位于 bar 包下 WelcomeBanner.kt 文件中，实现代码如下：

```
// 协程实现切换
LaunchedEffect(key1 = indexState.value, block = {
  pagerState.scrollToPage(indexState.value)})
```

其中 indexState 是一个用于记录选择 Item 序号的变量。

运行测试后，页面滑动与切换功能可正常运行。

五、个人信息界面开发

个人中心页面主要包含"账户信息""使用帮助"和"退出登录"按钮。单击"退出登录"按钮，会跳转到之前的登录页面重新登录，代码位于 bar 包下 ExitButton.kt 文件中，代码如下：

```kotlin
@Composable
fun ExitButton(navController: NavController){
  Button(onClick = {
    navController.navigate("login_page") },
    modifier = Modifier
      .height(46.dp)
      .width(280.dp),
    colors = ButtonDefaults.buttonColors(backgroundColor = red4
    , disabledBackgroundColor = red4
    ))
  {Text(text = stringResource(id = R.string.exit),
    fontSize = 20.sp, color = Color.White)}}
```

"账户信息"的代码如下：

```kotlin
@Composable
fun TopBar(){
  Card(
    modifier = Modifier
      .background(Color.White)
      .padding(16.dp, 16.dp, 16.dp, 16.dp),
    elevation = 8.dp,
```

```
        shape = MaterialTheme.shapes.medium
){
    Column() {
        // 资料区
        Row(
            Modifier
                .fillMaxWidth()
            , verticalAlignment = Alignment.CenterVertically)
        {
            Image(painterResource(R.mipmap.header)," 头像 ",
                Modifier
                    .clip(CircleShape)
                    .size(64.dp))
            Column(
                Modifier
                    .padding(start = 14.dp)
                    .weight(1f)) {
                Text(text ="123", fontSize = 14.sp, color = Color.Gray)
                Text(text = " 高级工程师 ", fontSize = 18.sp, fontWeight = FontWeight.Bold)
            }
        }
        Spacer(modifier = Modifier.padding(15.dp))
        // 签名区
        Row(Modifier.fillMaxWidth()) {
            Text(text =" 个性签名 ", fontSize = 18.sp, color = Color.Black,
                fontWeight = FontWeight.Bold, modifier = Modifier.padding(5.dp))
```

```
            Spacer(modifier = Modifier.padding(16.dp))
            Text(text = "lalala",fontSize = 14.sp, color = Color.Gray)
        }
      }
    }
}
```

"使用帮助"的代码如下:

```
@Composable
fun MyList(navController: NavController){
    MyListItem(R.drawable.ic_collections, " 使用帮助 ", navController = navController)}
@Composable
fun MyListItem(@DrawableRes icon: Int, title: String,
        badge: @Composable (() -> Unit)? = null,
        endBadge: @Composable (() -> Unit)? = null
,navController: NavController
){
    // 单击跳转到第一个导航页
Row(
    Modifier.fillMaxWidth().clickable { navController.navigate("welcome_page") },
    verticalAlignment = Alignment.CenterVertically
    ) {
    Image(
        painterResource(icon), "title", Modifier.padding(12.dp, 8.dp, 8.dp, 8.dp).size(36.dp).padding(8.dp))
    Text(title,fontSize = 17.sp,color = Color.Black)
```

```
            badge?.invoke()
            Spacer(Modifier.weight(1f))
            endBadge?.invoke()
            Icon(painterResource(R.drawable.ic_arrow_more), contentDescription = "更多",Modifier.padding(0.dp, 0.dp, 12.dp, 0.dp).size(16.dp),tint = Color.Gray)
        }
    }
```

框架代码如下:

```
@Composable
fun PersonCenter(navController: NavController){
    Column(horizontalAlignment = Alignment.CenterHorizontally) {
        // 账户信息
        TopBar()
        Spacer(modifier = Modifier.padding(30.dp))
        // 使用帮助
        MyList(navController = navController)
        Spacer(modifier = Modifier.padding(40.dp))
        // 退出登录
        ExitButton(navController = navController)
    }
}
```

完成后的个人中心页面包括"个人信息"和"使用帮助"两个部分,用户单击"使用帮助"可以正常跳转到之前完成的导航页。

六、设备管理界面开发

接下来完成设备管理界面,包括设计和代码两个部分。

(一)设备管理界面设计

设备管理界面包含两个部分——标题栏和设备控制,设备管理界面如图 9-16 所示。

(二)编写设备管理界面代码

在 view_model 包下创建 DeviceManagementViewModel 文件,在 DeviceManagementViewModel.kt 文件下添加以下参数:

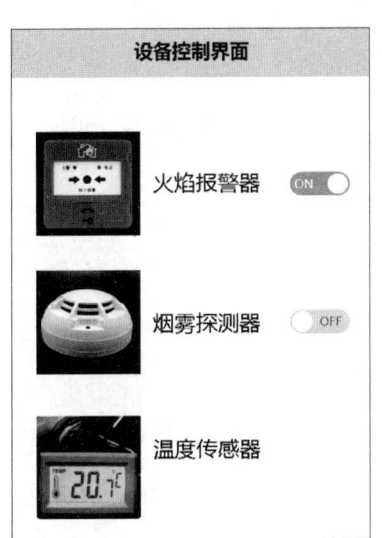

图 9-16 设备管理界面

```
val isSwitch1 = mutableStateOf(false)
val isSwitch2 = mutableStateOf(false)
var temperature = mutableStateOf("0")
```

在 pager 包下新建一个资源文件,名为 DeviceManagement.kt,用于展示设备和开关状态,一共有三个设备,分别为火灾报警器、烟雾探测器和温度传感器。火灾报警器和烟雾探测器右侧开关用来控制设备状态。温度传感器显示当前的温度,代码如下:

```
@Composable
fun DeviceManagement() {
    val viewModel :DeviceManagementViewModel = viewModel()
    Scaffold(
        topBar = {
            TopAppBar(
                title = {Text(text = " 设备控制界面 ",fontSize = 20.sp,textAlign = TextAlign.Center,modifier = Modifier.fillMaxWidth())}
```

```
            },
            backgroundColor = Color.LightGray
        )
      }
    )
    {
      Box(modifier = Modifier.fillMaxSize(),contentAlignment = Alignment.Center) {
        Column(modifier = Modifier.padding(16.dp),horizontalAlignment = Alignment.CenterHorizontally) {
          Spacer(modifier = Modifier.height(16.dp))
          DeviceCard(R.mipmap.hzbjq," 火灾报警器 ",1)
          DeviceCard(R.mipmap.ywbjq," 烟雾探测器 ",2)
          DeviceCard(R.mipmap.wdcgq," 温度传感器 ",3)
        }
      }
    }
  }
  @Composable
  fun DeviceCard(imageRes: Int, deviceName: String, swtich: Int) {
    val viewModel: DeviceManagementViewModel = viewModel()
    val sw1 = remember {viewModel.isSwitch1}
    val sw2 = remember {viewModel.isSwitch2}
    var sw = sw1
    if (swtich == 1) {sw = sw1}
    if (swtich == 2) {sw = sw2}
```

```kotlin
Row(
    modifier = Modifier.fillMaxWidth().padding(bottom = 16.dp).clip(RoundedCornerShape(16.dp)).background(Color.White).padding(16.dp),
    verticalAlignment = Alignment.CenterVertically) {
    Image(painter = painterResource(id = imageRes),contentDescription = deviceName, modifier = Modifier.size(100.dp).clip(RoundedCornerShape(8.dp)))
    Spacer(modifier = Modifier.width(16.dp))
    Column(modifier = Modifier.weight(1f),horizontalAlignment = Alignment.Start) {
        Text(deviceName)
        Spacer(modifier = Modifier.height(8.dp))
        if (swtich == 3) {
            Row(verticalAlignment = Alignment.CenterVertically) {
                if (viewModel.temperature.value.isNotBlank()) {
                    Text(" 当前温度为 : ", fontWeight = FontWeight.Bold)
                    Text(viewModel.temperature.value, fontWeight = FontWeight.Bold)
                } else {
                    Text(" 暂无数据 ", fontWeight = FontWeight.Bold)
                }
            }
        }
        Spacer(modifier = Modifier.weight(1f))
    }
}
```

七、港口能耗界面开发

前面基本完成了 App 的框架搭建，接下来进行具体页面的设计。

（一）港口能耗界面设计

港口能耗界面分为标题区和列表区，港口能耗界面如图 9-17 所示。

（二）编写港口能耗界面代码

在 pager 包下新建一个资源文件，名字定为 Monitor.kt，用于展示港口能耗柱状图，在这里展示了相关数据，代码如下：

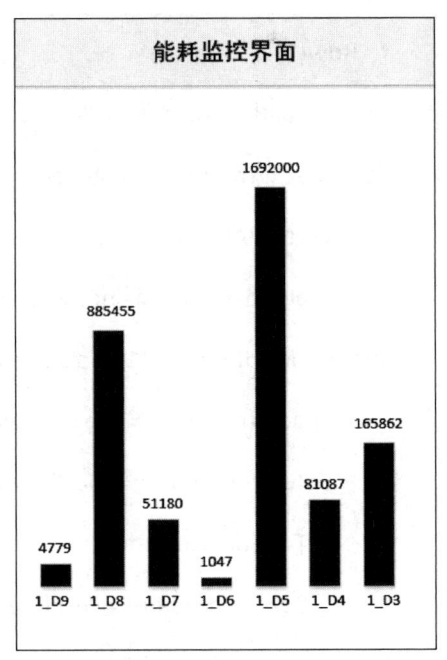

图 9-17　港口能耗界面

```kotlin
@Composable
fun DrawMonitorUI(dataList: List<Pair<String, Float>>) {
    Scaffold(
        topBar = {
            TopAppBar(
                title = {Text(text = "能耗监控界面",fontSize = 20.sp,textAlign = TextAlign.Center, modifier = Modifier.fillMaxWidth())},
                backgroundColor = Color.LightGray
            )
        },
        content = {
            Surface(modifier = Modifier.fillMaxSize()) {
                if (dataList.isNotEmpty()) {
                    drawBarChart(dataList)
```

```kotlin
            } else {
                Text(text = " 正在加载数据 ...",modifier = Modifier.fillMaxSize().wrapContentSize(Alignment.Center))
            }
        }
    }
  )
}
@Composable
// 画柱状图函数
fun drawBarChart(dataList: List<Pair<String, Float>>) {
    Canvas(modifier = Modifier.fillMaxSize().padding(80.dp)) {
        val canvasWidth = size.width
        val canvasHeight = size.height
        val totalDataPoints = dataList.size
        val barWidth = canvasWidth / (totalDataPoints + 1)
        val maxValue = dataList.maxOfOrNull { it.second } ?: 1f
        dataList.forEachIndexed { index, data ->
            val barHeight = data.second * canvasHeight / maxValue
            drawRect(
                color = Color.Blue,topLeft = Offset(x = (index + 1) * barWidth, y = canvasHeight - barHeight),size = Size(width = barWidth * 0.8f, height = barHeight))
            drawContext.canvas.nativeCanvas.drawText(
                data.first,(index + 1) * barWidth + barWidth / (data.first.length * 2),canvasHeight + 80f,
                Paint().apply {
```

```
                textSize = 30F
                color = Color.Gray.toArgb()
            }
        )
        drawContext.canvas.nativeCanvas.drawText(
            data.second.toString(),(index + 1) * barWidth + barWidth / (data.second.toString().length * 4),canvasHeight - barHeight - 20f,
            Paint().apply {
                textSize = 30F
                color = Color.Gray.toArgb()
            }
        )
    }
}
}
@Preview
@Composable
fun MonitorPreview() {
    val sampleDataList = listOf(Pair("Item 1", 20f),Pair("Item 2", 30f),Pair("Item 3", 15f),Pair("Item 4", 40f),Pair("Item 5", 10f),Pair("Item 6", 25f),Pair("Item 7", 35f))
    DrawMonitorUI(dataList = sampleDataList)
}
```

八、告警界面开发

告警界面开发包括告警界面设计和编写告警界面代码两个部分。

（一）告警界面设计

告警界面包括三个部分，即标题、设定区域和告警信息区域。告警界面如图 9-18 所示。

（二）编写告警界面代码

在 pager 包下创建 AlarmPage.kt 文件用于展示所设定的能耗最小值和最大值以及告警信息，同时将告警信息与数据库交互，实现告警数据持久化并对数据库中的告警信息进行展示。

该功能的实现需要使用数据库模拟真实应用场景，此处使用 Jetpack 中的 Room 组件实现对数据库的操作。

在 database 包下创建 AlarmBean.kt 文件，使用 @Entity 注解定义一个实体类，表示告警信息，代码如下：

图 9-18 告警界面

```kotlin
// 实体类
@Entity(tableName = "tb_alarm")
data class AlarmBean(
    @PrimaryKey(autoGenerate = true)
    var uid: Int?,
    @ColumnInfo
    val value:Double,
    @ColumnInfo
    val alarmInfo:String)
```

使用 @Dao 注解定义数据访问对象，其中 suspend 关键字表示数据库操作只能在协程中使用。代码位于 database 包下的 AlarmBean.kt 文件中，代码如下：

```kotlin
// 数据访问对象
@Dao
interface AlarmDao{
    @Query("SELECT * FROM tb_alarm")
    suspend fun query(): List<AlarmBean>
    @Query("delete from tb_alarm")
    suspend fun deleteAll()
    @Insert(onConflict = OnConflictStrategy.REPLACE)
    suspend fun insert(alarm:AlarmBean)
    @Insert(onConflict = OnConflictStrategy.REPLACE)
    suspend fun insertAll(alarmList:MutableList<AlarmBean>)
    @Delete
    suspend fun delete(alarm:AlarmBean)
    @Update
    suspend fun update(alarm:AlarmBean)
}
```

使用 @Database 注解定义数据库类，代码位于 database 包下的 UserDatabase 文件中，代码如下：

```kotlin
// 数据库类
@Database(entities = [AlarmBean::class], version = 1, exportSchema = false)
abstract class UserDatabase:RoomDatabase(){
    abstract fun getAlarmDao():AlarmDao
    companion object{
        private var instance:UserDatabase?=null
        fun getInstance(context:Context):UserDatabase{
```

```kotlin
        return instance ?: Room.databaseBuilder(
            context,
            UserDatabase::class.java,
            "alarm_db"
        ).build()
      }
   }
}
```

页面代码位于 pager 包下的 AlarmPage.kt 文件中，代码如下：

```kotlin
@OptIn(ExperimentalMaterialApi::class)
@Composable
fun AlarmPage() {
    val viewModel:AlarmViewModel= viewModel()
    val minValue = remember {viewModel.minValue}
    val maxValue = remember {viewModel.maxValue}
    val alarmList = remember {viewModel.alarmList}
    var cur = LocalContext.current
    viewModel.selectAlarmData()
    // 颜色
    val colors= TextFieldDefaults.outlinedTextFieldColors(
     focusedBorderColor = Color.Blue,unfocusedBorderColor = Color.Black,
        cursorColor = Color.Black)
    Scaffold(
        topBar = {
            TopAppBar(backgroundColor = Color.LightGray) {
```

```
Box(
    modifier = Modifier.fillMaxSize(),contentAlignment = Alignment.Center) {
    Text(text = " 告警界面 ",fontSize = 20.sp,textAlign = TextAlign.Center // Center the title text horizontally)
    }
  }
},
content = {padding->
    Column(modifier = Modifier.fillMaxSize().padding(16.dp),horizontalAlignment = Alignment.CenterHorizontally) {
        // 第二行：最小值填写框
        Row(
            verticalAlignment = Alignment.CenterVertically,
            horizontalArrangement = Arrangement.SpaceBetween,
            modifier = Modifier.fillMaxWidth()
        ) {
            Text(text = " 最小值 :", fontSize = 20.sp)
            BasicTextField(
                value = minValue.value.toString(),
                onValueChange = { minValue.value = it.toIntOrNull()?: 0},textStyle = TextStyle(fontSize = 20.sp),modifier = Modifier.weight(1f) // To left-align the text field)
        }
        // 第三行：最大值填写框和设定按钮
        Row(
            verticalAlignment = Alignment.CenterVertically,
            horizontalArrangement = Arrangement.SpaceBetween,
```

```
            modifier = Modifier.fillMaxWidth()
        ) {
            Text(text = " 最大值 :", fontSize = 20.sp)
            BasicTextField(value = maxValue.value.toString(),
            onValueChange = { maxValue.value = it.toIntOrNull() ?: 100 },textStyle = TextStyle
(fontSize = 20.sp),
        modifier = Modifier.weight(1f) // To left-align the text field
        )
            Button(onClick = { getTelemetryData(cur,viewModel) },) {Text(text = " 设定 ")}
        }
        // 列表
        LazyColumn(
            modifier = Modifier.fillMaxWidth(),contentPadding = PaddingValues(vertical =
16.dp)) {
            itemsIndexed(items=alarmList){ index, item -> // 遍历内容和索引
                ListItem(
                    text = {Text(" 告警信息：${item.alarmInfo}")},
                    secondaryText = {Text(" 能耗：${item.value}")})
                }
            }
        }
    )
}
```

第四节　对接物联网云平台

考核知识点及能力要求：

- 了解 HTTPS 协议原理。
- 了解 TLS 协议原理。
- 能采用安全认证方式登录物联网云平台。
- 能处理 GET 方式和 POST 方式的请求数据。
- 能解析物联网云平台的响应数据。
- 能解决登录过程中出现的问题。

一、数据安全加密模块设计

为了确保信息传输的安全，在企业移动应用开发中会加入通信加密模块。实现这一功能的方式是采用 HTTPS 传输协议取代 HTTP 协议。

（一）HTTPS 原理

HTTPS 全称为 hypertext transfer protocol secure（超文本传输安全协议），是一种基于某种加密协议（SSL TLS）进行加密的通信协议，HTTPS 更贴切的全称应该是 HTTP over TLS 或者 HTTP over SSL。

常见的加密方式有两种，分别是对称加密和非对称加密。

（1）对称加密，加密和解密使用相同的密钥。

优点：加密算法公开，计算量小，加密速度快，适合传输大量数据。

缺点：需要双方传递加密密钥，一旦一方密钥泄露，信息就会存在安全隐患。

（2）非对称加密，使用两个密钥（公钥和私钥）进行加密解密，公钥解密私钥的加密数据，私钥解密公钥的加密数据，私钥储存在服务器端没有泄露风险。

优点：相比对称加密更安全，即使公钥泄露，也能保证信息安全。

缺点：加密解密花费时间长，只适合小数据量的加解密。

HTTPS 采用非对称加密和对称加密混合的方式进行加密。使用非对称加密的方式加密传递对称加密的密钥，随后使用对称加密进行通信。

（二）TLS 协议知识

在 HTTP TCP 连接的基础上，HTTPS 又加入了 TLS 握手，在这一过程中确定双方传输数据的密码信息。TLS 握手的作用是生成对称加密的密钥。

TLS 是传输层安全协议，在 TCP 协议之上，TLS 握手与 TCP 协议三次握手无关。发送 HTTP 数据包时，HTTP 数据包先经过 TLS 层加密，变成 TLS 数据包，最后才变成 TCP 数据包。接收数据时，TLS 层将 TLS 数据包解密成 HTTP 数据包。

TLS 握手流程有以下 5 个步骤，共两次往返时间 RTT。

第一步：客户端与服务端建立 TCP 连接后，TLS 握手从客户端发送 Client Hello 消息开始，此消息包含客户端支持的加密套件列表和一个随机数 A。

第二步：服务端接收客户端的 Client Hello 消息后，响应 Server Hello 消息，此消息携带服务器从客户端提供的密钥套件列表中选择加密套件，同时携带一个随机数 B。

第三步：服务端向客户端发送证书，证书包含公钥和签名。

第四步：客户端验证服务端所发送的证书，并根据所选择的加密套件生成预主密钥，从证书中提取公钥，利用公钥加密预主密钥后将其发送给服务端。此时客户端根据客户端生成随机数 A、服务端生成随机数 B、预主密钥生成主密钥，主密钥用于对后续数据进行加密。接着，客户端向服务端发送 Change Cipher Spec 消息，告知服务端后续使用协商好的加密密钥，对数据进行加密传输。同时将 Client Key Exchange（此加密套件需要使用 Client Key Exchange 消息携带加密后的预主密钥）、Finished 消息一起发送，Finished 消息使用了该密钥进行加密。

第五步：服务端收到 Client Key Exchange 消息后，从消息中提取加密过的预主密钥，然后通过证书中的私钥解密获取预主密钥。同时根据前面客户端发送 Client Hello 携带的随机数 A、服务端响应给客户端的随机数 B、这次接收的预主密钥，生成主密钥。服务端响应 Change Cipher Spec 消息，告知客户端服务器执行相同操作，后续将使用协商好的加密密钥对数据进行加密再传输。同时将 Finished 消息一起发送，Finished 消息使用密钥进行加密。

五步中第一步、第二步、第三步是一次往返，第四步、第五步是一次往返，所以 TLS 协议的握手需要两次往返，即 2-RTT。

TLS 证书中的公钥与储存在服务器中的私钥都只用于客户端验证服务端的身份，真正用于对所传输数据进行加密的密钥是在握手过程中生成的。

二、登录物联网云平台和认证

ThingsBoard 提供了 RESTful API 供第三方应用与 ThingsBoard 进行交互。

ThingsBoard 的 RESTful API 使用 Swagger 框架（一个规范和完整的框架，用于生成、描述、调用和可视化 RESTful 风格的 Web 服务），默认访问地址可通过 Swagger UI 获得。安装 ThingsBoard 服务器后，使用以下 URL 打开 RESTful 交互式文档：http://YOUR_HOST:PORT/swagger-ui.html，也可以通过官网获取。

ThingsBoard 的接口安全使用一个公开规范（JSON Web Token，JWT），JWT 在用户和服务器之间传递安全可靠的信息，是目前流行的跨域认证解决方案。在登录 ThingsBoard 后，登录的用户名和密码将转换为用户 Token。智慧港口移动端使用 HTTP 协议从 ThingsBoard 请求数据和发送控制指令给 ThingsBoard，每个 HTTP 请求中需携带用户 Token，设备 Token 和 ThingsBoard 进行数据交互。

（一）平台认证

登录 ThingsBoard 所用的 RESTful API 是 http://THINGSBOARD_URL/api/auth/login，获取 ACCESS_TOKEN 的命令代码如下：

```
curl -i -X POST --header 'Content-Type: application/json' --header 'Accept: application/json' -d '{"username":" 登录账号 ","password":" 密码 "}' 'http://THINGSBOARD_URL/api/auth/login'
```

命令成功后的响应代码如下：

```
{"token":"$YOUR_JWT_TOKEN",
"refreshToken":"$YOUR_JWT_REFRESH_TOKEN"}
```

已知 ThingsBoard 服务器所在的 IP、端口、管理员账号、密码的情况下，在 Windows 下可以使用 curl 命令获取 ACCESS_TOKEN。代码如下：

```
curl -X POST --header 'Content-Type: application/json' --header 'Accept: application/json' -d '{"username":"${your username}", "password":"${your password}"}' 'http://${your http}/api/auth/login'
```

（二）设备 ID 和访问令牌的获取

设备 ID 和访问令牌可以直接从 ThingsBoard 的设备中获取，获取设备 ID 和访问令牌如图 9-19 所示。

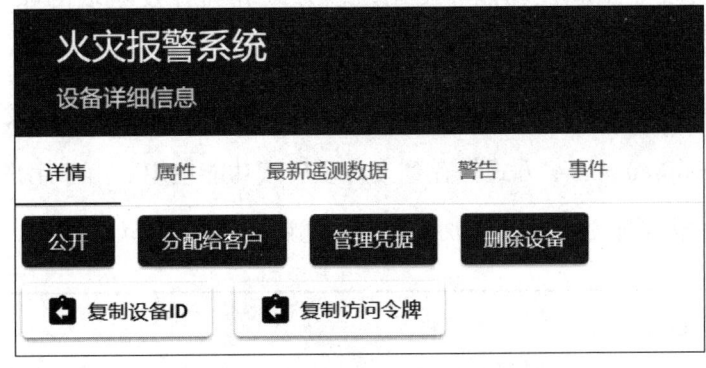

图 9-19　获取设备 ID 和访问令牌

三、封装网络请求工具类

（一）添加网络请求依赖库

搭建智慧港口移动应用项目时，要在清单文件中加上依赖库，因为需要访问网络，所以网络相关权限也需要加上，参看前文项目创建说明。

（二）网络请求中的获取和发送请求

接下来使用 Retrofit 发送 POST 请求来实现登录 ThingsBoard 功能。

第一步：根据 Retrofit 使用规范，新建一个接口，用注解描述这个抽象方法，并创建一个对象。以 POST 请求方式为例，代码如下：

```
interface POSTAPI{
    @POST("login")
    @Headers(
        "Content-Type:application/json"
    )
    fun login(@Body param: Request): Call<LoginBean>
}
```

第二步：实现登录验证功能。使用之前登录界面开发获取的账号和密码构造 POST 请求，再使用接口对象登录方法发送 HTTP 请求，登录物联网云平台，同时通过返回的响应判断登录是否成功。如果失败，显示具体的原因。如果成功，则将用户 Token 通过 SharedPreferences 方式保存到文件供后续功能使用。由于用户 Token 具有时效性，每次用户登录都需要重新获取 Token 并更新保存，代码如下：

```
// Post 请求 body
class Request internal constructor(val username: String, val password: String)
fun loginThingsBoard() {
```

```kotlin
// POST
val retrofit = Retrofit.Builder()
    .baseUrl("http://${IP:PORT}/api/auth/") // 解析传入的 url 参数生成一个 HttpUrl 对象存放于 Retrofit.Builder 类的成员变量 baseUrl 中
    .addConverterFactory(GsonConverterFactory.create()) // 添加相应结果解析器，存放于 Retrofit.Builder 类的 converterFactories 集合中
    .build()
val postapi = retrofit.create(POSTAPI::class.java)
// POST 请求
try {
    val response=postapi.login(Request(accountText.value, pwdText.value)).execute()
    if (response.isSuccessful) {
        isAccountError.value = false
        isAccountNull.value = false
        isPwdNull.value = false
        isLogin.value = true
        isNetError.value=false
        // Token 写入 SharedPreferences
        var util=ShareUtil()
        util.putString("token",response.body()?.token, getApplication())
    }
    // 账号或密码错误
    else{
        isAccountError.value = true
        isAccountNull.value = false
        isPwdNull.value = false
```

```
            isLogin.value = false
            isNetError.value=false
        }
    }catch (e:Exception){
        println(e)
        isAccountError.value = false
        isAccountNull.value = false
        isPwdNull.value = false
        isLogin.value = false
        isNetError.value=true
    }
}
```

第三步：改造之前 view_model 包下的 LoginViewModel 文件的 login 方法代码，实现完整登录功能。代码如下：

```
// 登录主方法
fun login(){
    ioScope.launch{
        if (...)
        {...}
        else
        // 登录 ThingsBoard
            loginThingsBoard()
        }
        ...
    }
```

第五节　设备数据可视化检测

考核知识点及能力要求：

- 能使用相应的接口获取最新的遥测数据。
- 能获取设备的在线与离线状态。
- 能解析物联网云平台返回的数据。
- 能在界面上进行数据展示。
- 能在界面上更新设备状态。

一、从物联网云平台获取传感数据

本部分包括分析数据和封装数据两个小部分。

（一）分析获取最新遥测的数据

获取指定实体类型（entityType）和实体 ID（entityID）的所有属性值 values 列表的 RESTful API，代码如下：

```
http(s)://host:port/api/plugins/telemetry/{ 实体类型 }/{ 实体 ID}/values/timeseries{?keys,useStrictDataTypes}
```

其中 keys 是遥测值的键名。useStrictDataTypes 是否为严格数据格式，选 true 或 false 都行，返回的属性值 value 中包含设备的最新遥测值。

假设一个火灾报警设备的设备 ID "e27a10d0-27d2-11ee-9fe0-29c034828636",遥测值的 keys 为在线状态(status),获取最新遥测数据的写法,代码如下:

```
localhost:8080/api/plugins/telemetry/DEVICE/e27a10d0-27d2-11ee-9fe0-29c034828636/
values/timeseries?keys=status&useStrictDataTypes =false
```

响应数据代码如下:

```
{"status": [{"ts": 1689949729507,"value": "true"} ]}
```

(二)封装获取最新遥测数据的相关方法

依据上述获取最新遥测值的 RESTful API,构造合适的 data class,以火灾报警设备为例,在 bean 文件夹下创建一个名为 HttpBean 的文件,因为和其他设备数据返回类型相同,所以使用同一个 bean,构造数据类代码如下:

```
data class HttpBean(
    val timestamp: Long,
    val value: String
)
```

二、展示设备数据及在线离线状态

利用获取遥测数据的方法,实现设备数据的获取并分析状态,把传感数据与设备进行绑定,更新设备在线与离线状态。

(一)查看最新遥测数据的键值与设备的对应关系

打开 ThingsBoard 中的智慧港口项目,查看设备信息,观察遥测值对应的 key,获取设备的 key 如图 9-20 所示。

(二)绑定设备进行数据展示及在线与离线状态更新

登录 ThingsBoard,并写入 SharedPreferences,之后需要将获取的用户 Token 放到请求头中,保存 Token 的示例代码如下:

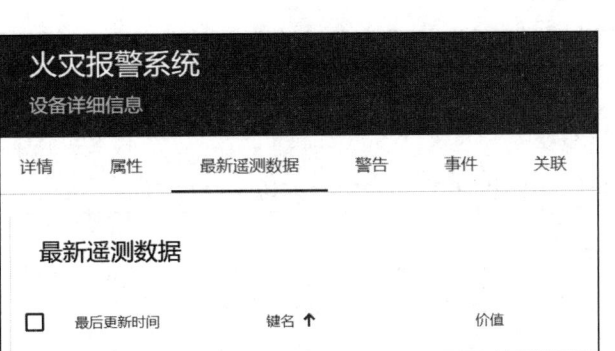

图 9-20　获取设备的 key

```
// Token 写入 SharedPreferences
var util=ShareUtil()
util.putString("token",response.body()?.token, getApplication())
```

为了获取火灾报警器、烟雾探测器、风扇等设备的最新状态，可以用 GET 请求从 ThingsBoard 平台获取数据，进行设备绑定，以火灾报警器为例，在 pager 包下的 DeviceManagement.kt 文件的 DeviceManagement 方法中调用获取数据方法，代码如下：

```
val viewModel : DeviceManagementViewModel = viewModel()
viewModel.getTelemetryData1()
```

在 view_model 包下创建 DeviceManagementViewModel 文件，其中获取数据方法的示例代码如下：

```
interface GetApi {
    @GET("plugins/telemetry/DEVICE/{deviceId}/values/timeseries")
    fun getData(@HeaderMap headers:Map<String, String>, @Path("deviceId") deviceId:String): Call<Map<String, List<HttpBean>>>
}
```

```kotlin
val retrofit = Retrofit.Builder()
    .baseUrl("http://${IP:PORT}/api/")
    .addConverterFactory(GsonConverterFactory.create())
    .build()
val retrofitApi = retrofit.create(GetApi::class.java)
class Request internal constructor(stauts: Boolean)
fun getTelemetryData1() {
    val util = ShareUtil()
    val token = "Bearer "+util.getString("token", getApplication()) ?:""
    var headerMap = mapOf("Content-Type" to "application/json","X-Authorization" to token)
    val call = retrofitApi.getData(headerMap,fireDeviceId.value)
    call.enqueue(object : Callback<Map<String, List<HttpBean>>> {
        override fun onResponse(
            call: Call<Map<String, List<HttpBean>>>,
            response: Response<Map<String, List<HttpBean>>>
        ) {
            if (response.isSuccessful) {
                val telemetryData = response.body()
                if (telemetryData != null) {
                    for ((key, value) in telemetryData) {
                        Log.d("TelemetryData", "Key: $key")
                        for (data in value) {
                            isSwitch1.value = data.value=="true"
                        }
                    }
                }
```

```
            }
        } else {
            Log.e("TelemetryData", "Error: ${response.message()}")
        }
    }
    override fun onFailure(call: Call<Map<String, List<HttpBean>>>, t: Throwable) {
        Log.e("TelemetryData", "Error: ${t.message}")
    }
})
}
```

单击开关修改设备状态,这里只需要使用 POST 请求发送 Boolean 类型的开关状态,修改设备的遥测数据,以火灾报警器为例,代码位于 DeviceManagementViewModel.kt 文件中,具体如下:

```
interface PostApi{
    @POST("telemetry")
    @Headers(
        "Content-Type:application/json"
    )
    fun fan(@Body param: Request): Call<Void>
}
fun setFire() {
    // POST
    val retrofit2 = Retrofit.Builder()
        .baseUrl("http://${IP:PORT}/api/v1/2usJ8H41YosO6fPxzOkY/")
```

```
    .addConverterFactory(GsonConverterFactory.create())
    .build()
  val postapi1 = retrofit2.create(PostApi::class.java)
  // POST 请求
  postapi1.fan(Request(isSwitch1.value))
    .enqueue(object : Callback<Void> {
      override fun onFailure(call: Call<Void>, t: Throwable) {
        Log.d("POST 请求 ","POST 请求失败 ")
        println(t)
      }
      override fun onResponse(call: Call<Void>, response: Response<Void>) {
        response?.let{
          Log.d("POST 请求 ","POST 请求成功 ")
          println(response)
        }
      }
    })
}
```

（三）验证最新遥测值的获取及设备状态的更新

运行程序，打开 ThingsBoard，可以看到火灾报警器设备的默认状态 status 为 true，单击开关后，status 会变为 false，获取最新遥测值如图 9-21 所示。

对于港口能耗与告警功能，可通过设备管理界面进行相关数据请求、解析展示，具体内容可见资源附件。

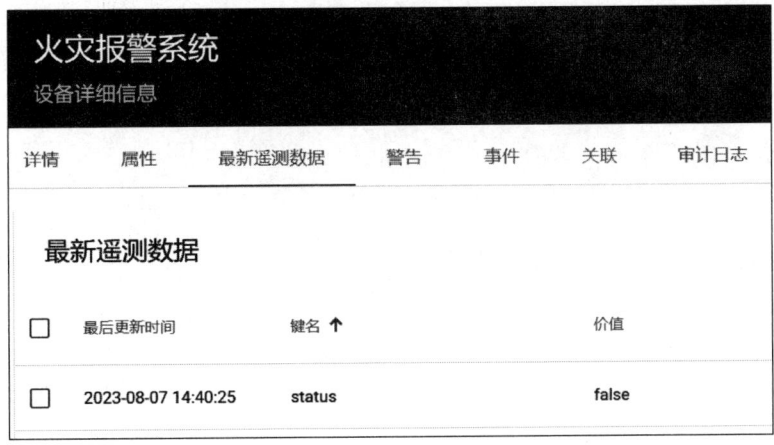

图 9–21 获取最新遥测值

思考题

1. 简述智慧港口移动应用的项目需求。

2. 简述 MVC、MVP、MVVM 模式的区别。

3. 相比于 OkHttp，简述 Retrofit 的优势。

4. 简述如何处理身份认证和网络安全策略。

5. 简述如何处理 GET 方式和 POST 方式的请求发送数据。

6. 简述如何从 ThingsBoard 上获取相应数据。

参考文献

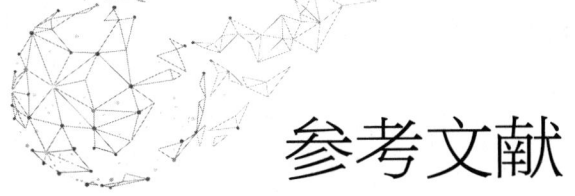

［1］龚正，吴治辉. Kubernetes 权威指南［M］. 北京：电子工业出版社，2016.

［2］李善仓，许立达. 物联网安全［M］. 北京：清华大学出版社，2018.

［3］王辰龙. 高级 Android 开发强化实战［M］. 北京：电子工业出版社，2018.

［4］黄铠. 云计算与分布式系统［M］. 武永卫，译. 北京：机械工业出版社，2013.

［5］塔能鲍姆，韦瑟罗尔. 计算机网络［M］. 严伟，译. 北京：清华大学出版社，2012.

［6］霍勒. 从 M2M 到物联网：架构、技术及应用［M］. 李长乐，译. 北京：机械工业出版社，2016.

［7］理查森. 微服务架构设计模式［M］. 喻勇，译. 北京：机械工业出版社，2019.

［8］西尔伯沙茨. 数据库系统概念［M］. 冬青，译. 北京：机械工业出版社，2021.

后 记

2022年1月12日，国务院正式发布《"十四五"数字经济发展规划》（以下简称《规划》）。根据《规划》，到2025年，数字经济迈向全面扩展期，数字经济核心产业增加值占GDP比重达到10%。而作为未来数字经济重要底座支撑的物联网新型基础设施建设，《规划》也做了重点布局。伴随国家政策大力支持以及技术逐渐成熟，物联网产业发展的驱动力愈发强劲，发展势头越来越好。据IoT Analytics统计数据显示，2025年中国物联网连接数将增长至309亿。可以预见我国物联网领域会迎来新时代、新态势、新征程。

在"十四五"规划中，物联网被划定为七大数字经济重点产业之一。我国的物联网产业链及市场发展拥有广阔的发展前景，产业正处于蓬勃发展的阶段，需要大量的专业人才提供支撑。

人力资源社会保障部、国家市场监督管理总局、国家统计局在2019年4月正式发布13个新职业，这是自2015年版国家职业分类大典颁布以来发布的首批新职业。这批新职业主要集中在高新技术领域，既有时下热门的物联网工程技术人员、云计算工程技术人员、电子竞技员等，也有适应传统行业变化需求的工业机器人系统操作员、农业经理人等。

以《人力资源社会保障部办公厅 市场监管总局办公厅 统计局办公室关于发布人工智能工程技术人员等职业信息的通知》（人社厅发〔2019〕48号）为依据，在充分考虑科技进步、社会经济发展和产业结构变化对物联网工程技术人员专业要求的基础上，以客观反映物联网技术发展水平对其从业人员的专业能力要求为目标，根据《物联网工程技术人员国家职业技术技能标准（2021年版）》（以下简称《标准》）对物联网工程技术人员职业功能、工作内容、专业能力要求和相关知识要求的描述，人力资源社会保障部专业技术人员管理司指导工业和信息化部教育与考试中心，组织有关专家开展了物联网工程技术人员培训教程（以下简称教程）的编写工作，用于全国专业技术人员新职业培训。

物联网工程技术人员是从事物联网架构、平台、芯片、传感器、智能标签等技术的研究和开发，并加以利用、管理、维护和服务的工程技术人员。其共分为三个专业技术等级，分别为初级、中级、高级。其中，初级、中级分为三个职业方向：物联网嵌入式开发方向、物联网应用开发方向、物联网系统集成与管理方向；高级不分职业方向。

与此相对应，教程也分为初级、中级、高级，分别对应其专业能力考核要求。另外，本系列教程单独设置《物联网工程技术人员——物联网基础知识》，对应其理论知识考核要求。《物联网工程技术人员——物联网基础知识》一书涵盖《标准》中从事本职业人员所需具备的基础知识和基本技能，是开展新职业技术技能培训的必备用书。

使用本系列教程开展培训时，应当结合培训目标与受众人员的实际水平和专业方向，选用合适的教程。在物联网工程技术人员培训中涉及的基础知识是初级、中级、高级工程技术人员都需要掌握的；初级、中级物联网工程技术人员培训中，可以根据培训目标与受众人员实际，选用物联网嵌入式开发、物联网应用开发、物联网系统集成与管理三个职业方向培训教程。培训考核合格后，获得相应证书。

中级教程包含《物联网工程技术人员（中级）——物联网嵌入式开发》《物联网工程技术人员（中级）——物联网应用开发》《物联网工程技术人员（中级）——物联网系统集成与管理》。《物联网工程技术人员（中级）——物联网嵌入式开发》一书内容对应《标准》中物联网中级工程技术人员嵌入式开发职业方向应该具备的专业能力要求；《物联网工程技术人员（中级）——物联网应用开发》一书内容对应《标准》中物联网中级工程技术人员应用开发职业方向应该具备的专业能力要求；《物联网工程技术人员（中级）——物联网系统集成与管理》一书内容对应《标准》中物联网中级工程